高等院校信息技术课程精选系列教材

U0653228

大学计算机基础实训教程

（第2版）

主　编　杨长春　薛　磊

副主编　向　艳　谢慧敏　方　骥

南京大学出版社

内容提要

本书包括 Windows 10 操作系统、文字处理软件 Word 2016、电子表格软件 Excel 2016、演示文稿制作软件 PowerPoint 2016 以及附录等 5 个部分,内容基本覆盖全国计算机等级考试二级(MS Office 高级应用)的考点。每个模块包含若干项目,每个项目由内容描述和分析、相关知识和技能、操作指导以及实战练习和提高 4 部分组成,"学—练—用"相结合,项目内容实用性强。

本书可以作为高等院校"大学计算机基础"课程的实验教材,也可以作为全国计算机等级考试二级(MS Office 高级应用)的参考书以及办公室管理人员的自学教材。

图书在版编目(CIP)数据

大学计算机基础实训教程/杨长春,薛磊主编. —
2 版. —南京:南京大学出版社,2021.8(2022.7 重印)
ISBN 978 - 7 - 305 - 24773 - 6

Ⅰ. ①大… Ⅱ. ①杨… ②薛… Ⅲ. ①电子计算机—
高等学校—教材 Ⅳ. ①TP3

中国版本图书馆 CIP 数据核字(2021)第 143432 号

出版发行　南京大学出版社
社　　址　南京市汉口路 22 号　　　邮　编　210093
出 版 人　金鑫荣

书　　名　**大学计算机基础实训教程**
主　　编　杨长春　薛　磊
责任编辑　苗庆松　　　　　　　编辑热线　025 - 83592655
照　　排　南京开卷文化传媒有限公司
印　　刷　丹阳兴华印务有限公司
开　　本　787×1092　1/16　印张 15.25　字数 388 千
版　　次　2021 年 8 月第 2 版　2022 年 7 月第 2 次印刷
ISBN　978 - 7 - 305 - 24773 - 6
定　　价　44.80 元

网　　址:http://www.njupco.com
官方微博:http://weibo.com/njupco
官方微信:njupress
销售咨询热线:025 - 83594756

前　言

本书第一版于 2018 年 8 月由南京大学出版社出版。作为一本独立的实验教程，主要用于《大学计算机基础》课程的实践教学。经过多年使用，我们觉得在软件环境和案例设计上都需要调整和更新，因此组织了教材第二版的编写。

《大学计算机基础实训教程(第 2 版)》保留第一版的特色，继续以培养学生的计算机应用能力为首要任务，以实际的应用项目为主线，注重对学习者应用能力的培养。由于 2021 年春全国计算机等级考试将"MS Office 高级应用(二级)"科目的考试环境改为 Office 2016，操作系统也将升级，所以本书的软件环境改为 Windows 10 和 Microsoft Office 2016；另一方面，对部分案例进行优化，在案例和实验素材中渗透思政元素，实现课程思政的隐性育人功能。

相比同类教材，本版教材的特色和创新点如下：

1. 项目结构设计巧妙，"学—练—用"一体

教材将每个软件的知识点和操作要点与实际项目相结合，每个项目对应一个学习或工作中的应用场景。首先介绍项目背景，然后阐述该项目涉及的知识和操作技巧，随之给出完成该项目的具体操作步骤，学生跟练；最后由学生自主完成一个类似项目。学生通过"学—练—用"，达到学以致用的目的。

2. 融入课程思政元素

通过对项目案例和素材的精心选择和设计，在项目完成过程中自然呈现思政元素。比如，Word 2016 模块中的"宋词欣赏"传递出的中国古典文化的美，彰显了文化自信；长文档排版选取的"国之重器：天河高性能计算机发展历程"描述了我国在高科技领域取得的成就，充分体现了民族自信；Excel 2016 模块中的"2020 年国民生产总值情况表(季度)"取自国家统计局的真实数据，透过数据，展现出我国面对新冠疫情的冲击，恢复生产并发展生产的过程，体现了党领导下的国家的凝聚力和战斗力。

修订后全书保留原有的结构，依然分成 5 个模块，即 Windows 10 操作系统、字处理软件 Word 2016、电子表格软件 Excel 2016、演示文稿制作软件 PowerPoint 2016 和附录。在每个模块中设计若干项目，每个项目都对应一个学习或工作中的应用场景，包括内容描述和分析、相关知识和技能、操作指导以及实战练习和提高 4 部分。"内容描述和分析"部分介绍项目背景，并分析需要用到的知识和操作技能以及注意点，"相关知识和技能"部分详细介绍该项目涉及的知识和操作技巧，"操作指导"部分给出了完成该项目的具体步骤，"实战练习和提高"部分则要求学生自行完成一个类似项目，从而形成"学—练—用"相结合的学习模式。附录部分介绍了 MAC 操作系统的基本用法以及虚拟机的安装，满足部分使用 MAC 操作系统的学生的需求。

编者建议"内容描述和分析"以及"相关知识和技能"部分的内容由学生自学自练，"操作指导"部分在课堂完成，任课教师可以讲解演示重难点，"实战练习和提高"部分可以作为课外作业。

本书由杨长春、薛磊主编，向艳、谢慧敏和方骥参加编写。其中谢慧敏编写模块一和模块四，向艳编写模块二，薛磊编写模块三，方骥编写附录。全书由薛磊统稿，杨长春审核。由于编者水平有限，时间仓促，书中不足和疏漏之处，敬请批评指正。

编　者

2021 年 6 月

目　录

模块一　Windows 10 操作系统 ·· 1

1.1　Windows 10 新特性 ·· 1

1.2　Windows 10 的启动和退出 ·· 2

1.3　Windows 10 桌面 ··· 3

　　项目一　文件和文件夹管理 ··· 5

　　项目二　操作系统的管理和维护 ··· 15

　　项目三　网络的连接与家庭组 ·· 24

　　项目四　系统的备份和还原 ·· 31

模块二　字处理软件 Word 2016 ·· 38

2.1　Word 2016 的新特性 ·· 38

2.2　Word 2016 使用基础 ·· 39

　　项目一　宋词赏析文稿制作 ··· 45

　　项目二　个人简历制作 ··· 64

　　项目三　长论文排版 ··· 82

模块三　电子表格软件 Excel 2016 ··· 99

3.1　Excel 2016 新特性 ··· 99

3.2　Excel 2016 使用基础 ·· 100

　　项目一　考勤信息表的制作 ··· 115

　　项目二　学生情况统计表的制作 ··· 132

项目三　销售统计图表的制作 ·························· 151

项目四　计算机设备销售情况的统计和分析 ·················· 166

项目五　公务员笔试结果通知单的制作 ·················· 184

模块四　演示文稿制作软件 PowerPoint 2016 ·················· 192

4.1　PowerPoint 2016 新特性 ·················· 192

4.2　PowerPoint 2016 使用基础 ·················· 193

项目一　讲演型演示文稿制作 ·················· 199

项目二　电子相册制作 ·················· 219

附录 ·················· 224

附录一　Mac OS 系统使用简介 ·················· 224

附录二　Mac OS 系统中虚拟机的安装和使用 ·················· 232

参考文献 ·················· 238

模块一

Windows 10 操作系统

　　操作系统是控制和管理计算机系统资源、方便用户操作的最基本的系统软件,它负责对计算机的硬件和软件资源进行统一管理、控制、调度和监督,使其能充分有效地得以利用,任何其他软件都必须在操作系统的支持下才能运行。

　　微软公司(Microsoft)于 2015 年 7 月 29 日全面推送 Windows 10 操作系统,使用 Windows 7 和 Windows 8.1 的用户可以免费升级到 Windows 10,并且所有升级到 Windows 10 的设备,微软都将提供永久生命周期的支持。Windows 10 操作系统比较流行的版本有家庭版、专业版以及移动版。

1.1　Windows 10 新特性

　　和 Windows 以前的版本相比,Windows 10 有了较大的变革,新增了许多特色功能。

　　1. 支持 DirectX 12

　　Windows 10 是目前唯一支持 DirectX 12 的操作系统,DirectX 12 将会帮助当前主流的计算机硬件释放出更多和更大的潜能。它可以让计算机充分发挥出最佳性能,优化娱乐休闲体验感,让用户在使用时获得更细腻的画质、更保真的音质等。

　　2. 安全

　　Windows 10 改进了基于角色的计算方案和用户账户管理,在数据保护和协作的固有冲突之间搭建起沟通的桥梁,同时也开启企业级的数据和权限许可,把数据保护和管理扩展到外围设备。

　　3. 开始菜单

　　熟悉的桌面开始菜单在 Windows 10 中正式归位,同时新增了 Modern 风格的区域,改进的传统风格和新的现代风格有机地结合在一起,既照顾了 Windows 7 老用户的使用习惯,又考虑到了 Windows 8 用户的使用习惯,提供了主打触摸操作的开始屏幕,超级按钮【Charm bar】依然为触摸用户保留。

　　4. 虚拟桌面

　　Windows 10 新增了 Multiple Desktops 功能。该功能可以让用户在同个操作系统下使用多个桌面环境。微软还在"Taskview"模式中增加了应用排列建议，不同的窗口会以某种推荐的排版形式显示在桌面环境中，点击右侧的加号即可添加一个新的虚拟桌面。

5. 内置 Windows 应用商店

Windows 10 更像是一款手机或者平板电脑上的智能系统，用户可以从 Windows 应用商店浏览和下载游戏、社交、娱乐等方面的应用，其中包括很多免费的应用和付费的应用，简化了 Windows 用户获取应用的流程。访问 Windows 10 应用商店需要用户登录自己的微软账号，用户下载过的 Windows 10 应用都会同步到账户中。

6. 分屏多窗

用户可以在屏幕中同时摆放四个窗口，Windows 10 会在单独窗口内显示正在执行的其他应用程序。微软在 Windows 10 侧边增加了一个【Snap Assist】按钮，通过它可以将多个不同桌面的应用展示于此，并和其他应用自由组合成多任务模式。

7. Cortana(微软小娜)

Cortana 是微软在机器学习和人工智能领域的尝试。用户和 Cortana 的智能交互过程中，Cortana 会记录用户的行为和使用习惯，利用云计算、搜索引擎和"非结构化数据"分析，读取和"学习"计算机中的文本文件、电子邮件、图片、视频等数据，来理解用户的语义和语境，从而实现人机交互。

1.2　Windows 10 的启动和退出

1. 启动及登录

系统启动需要在确保电源供电正常、各硬件设备连接无误的基础上，按开机按钮，即可进入系统启动界面。系统进入登录界面后，用户输入账号和登录密码，密码验证通过后，即可进入 Windows 10 系统的桌面。

图 1-1　"电源"选项

2. 系统退出

在"开始"菜单中的"电源"选项中有睡眠、关机与重启等操作选项，如图 1-1 所示。

"关机"命令指关闭操作系统并断开主机电源。

"重启"命令指计算机在不断电的情况下重新启动操作系统。

"睡眠"命令将打开的文档和程序自动保存至内存中并关闭所有不必要的功能。对于处于睡眠状态的计算机，可通过按键盘上的任意按键、打开笔记本式计算机的盖子等操作来唤醒计算机，只需几秒钟便可让计算机恢复到用户离开时的状态。

此外，在键盘上同时按下【Alt】+【F4】，会弹出"关闭 Windows"对话框，如图 1-2 所示。在此对话框中，除了有上述 3 个选项外，还有"切换用户"和"注销"选项。

"注销"命令将退出当前账户，关闭打开的所有程序，但不会关闭计算机，其他用户可以直接登录计算机。注销仅仅是清空当前用户的缓存空间和注册表等信息，不可以替代重启。

图 1 - 2 "关闭 Windows"对话框

当计算机上有多个用户账户时,用户可以通过"切换用户"命令在各用户之间进行切换,同时不影响每个账户正在使用的进程和程序。

1.3 Windows 10 桌面

桌面是 Windows 操作系统和用户之间的桥梁,几乎所有的 Windows 操作都是在桌面上完成。Windows 10 的桌面主要由桌面背景、桌面图标、任务栏等部分组成,如图 1 - 3 所示。

图 1 - 3 Windows 10 的桌面

● 桌面图标

图标是代表文件、文件夹、程序的小图片,双击图标或选中图标后按【Enter】键,即可启动或打开它所代表的项目。

在新安装的 Windows 10 系统桌面中,往往仅存在一个"回收站"图标,用户可以根据需要将常用的系统图标添加到桌面上。

操作步骤如下:

（1）在桌面空白处单击鼠标右键，在弹出的快捷菜单中选择"个性化"选项，打开"个性化"设置窗口。

（2）在窗口左侧栏中选择"主题"，再单击窗口右侧"相关的设置"下的"桌面图标设置"命令，弹出"桌面图标设置"对话框。

（3）在打开的对话框中选择所需的系统图标，单击"确定"按钮完成设置。

● 任务栏

默认情况下，任务栏位于桌面的最底端，从左往右依次由"开始"按钮、任务视图、应用程序区域、通知区域、操作中心等部分组成。

任务栏的主要作用是显示当前运行的任务、进行任务的切换等。Windows 10 允许用户把程序图标固定在任务栏上。

操作方法如下：

方法一：启动应用程序，鼠标右击位于任务栏中该程序的图标，在弹出的快捷菜单中选择"固定到任务栏"命令。

方法二：鼠标直接从桌面上拖动快捷方式到任务栏上进行固定。

● "开始"菜单

"开始"按钮位于任务栏最左端，单击"开始"按钮即可打开"开始"菜单。

Windows 10 的"开始"菜单可以分成两个部分，左侧为应用程序列表，右侧则是用来固定图标的开始屏幕。用户可以把经常用到的应用程序固定到右侧的开始屏幕中，方便快速查找和使用。操作步骤为：鼠标右击"开始"菜单左侧某一应用程序，在弹出的快捷菜单中，选择"固定到开始屏幕"命令，应用图标就会固定到右侧的开始屏幕中。

通过"开始"菜单，用户可以打开计算机中安装的大部分应用程序。

本篇将以 4 个案例为载体，介绍 Windows 10 的使用方法和技巧，帮助大家掌握 Windows 10 操作系统的基本操作，熟练进行文件（或文件夹）的操作，了解操作系统维护和管理的基本内容，为后续内容的学习以及熟练使用个人计算机奠定基础。

项目一 文件和文件夹管理

一、内容描述和分析

1. 内容描述

在本书的配套资源中有一个名为"我的实验"的文件夹，其结构如下：

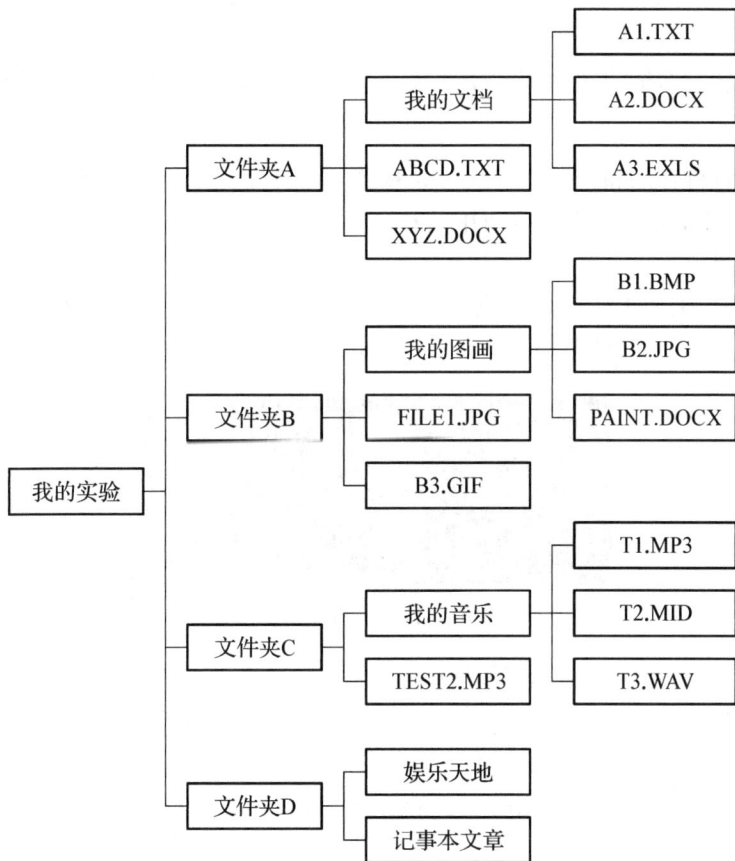

```
我的实验
├── 文件夹A
│   ├── 我的文档
│   │   ├── A1.TXT
│   │   ├── A2.DOCX
│   │   └── A3.EXLS
│   ├── ABCD.TXT
│   └── XYZ.DOCX
├── 文件夹B
│   ├── 我的图画
│   │   ├── B1.BMP
│   │   ├── B2.JPG
│   │   └── PAINT.DOCX
│   ├── FILE1.JPG
│   └── B3.GIF
├── 文件夹C
│   ├── 我的音乐
│   │   ├── T1.MP3
│   │   ├── T2.MID
│   │   └── T3.WAV
│   └── TEST2.MP3
└── 文件夹D
    ├── 娱乐天地
    └── 记事本文章
```

利用资源管理器软件，将其复制到C盘根目录下并进行文件和文件夹的操作。

2. 涉及知识点

本项目涉及计算机的分区、文件和文件夹、资源管理器、我的文档和剪贴板等概念以及相关操作。

3. 注意点

几乎所有的软件默认的安装路径都在C盘，计算机用得越久，C盘被占用的空间就越多。随着时间的增加，系统的反应会越来越慢，所以安装软件时，要根据具体情况改变安装路径。一般占用空间小的软件，如 RAR 压缩软件等可以安装在 C 盘，对于占用空间大的软件，如 Photoshop 等就需要安装在其他盘，如 D 盘中。

二、相关知识和技能

1. 计算机的分区

分区用以细化文件的存储和管理。理论上来说，文件可以存放在计算机的任意位置，但是为了便于管理，通常情况下，电脑的硬盘最少也需要划分为 2 个分区——C 盘和 D 盘。2 个盘的功能如下：

● C 盘：主要用来存放系统文件。所谓系统文件，是指操作系统和应用软件中的操作系统部分。这些文件在安装时，一般默认情况下都会被安装在 C 盘，包括常用的程序。

● D 盘：主要用来存放应用软件文件和用户自己的文件。比如用户自己的电影、图片和文档等。

如果硬盘还有多余的空间，可以添加更多的分区，以细化文件的存储和管理。

2. 文件

文件是计算机存储和管理信息的基本形式，是计算机中各种数据信息的集合，文档、图片、声音以及程序等都代表着计算机中的某个文件。在 Windows 10 操作系统中，文件是最小的数据组织单位。

文件打开时，类似于在桌面上或文件柜中看到的文本文档或图片。在计算机中，文件用图标表示，一些常见文件图标如图 1-4 所示。

图 1-4 文件图标示例

每个文件都有自己唯一的名称，Windows 10 通过文件名来对文件进行管理。文件名由文件主名和扩展名组成，即"文件主名.扩展名"的形式。不同的操作系统文件名的命名规则有所不同，Windows 10 操作系统的文件命名规则见表 1-1。

表 1-1 Windows 10 操作系统的文件主名命名规则

命名规则	规则描述
文件名长度	包括扩展名在内最多 255 个字符的长度，不区分大小写
不允许包含的字符	\、/、?、:、"、<、>、|、*
不允许命名的文件名	由系统保留的设备文件名、系统文件名等。例如：Aux、Com1、Com2、Com3、Com4、Con、Lpt1、Lpt2、Lpt3、Prn、Nul
其他规则	必须要有文件主名，同一文件夹下不允许同名的文件存在

另外，为文件命名时，除了要符合规定外，还要考虑使用是否方便。文件主名应反映文件的特点，并易记易用。

> **说明**：为了方便使用，操作系统把一些常用的标准设备也当做文件看待，这些文件称为设备文件，如 Com1 表示第一串口，Prn 表示打印机。

扩展名用于标识文件的类型，是 Windows 10 操作系统识别文件的重要方法。不同的文件类型，其图标往往不一样，查看方式也不一样，只有安装了相应的软件，才能查看文件的内容。因此了解常见的文件扩展名有助于学习和管理文件。

3. 文件夹

文件夹即目录和子目录，用以管理文件。其中，目录被认为是文件夹，而子目录则被认为是文件夹的文件夹（或子文件夹）。为了便于管理磁盘中大量的文件，可以将同一类文件存放在一个文件夹中，或者把一类文件夹（子文件夹或子目录）存放到一个更大的文件夹（父文件夹或父目录）中。

操作系统中使用路径来描述文件存放在存储器中的具体位置。从某处开始到达文件所在目录所经过的目录和子目录名，即构成"路径"（目录名之间用符号"\"分隔）。从根目录开始的路径方式属于绝对路径，比如"C:\我的实验\文件夹 A\我的文档\A1.txt"。

4. 文件资源管理器

与之前的 Windows 版本一样，Windows 10 操作系统提供了一个重要的文件管理工具——文件资源管理器。用户可以通过资源管理器查看计算机上的所有资源，从而清晰、直观地对计算机上各式各样的文件和文件夹进行管理。

打开文件资源管理器的方式有以下 4 种，前 3 种是比较快捷的访问方式。

● 在桌面上双击"此电脑"图标，打开"此电脑"界面，左侧窗格中【查看】列表就是文件资源管理器。

● 单击 Windows 10 桌面的左下角类似于文件夹的图标，即可打开文件资源管理器界面。也可以用鼠标右键单击此图标，在弹出的快捷菜单中单击"文件资源管理器"选项。

● 按下键盘上的【Windows】+【E】组合键。

● 在"开始"菜单中，选择"Windows 系统"→"文件资源管理器"。

> **说明**：双击任何一个文件夹，系统都会通过文件资源管理器打开并显示该文件夹的内容。

5. 剪贴板

大多数程序允许用户在它们之间共享文本和图像。复制信息时，信息将存储在一个称为"剪贴板"的临时存储区域，用户可以从该区域将其粘贴到文档中。

剪贴板是 Windows 中的一个重要概念和操作。它是内存中的一块区域，提供了不同应用程序间传递信息的一种有效方法，其作用是暂时存放用户指定的信息，以便进行信息的复制、移动、删除等操作，其容量根据实际需要由系统自动调整。一旦退出系统，剪贴板中的内容便消失。

三、操作指导

将"Win10 项目 1 资源.rar"文件下载到 E 盘并解压缩，得到名为"我的实验"的文件夹，按以下步骤操作。

1. 启动文件资源管理器，浏览 C 盘的文件与文件夹

（1）单击 Windows 10 桌面的左下角文件夹图标，启动"文件资源管理器"。

"文件资源管理器"打开后窗口分为左右两部分：左侧窗格中显示文件夹树，右侧窗格中显示活动文件夹中的文件及文件夹，如图 1-5 所示。

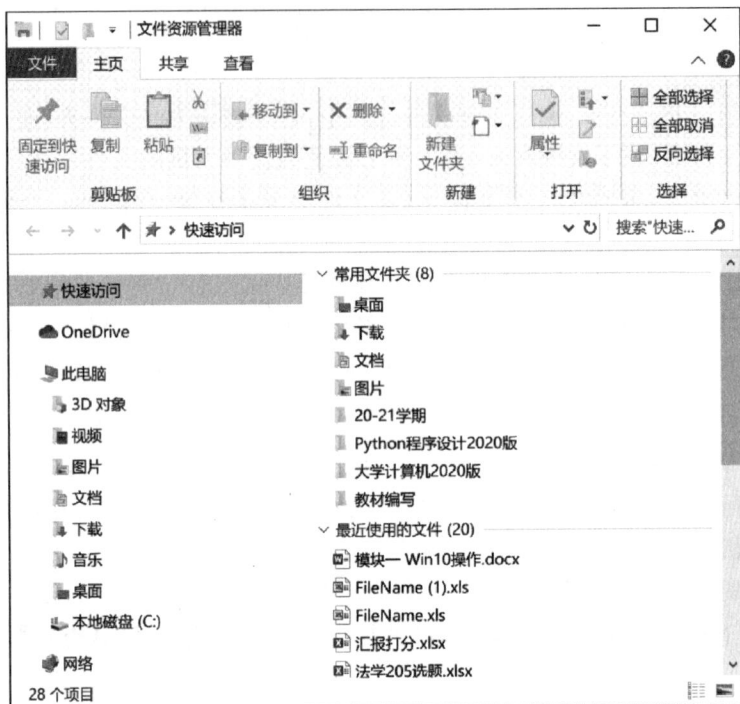

图 1-5　资源管理器

（2）用鼠标单击"文件资源管理器"左侧窗格中"本地磁盘（C：）"图标。

● 文件夹树的展开和折叠

当文件夹左侧显示" > "号，表明该文件夹下有子文件夹，单击" > "号展开对象。

当文件夹左侧显示" ∨ "号，表明该文件夹已被完全展开，单击" ∨ "号收缩对象。

● 文件或文件夹显示方式的改变

使用下列方法之一，改变文件或文件夹的显示方式。

方法一：单击窗口中的"查看"选项卡，在"布局"组中可以使文件和文件夹的显示方式在 8 个不同的视图之间循环切换：超大图标、大图标、中图标、小图标、列表、详细信息、平铺和内容。

方法二：在文件夹右窗格的空白区域右击鼠标，在弹出的快捷菜单中单击"查看"菜单命令，也可以改变文件或文件夹的显示方式。

2. 创建文件、文件夹

在"我的实验"文件夹中新建文件夹"临时文件"，并在其中创建文本文件"myf1"，输入自我介绍。

（1）选择新建文件夹的存放位置。在"文件资源管理器"左侧窗格中单击 C 盘的"我的

实验"文件夹,此时右窗格中将显示"我的实验"文件夹下的所有内容。

(2)在以下两种方法中任选其一新建文件夹。

方法一:单击菜单栏上的"新建文件夹"菜单项。

方法二:在右窗格的空白处右击鼠标,在弹出的快捷菜单中选择"新建"→"文件夹"。

此时,在右侧窗口中出现一个名为"新建文件夹"的新文件夹。如图1-6所示。

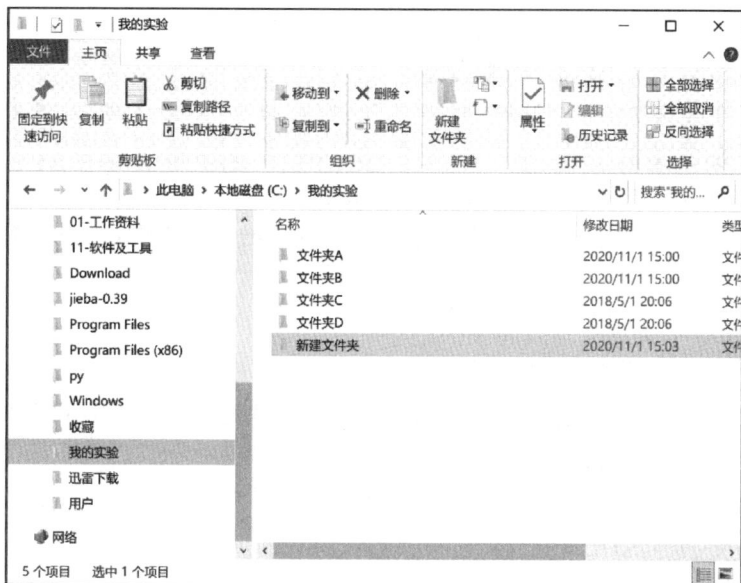

图 1-6 新建文件夹

(3)输入一个新名称"临时文件",然后按【Enter】键或者单击文件名外的任一位置。

(4)在"文件资源管理器"左窗格中单击"临时文件"文件夹或者在右窗格中双击"临时文件"文件夹,选择新建文件的存放位置。

(5)新建文本文件。在右窗格的空白处右击鼠标,在弹出的快捷菜单中选择"新建"→"文本文档"。此时在右窗口中出现一个名为"新建文本文档"的新文档,继续输入"myf1",然后按回车键或者单击该方框外的任一位置,则新文本文档"myf1"就建好了。

(6)在"myf1"中输入内容并保存。鼠标双击文档名"myf1",系统自动运行记事本程序打开该文档,在光标位置输入自我介绍,内容自拟;单击"文件"菜单中的"保存"命令,将文档存盘;单击右上角的"关闭"按钮或者选择"文件"菜单中的"退出"命令,退出记事本。

3. 文件、文件夹和快捷方式的复制

将"我的音乐"文件夹中首字母为 T 的所有文件复制到"娱乐天地"文件夹中。

(1)在"文件资源管理器"中,选择 C 盘下"我的实验"→"文件夹 C"中的"我的音乐"文件夹,右窗格中显示"我的音乐"文件夹下所有文件和文件夹。

(2)选中"我的音乐"文件夹中首字母为 T 的所有文件。在"文件资源管理器"的右窗格中,单击"我的音乐"文件夹中第一个首字母为 T 的文件(如 T1.MP3),再按住【Shift】键不放,单击最后一个首字母为 T 的文件(如 T3.WAV),选中的文件以蓝色显示。

说明：① 选择单个文件或文件夹，单击该文件或文件夹即可。② 选择连续的多个文件或文件夹，可先单击第一个文件，然后按住【Shift】键，同时单击要选择的最后一个文件，则中间所有的文件均被选中。③ 选择间隔的多个文件或文件夹，可按住【Ctrl】键的同时，使用鼠标逐个单击要选择的文件或文件夹。

（3）选择下列方法之一将该对象复制到 Windows 的剪贴板。

方法一：单击鼠标右键，在弹出的快捷菜单中，单击"复制"命令。

方法二：在键盘上按下【Ctrl】+【C】键。

（4）在"文件资源管理器"左窗格中，单击"文件夹 D"→"娱乐天地"文件夹，此时选中新的存放位置（目标位置）。

（5）选择下列方法之一在目标位置"粘贴"对象。

方法一：在"文件资源管理器"的右窗格空白区域单击鼠标右键，在弹出的快捷菜单中，单击"粘贴"命令。

方法二：在键盘上按下【Ctrl】+【V】键。

4. 文件、文件夹和快捷方式的移动

将 C 盘"我的实验"→"文件夹 B"→"我的图画"文件夹中的"PAINT.DOCX"文件移动到"文件夹 A"中的"我的文档"文件夹中。

（1）在"文件资源管理"的左窗格中单击"我的图画"文件夹，此时，右窗格中显示"我的图画"文件夹下的所有文件和文件夹。

（2）选中"PAINT.DOCX"文件。

（3）单击鼠标右键，在弹出的快捷菜单中，单击"剪切"菜单命令或者同时按下【Ctrl】+【X】键，将该文件剪贴到 Windows 的剪贴板上。

（4）在"Windows 资源管理器"的左窗格中，单击新的存放位置"我的文档"文件夹，目标位置"粘贴"对象，方法同文件和文件夹的复制操作。

说明：移动文件也可以通过鼠标的拖动完成。① 打开包含要移动的文件的文件夹；② 在其他窗口中打开目标文件夹，将两个窗口并排置于桌面；③ 用鼠标从第一个文件夹里将文件拖动到第二个文件夹中。如果在拖动时，同时按住【Ctrl】键，可完成文件的复制操作。

5. 文件、文件夹和快捷方式的删除

将 C 盘"我的实验"→"文件夹 C"中名为"TEST2.MP3"的文件删除。

（1）在"文件资源管理器"的左窗格中单击"文件夹 C"文件夹。

（2）在右窗格中选中"TEST2.MP3"文件。

（3）单击鼠标右键，在弹出的快捷菜单中，单击"删除"命令；或者键盘上按下【Del】键。

说明：执行"删除"命令删除硬盘上的文件、文件夹和快捷方式时，是将其放入回收站中，并没有真正删除，真正删除应选择"清空回收站"；若发生误删除操作，可通过回收站的"还原"命令恢复；若删除的是可移动磁盘上的文件或文件夹，则不能恢复。

6. 文件、文件夹和快捷方式的重命名

将 C 盘"我的实验"→"文件夹 A"中名为"XYZ.DOCX"的文件重名为"YYY.DOCX"。

（1）在"文件资源管理器"的左窗格中单击"文件夹 A"文件夹。

（2）在右窗格中选中文件"XYZ.DOCX"，单击鼠标右键，在弹出的快捷菜单中单击"重命名"命令，此时文件名"XYZ.DOCX"呈反白显示。

（3）输入新的文件名"YYY.DOCX"，然后按【Enter】键。

> **说明：**① 正在使用的文件不能重命名；② 选择需要更名的文件，两次（不是双击）单击文件名，此时文件名显示为可写状态，可进行重命名操作；③ 显示隐藏的文件或文件夹，可在"文件资源管理器"中，单击"查看"选项卡，在"显示/隐藏"组中勾选"隐藏的项目"复选框，如果想显示文件扩展名，可勾选"文件扩展名"复选框。

7. 建立文件、文件夹的快捷方式

在 C 盘根目录下建立一个"临时文件"文件夹的快捷方式，快捷方式的名称为"临时文件 123"。

（1）在"文件资源管理器"左窗格中单击"我的实验"文件夹。

（2）在"文件资源管理器"右窗格"临时文件"文件夹上单击鼠标右键，在弹出的快捷菜单中，单击"创建快捷方式"菜单命令，则在"我的实验"文件夹中创建了一个"临时文件-快捷方式"的快捷方式，如图 1-7 所示。

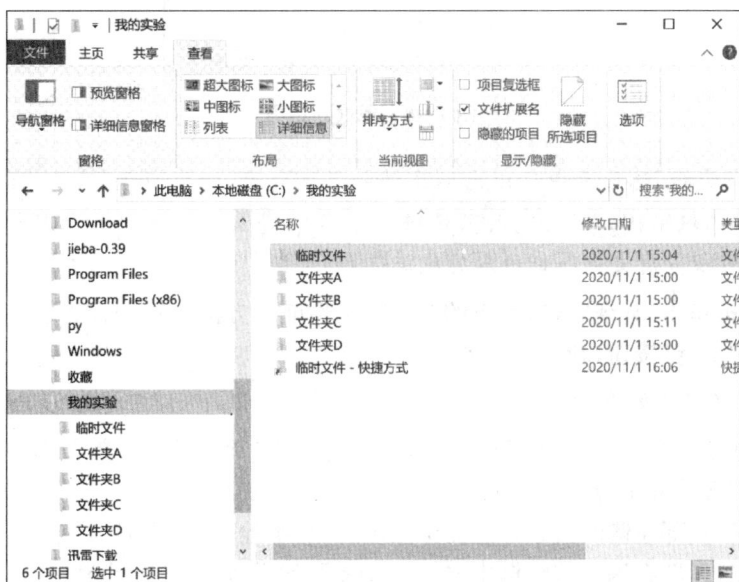

图 1-7 创建文件夹快捷方式

（3）鼠标两次单击"临时文件-快捷方式"，修改其名称为"临时文件 123"。

（4）用前面讲的方法将"临时文件 123"移动到 C 盘根目录中。

8. 文件、文件夹和快捷方式属性的修改

将 C 盘"我的实验"→"文件夹 A"中首字母为 A 的所有文件和所有文件夹的属性设置为"只读"。

在 Windows 中，文件、文件夹和快捷方式通常具有"只读""隐藏"和"存档"等属性，用户可以在"文件资源管理器"中修改其属性。操作步骤如下：

（1）在"文件资源管理器"中选中"文件夹 A"中所有首字母为 A 的文件。

（2）单击鼠标右键，在弹出的快捷菜单中，单击"属性"菜单命令，打开"属性"对话框，如图 1-8 所示。

图 1-8　属性对话框

说明：①"常规"选项卡中可以看到文件的基本信息；②"安全"选项卡中可以设置计算机每个用户的权限；③"详细信息"选项卡中可以查看文件的详细信息；④"以前的版本"选项卡下可以查看文件早期版本的相关信息。

（3）用鼠标单击"常规"选项卡下的"只读"属性前的方格，使其出现"√"。

（4）单击"确定"按钮，新属性生效。

9. 文件和文件夹的查找

在 C 盘中搜索扩展名为".txt"的文件，任意复制 2 个到"记事本文章"文件夹中。

（1）打开"文件资源管理器"。

（2）在窗口顶部左侧的搜索筛选器中指定路径"本地磁盘(C:)"。

（3）在窗口顶部右侧的搜索框中输入"＊.txt"，然后按下"Enter"键。

（4）在右窗格的搜索结果中选中任意两个文件，复制到"记事本文章"文件夹中。

说明：查找文件时，可以使用通配符"?"和"＊"来帮助搜索：①"＊"表示零个或多个任意字符。例如，"H＊"表示以字母 H 开头的任意文件，可以表示"HABC"，也可以表示"H8H"等。②"?"表示一个任意字符。例如，"C?C"表示文件名由三个字符构成，以 C 开头，以 C 结尾，可以是"COC"，也可以是"CTC"等。

10. 文件和文件夹的压缩与解压缩、密码保护

将 C 盘"我的实验"文件夹压缩为"我的实验.zip"文件，设置压缩文件密码为"123"。

利用 Windows 的 ZIP 压缩功能可以将一个文件或文件夹压缩成一个文件，这样既方便了文件管理，也节省磁盘空间。当再次使用时将其解压即可。

（1）在"**文件资源管理器**"中选中"**我的实验**"文件夹，单击鼠标右键，在弹出的快捷菜单中选择"**发送到**"→"**压缩文件夹**"菜单项，如图1-9所示。

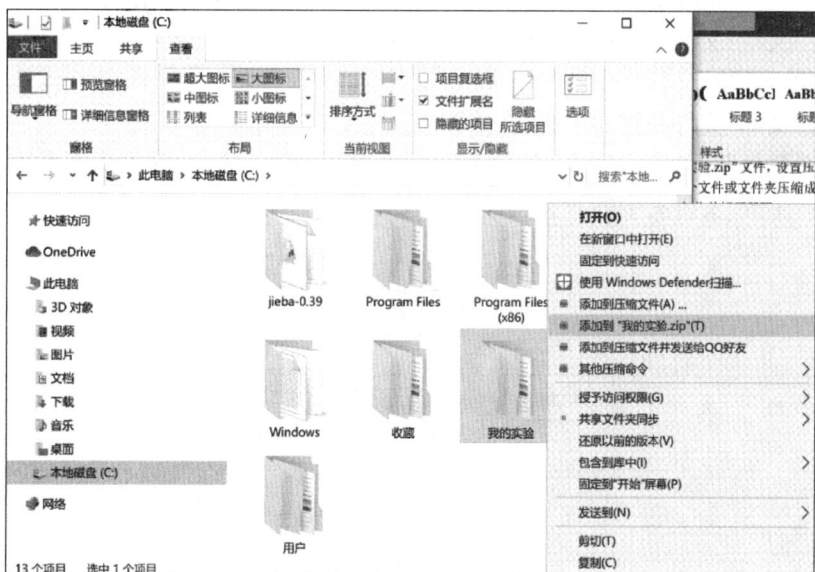

图1-9 压缩文件与文件夹

（2）弹出"正在压缩"对话框，并显示压缩的进度。压缩完成就可以看到创建的压缩文件。

（3）双击打开压缩文件夹，选择"文件"→"设置默认密码"菜单项，弹出"输入默认密码"对话框，如图1-10所示。

图1-10 添加密码

（4）输入密码"123"，单击"确定"按钮，完成密码的设定操作。

以后再次打开ZIP文件夹中的文件时，会弹出"需要密码"对话框，只有输入正确的密码才能将其打开。

四、实战练习和提高

在U盘中建立如下的文件夹结构：

（1）在"文本"文件夹中创建一个名为"my_data"的文本文件，输入一段任意的文字。

（2）在"图片"文件夹中创建一个名为"my_picture"的 bmp 文件，在其中任意画一幅图画。

（3）将 C 盘 Windows 文件夹中首字母为 m 的文件任选两个复制到"工具"文件夹中。

（4）将"文本"文件夹复制到"其他"文件夹中。

（5）删除"其他"文件夹中的"my_data"文件。

（6）将"文本"文件夹重命名为"文档"。

（7）在"软件"文件夹下建立"my_picture"文件的快捷方式，快捷方式的名称为"图画"。

（8）将"工具"文件夹中的所有文件和所有文件夹的属性设置为"只读"。

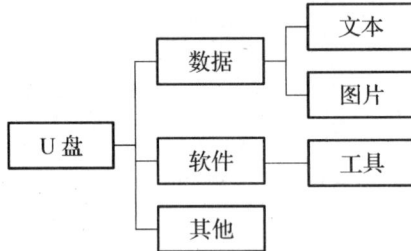

项目二　**操作系统的管理和维护**

一、内容描述和分析

1. 内容描述

本项目完成操作系统的管理和维护操作。主要包括：

(1) 利用系统监视器查看系统内存、磁盘、CPU、网络等运行情况。

(2) 利用任务管理器查看系统运行状态,管理应用程序和计算机进程。

(3) 设置用户账户和组。

(4) 设置个性化的桌面。

(5) 磁盘碎片收集,优化磁盘空间。

2. 涉及知识点

本项目涉及控制面板、任务管理器、用户账户和组、磁盘碎片、帮助等概念以及相关操作。

3. 注意点

在使用 Windows 10 的过程中,应注意主动运用系统提供的各种功能管理好计算机。Windows 10 提供了控制面板集成众多管理工具,方便计算机软硬件的管理;提供任务管理器来监视计算机的性能;提供磁盘碎片清理功能用于提高系统运行效率;此外,还提供了对用户的管理功能,提高系统的安全性。

二、相关知识和技能

1. 控制面板

Windows"控制面板"提供了一组特殊用途的管理工具,使用这些工具可以配置 Windows、应用程序和应用环境。用户也可以进行系统设置来调整 Windows 的操作环境。

选择"开始"菜单下的"Windows 系统"菜单项,在下级菜单中选择"控制面板"命令,即可打开控制面板,如图 1-11 所示。控制面板有三种查看方式:类别、大图标和小图标。

图 1-11 控制面板

2. 任务管理器

任务管理器提供正在计算机上运行的程序和进程的相关信息，是最常用的度量进程性能的工具。任务管理器是监视计算机性能的关键指示器，可以查看正在运行的程序的状态，并终止已停止响应的程序，还可以使用多达 15 个参数评估正在运行的进程，查看反映 CPU 和内存使用情况的图形和数据。此外，如果与网络连接，还可以查看网络状态，了解网络的运行情况。如果有多个用户连接到用户的计算机，可以看到谁在连接，他们在做什么，还可以给他们发送消息。

3. 用户账户

用户账户的管理是 Windows 提高计算机安全性的策略。Windows 可以为用户和组指派权利和权限，从而限制用户执行某些操作的能力。如多个用户共用一台计算机，通过设置用户账户，可以实现各自资源分别存储，每一个用户都只能看到属于自己或共享的资源。

4. 磁盘碎片

在硬盘刚刚使用时，文件在磁盘上的存放位置基本是连续的，随着用户对文件的修改、删除、复制或者保护新文件等频繁的操作，磁盘上会留下许多不连续的空闲小段，这些小的空闲段就被称为磁盘碎片。

当出现很多零散的空间和磁盘碎片时，若执行保存文件操作，将会出现一个文件分布于多个不连续磁盘空间的现象，访问该文件时，系统就需要到不同的磁盘空间中去寻找该文件的不同部分，从而影响了运行的速度。因此，为了提高磁盘文件访问速度，经常需要对磁盘碎片的分布状况进行分析，重新安排文件在磁盘中的存储位置，同时合并可用空间。

5. 帮助功能

Windows 10 提供了多种获取帮助的方法，常用的有以下 3 种：

(1) F1 键

F1 键是 Windows 系统寻找帮助的原始方式,在应用程序中按下【F1】键通常会打开该程序的帮助菜单。在 Windows 10 系统中,按下该按钮会在用户的默认浏览器中执行 Bing 搜索来获取 Windows 10 的帮助信息。

(2) 在"使用技巧"应用中获取帮助

Windows 10 内置了一个"使用技巧"应用,通过它可以获取系统各方面的帮助和配置信息。

选择"开始"菜单中的"使用技巧"命令,则可以打开"使用技巧"窗口,窗口的右上角有搜索按钮,用户可以通过搜索关键词快速找到相关帮助信息。

(3) 向 Cortana 寻求帮助

Cortana 是 Windows 10 自带的虚拟助理,具备帮助用户搜索文件、回答用户问题等功能。

右击任务空白处,在打开的快捷菜单中选择"Cortana(O)"下的"显示 Cortana 图标(W)"命令,则可以在任务栏中显示 Cortana 图标 ,单击该按钮即可打开 Cortana 助手寻求帮助。

三、操作指导

1. 用性能监视器查看系统内存、磁盘、处理器、网络等的运行

(1) 单击"开始"按钮,选择"Windows 管理工具"→"性能监视器",打开如图 1-12 所示的窗口。

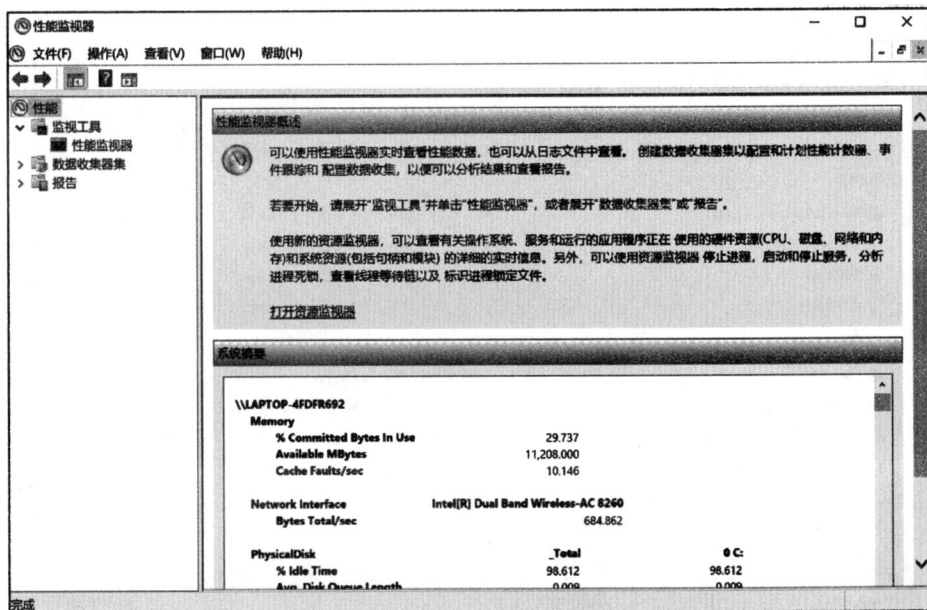

图 1-12 "性能监视器"窗口

(2) 选择"性能监视器"窗口左窗格的"性能监视器"选项,可以看到右侧的窗格中出现了系统内存、磁盘和 CPU 的使用情况,如图 1-13 所示。

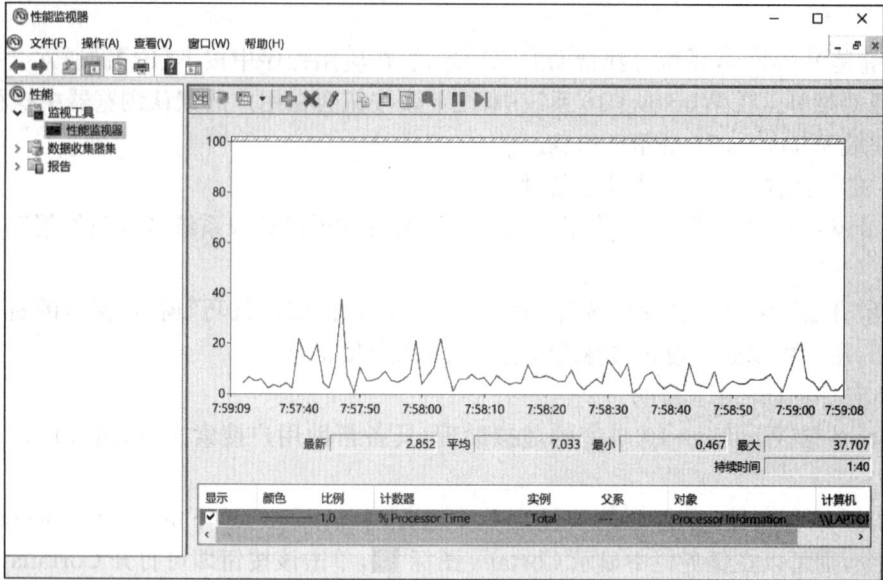

图 1-13 "性能监视器"窗口

2. 利用任务管理器查看系统运行状态，管理应用程序和计算机进程

（1）单击"开始"按钮，选择"Windows 系统"→"任务管理器"，打开如图 1-14 所示的窗口。

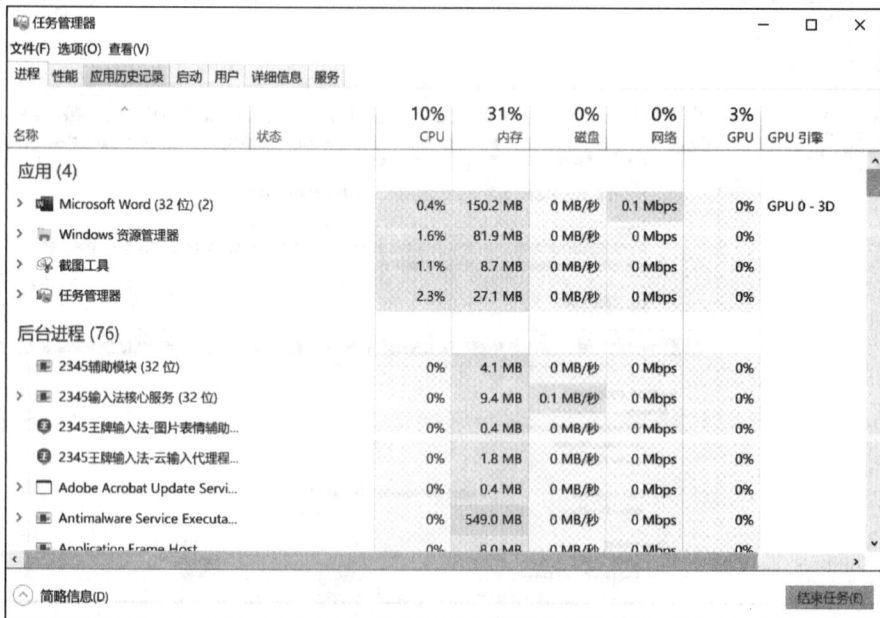

图 1-14 "任务管理器"窗口

在"进程"选项卡中显示了各个进程的名称、用户名以及所占用的 CPU 时间和内存的使用情况。用户可以关闭不必要的或者已经停止响应的进程，要关闭某一进程，用户只需

要选中该进程,然后单击"结束进程"按钮,用户也可以用鼠标右击要结束的进程,在弹出的快捷菜单中执行"结束进程"命令。

说明:也可以按【Ctrl】+【Alt】+【Del】组合键,打开任务管理器。

(2)在 Windows"任务管理器"窗口中选择"性能"选项卡,用户可以看到 CPU 的使用情况、页面文件的使用记录等各项参数,其中,还以数据的形式显示了句柄数、线程数和进程数等数据,如图 1-15 所示。

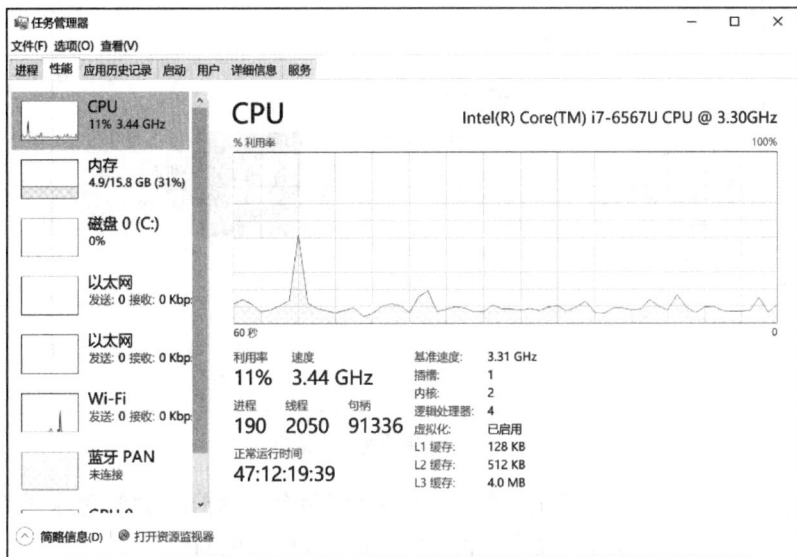

图 1-15 "任务管理器"性能窗口

(3)在 Windows"任务管理器"窗口中选择"详细信息"选项卡,如图 1-16 所示。用户在该选项卡中可以关闭正在运行的应用程序,或者切换到其他应用程序以及启动新的应用程序。

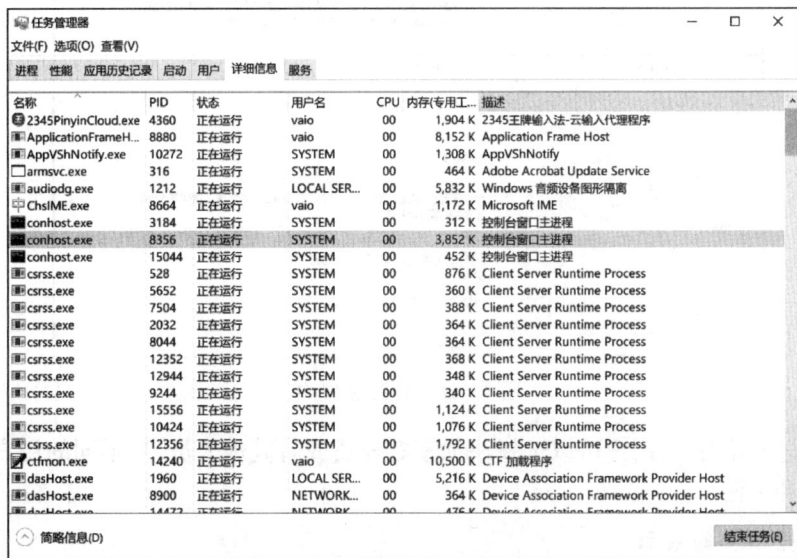

图 1-16 "详细信息"选项卡

在系统运行的过程中，如果某个应用程序出错，一直没有响应，用户便可以关闭该应用程序，让别的应用程序正常运行。

要关闭一个应用程序，只要在程序列表中选中该程序，然后单击"结束任务"按钮。

3. 设置用户账户

（1）以计算机管理员的身份登录打开"控制面板"窗口，单击"用户帐户"图标，打开如图1-17所示的"用户帐户"窗口。

图1-17 "用户帐户"窗口

（2）在"用户帐户"窗口中，选择"管理其他帐户"命令，在弹出的"管理帐号"窗口中，再选择"在电脑设置中添加新用户"命令，弹出如图1-18所示的对话框。

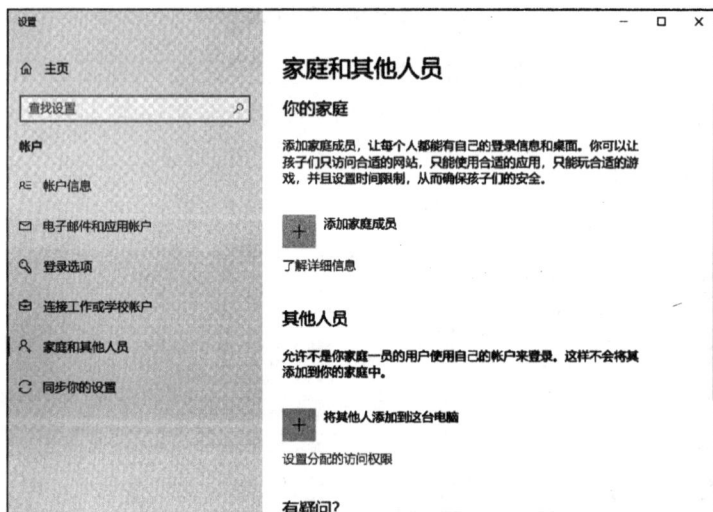

图1-18 创建新帐户

（3）在这个界面中，用户可以选择添加家庭成员或者其他人员，让不同的用户拥有自己的登录信息和桌面。

4. 设置个性化的桌面

桌面主题是图标、字体、颜色、声音和其他窗口元素的预定义集合，通过一定的组合设置,它能使桌面具有与众不同的外观。

桌面背景又称桌面壁纸,用户在安装完 Windows 10 以后,它会默认提供很多种风格的桌面壁纸图片供用户选择,同时用户也可以选择自己的图片甚至是 HTML 文件来作为桌面的背景。

屏幕分辨率是指屏幕水平和垂直方向最多能显示的像素点数。分辨率越高,说明屏幕中的像素点就越多,可显示的内容就越多,显示的对象就越小。选择哪种大小的分辨率主要取决于用户计算机的硬件配置和需求。

选择"开始"菜单→"设置"按钮,打开"Windows 设置"对话框,如图 1-19 所示。

图 1-19 "Windows 设置"对话框

在对话框窗口中选择"系统"→"显示"选项,则打开"显示"设置窗口,即可对显示分辨率进行设置。

当用户长时间不操作计算机的时候,应该让计算机保持较暗或者活动的画面,以保护屏幕。

(1) 在桌面空白部分单击鼠标右键,选择"个性化"菜单项,打开"个性化"窗口,如图 1-20 所示。

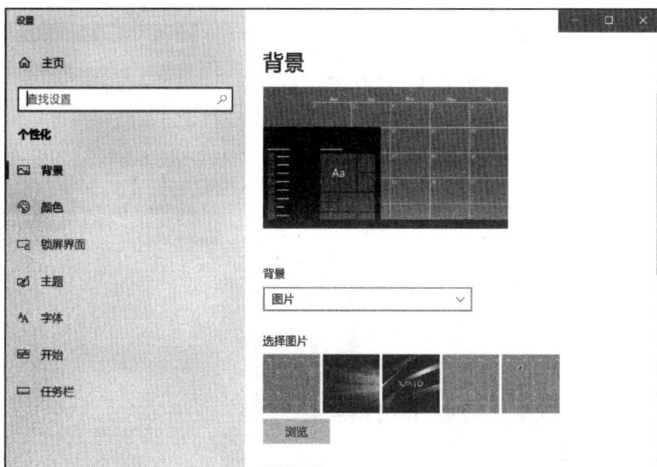

图 1-20 "个性化"设置窗口

（2）在左侧窗口中单击"主题"选项，在右侧的"主题"窗口中用户可以选择自己喜爱的桌面主题。

（3）在左侧窗口中单击"背景"选项，在右侧的"背景"窗口中单击"浏览"按钮，用户可以选择自己喜爱的图片作为背景图片，例如选择一个背景文件 Ascent，在"选择契合度"列表中选择"拉伸"，即可看到效果。

（4）在左侧窗口中单击"锁屏界面"选项，打开如图 1-21 所示的对话框。

图 1-21 "锁屏界面"对话框

（5）在"背景"选项组的下拉列表框中可以选择"Windows 聚焦""图片"和"幻灯片放映"三种模式。

（6）在此窗口中还可以调整字体、开始菜单、任务栏设置等，此类操作，请自行探索。

5. 磁盘碎片收集，优化磁盘空间

在使用计算机的过程中会产生一些垃圾数据，比如，安装软件时带来的临时文件、上网时的网页缓存等，这些无用的文件会导致计算机运行速度变缓，因此需要定期进行磁盘管理操作：

（1）选择"开始"菜单→"Windows 管理工具"→"磁盘清理"命令，打开"磁盘清理"窗口，如图 1-22 所示。

（2）单击"清理系统文件"按钮，对系统文件进行清理。

（3）重新返回到清理界面后，在"要删除的文件"列表中，选择要删除的文件类别，单击"确定"按钮，对垃圾文件进行清理。

长期使用计算机后，在磁盘中会产生大量不

图 1-22 "磁盘清理"窗口

连续的文件碎片,同样会使得计算机读写文件的速度变得缓慢。利用磁盘碎片整理工具就可以使每个文件或文件夹尽可能占用单独而连续的磁盘空间,提高磁盘的读写速度。

(1) 选择"开始"→"Windows 管理工具"→"碎片整理和优化驱动器"命令,打开"优化驱动器"窗口,如图1-23所示。

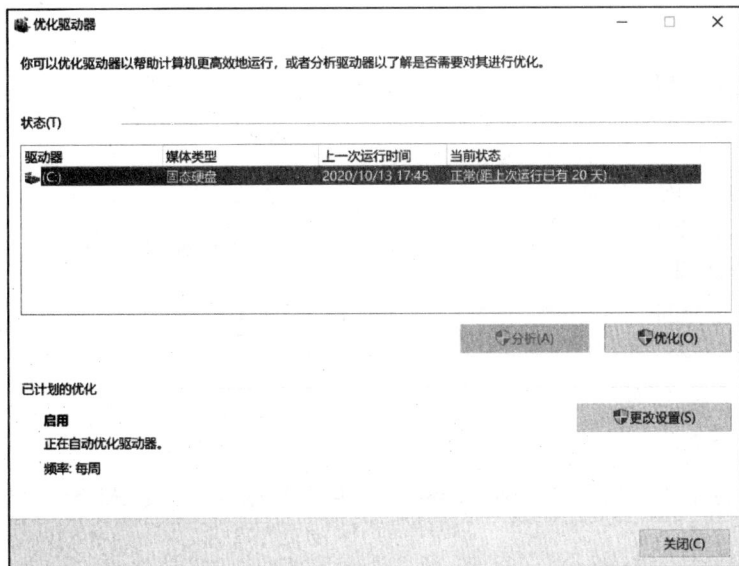

图1-23 "优化驱动器"窗口

(2) 单击选中需要分析的驱动器,然后用户可以根据需要选择单击窗口中的"分析"按钮或者"优化"按钮,对驱动器进行相关操作。

四、实战练习和提高

(1) 利用任务管理器查看计算机系统的运行状态。

(2) 设置自己的个性化桌面。

(3) 利用磁盘清理工具对自己的计算机进行磁盘清理和碎片整理工作。

项目三　网络的连接与家庭组

一、内容描述和分析

1. 内容描述

本项目的主要内容包括：

(1) 设置 ADSL 宽带上网。

(2) 设置路由器。

(3) 配置 IP 地址。

(4) 设置共享公用文件夹。

(5) 设置共享打印机。

2. 涉及知识点

本项目主要涉及局域网、IP 地址、网络和共享中心、家庭组、ADSL 等概念以及相关操作。

3. 注意点

当用户在计算机上安装了操作系统后，最急切的事就是连接到互联网。在 Windows 10 中，用户可以轻松地连接网络。连接网络的方式有很多，目前宽带线路入户类型主要有 ADSL(电话线)、光纤、以太网等接入方式。

二、相关知识和技能

1. 局域网

在日常的事务处理过程中，随时都有可能需要使用办公设备对资料进行打印或扫描等操作。为了提高办公资源的利用率，提高办公效率，局域网就尤为重要。

(1) 在组建局域网前，用户必须了解需要准备的组网材料。

(2) 要连接到网络，首先要进行网络设置。网络和共享中心是 Windows 的功能之一，它为用户提供了一个网络相关设置的统一平台，几乎所有与网络有关的功能都能在网络和共享中心里找到相应的入口。

2. IP 地址

IP 地址由 32 位二进制数字组成，8 位为一组，共 4 组，中间用"."分隔。每个 IP 地址由两部分组成：网络标识和主机标识。根据两部分的不同长度，IP 地址分为 5 类，常用的有 A、B、C 三类，相应的地址范围如下：

A 类：$1.*.*.* \sim 126.*.*.*$

B 类：$128.*.*.* \sim 191.*.*.*$

C 类：$192.*.*.* \sim 223.*.*.*$

其中，A 类 IP 地址表示少数网络上有众多主机；B 类 IP 地址表示网络和主机分布适中；C 类 IP 地址表示很多网络上有少量主机。

在选择局域网的 IP 地址类型时，应根据局域网中的子网数量及每个子网的规模进行选择。

3. 网络和共享中心

在"设置"主页上，单击"网络和 Internet"，在出现的界面上可以看到 Windows 10 将与网络相关的向导和控制程序集合在"网络和 Internet"里，包括"状态""WLAN""VPN"等选项，如图 1-24 所示。

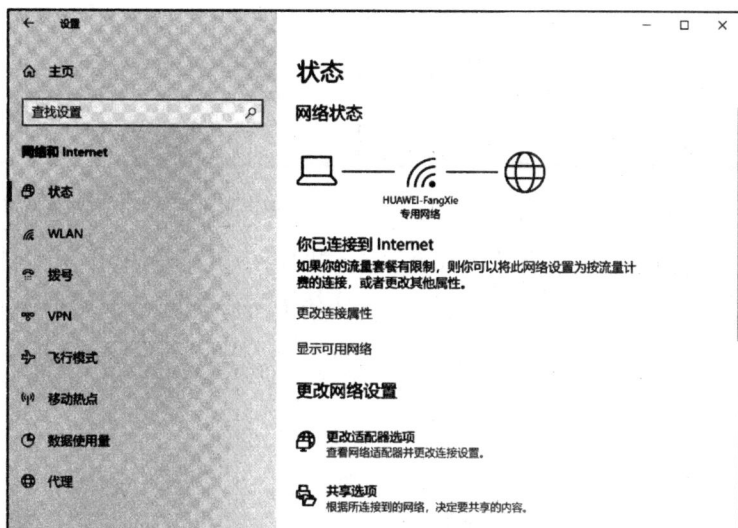

图 1 24 "网络和 Internet"窗口

通过可视化的视图和命令，提供了有关网络的实时状态信息。用户可以查看计算机是否连接在网络或 Internet 上、连接的类型以及对网络上其他计算机和设备的访问权限级别。用户还可以从"网络和 Internet"中找到更多有关网络映射中网络的详细信息。当设置网络或者网络出现问题时，此信息非常有用。

4. ADSL

ADSL 全称是"Asymmetric Digital Subscriber Line"（非对称数字用户线路），属于 DSL 技术的一种。ASDL 宽带目前是许多家庭上网的主要方式之一，它通过电话线，使用 PPPoE 拨号协议。用户申请 ASDL 宽带业务后，网络服务商会负责安装 ADSL 设备和在 Windows 中进行设置等服务。

三、操作指导

1. ADSL 宽带连接

（1）打开"控制面板"，进入"网络和 Internet"界面，选择"网络和共享中心"，单击其中的"设置新的连接或网络"。

（2）单击"设置新的连接或网络"对话框中"连接到 Internet"，然后单击"下一步"按钮，如图 1-25 所示。

（3）在"连接到 Internet"对话框中，会显示连接到网络上的方式，选择"宽带（PPPoE）

R"，然后单击该连接方式，如图1-26所示。

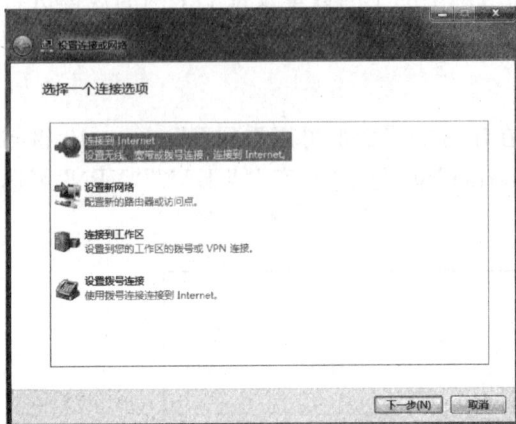

图1-25 "连接到Internet"对话框　　　　图1-26 "设置连接或网络"对话框

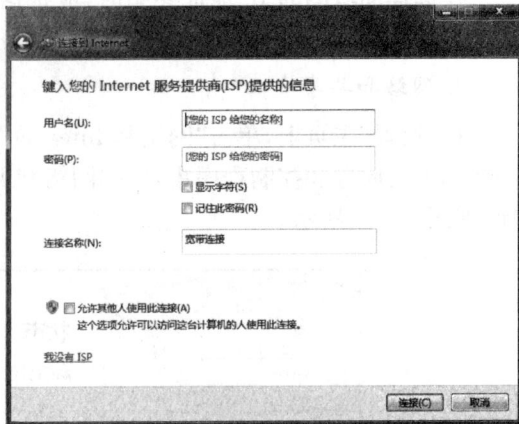

（4）在出现的对话框中，输入ISP服务商提供的用户名和密码，单击"连接"按钮，即可成功建立宽带连接。建议勾选"记住此密码"，这样下次连接的时候就不需要重新输入密码了。

2. 无线路由器设置

运营商提供的入户线路为光纤，需要配合光纤调制解调器（Modem）使用。如果入户线路为电话线，需要配合ADSL Modem使用，一般是中国电信的宽带线路，由运营商或小区宽带通过网线直接给用户提供宽带服务。

要想实现无线局域网上网，首先要设置无线路由器。不同品牌的路由器，其设置方法不同，需要参考该产品的说明书。但默认的内部IP地址一般为192.168.1.1或192.168.0.1。在浏览器中输入IP地址后，则会打开无线路由器设置窗口，单击右边窗格中的"设置向导"，首先选择的是上网方式。如果是ADSL拨号上网方式，需要选择PPPoE；如果是以太网宽带，则可以选择动态IP或静态IP方式，如图1-27所示。

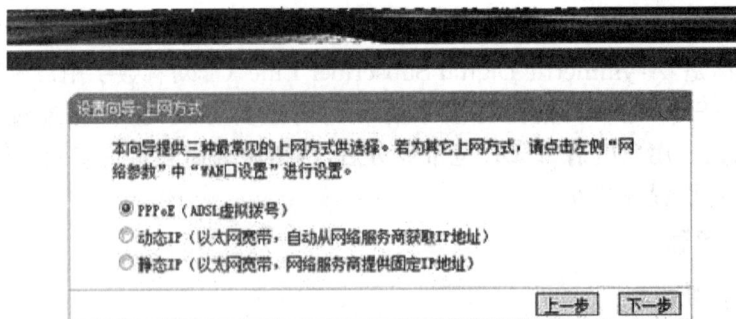

图1-27 "设置向导-上网方式"对话框

然后按导航提示，输入ISP提供的上网账号和口令。接着设置无线网络的路由器参数，如图1-28所示。路由器设置完成后，计算机就可以直接上网，不用再使用"宽带连接"来进行拨号了。

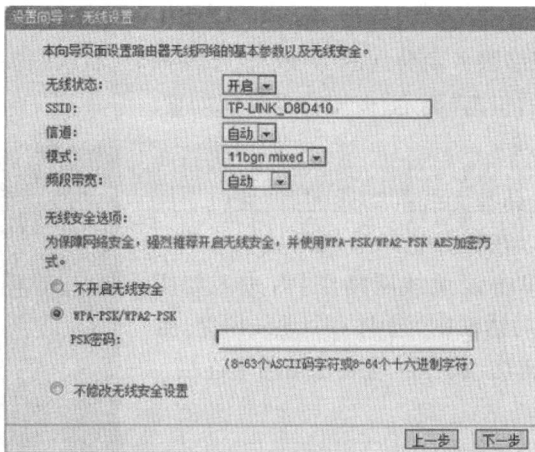

图 1-28 "设置向导-无线设置"对话框

3. 配置 IP 地址

如果用户的计算机采用的是以太网宽带入网方式,那么一般需要配置静态 IP 地址或者动态 IP 地址。

操作方法:

(1) 打开"控制面板",进入"网络和共享中心"界面后,单击左窗格中的"更改适配器设置",将鼠标右键单击"以太网",在弹出的选项当中,选择"属性"菜单项,如图 1-29 所示,弹出"以太网属性"对话框。

(2) 在对话框中的"此连接使用下列项目"列表框中选择"Internet 协议版本 4(TCP/IPv4)"复选框,单击"属性"按钮,则会弹出"Internet 协议版本 4(TCP/IPv4)属性"对话框,如图 1-30 所示。Windows 10 默认是将本地连接设置为自动获取网络连接的 IP 地址,一般情况使用 ADSL 路由器等都无须修改。

图 1-29 "以太网属性"对话框

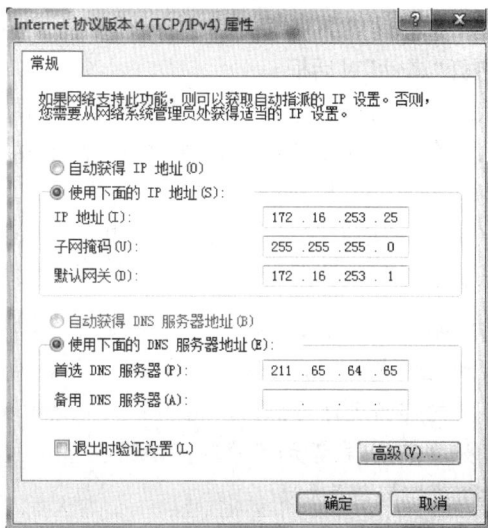

图 1-30 "Internet 协议版本 4(TCP/IPv4)属性"对话框

（3）如果需要固定 IP 设置，则选中"使用下面的 IP 地址"和"使用下面的 DNS 服务器地址"单选钮，分别将网络服务商分配的 IP 地址、子网掩码、默认网关和 DNS 服务器地址输入相应的地址框中，然后单击"确定"按钮即可完成配置。

4. 连接无线网络

如果用户的计算机具有无线网络适配器，且位于网络覆盖范围内时，则可以在任务栏的通知区域中看到一个无线网络图标▥。单击该无线网络图标，进入如图 1-31 所示界面。在该对话框中，选中一个无线网络，输入登录密码，验证身份成功，就可以完成无线网络连接。

5. 设置公用文件夹

（1）共享公用文件夹

在安装 Windows 10 操作系统时，系统会自动创建一个"公用"的用户，同时，还会在硬盘上创建名为"公用"的文件夹。

① 单击桌面右下角的网络图标，在弹出的菜单中单击"打开网络和共享中心"链接。

② 在打开的"网络和共享中心"窗口，单击"更改高级共享设置"链接。

③ 在"高级共享设置"窗口中，单击选中"启用共享以便可以访问网络的用户可以读取和写入公用文件夹中的文件"单选项，单击"保存修改"按钮。

图 1-31　管理使用无线网络

同一局域网内的其他用户可以在"计算机"的地址栏中输入计算机名，按下【Enter】键即可访问共享的公用文件夹。

（2）共享任意文件夹

① 选择需要共享的文件夹，单击鼠标右键并在弹出的快捷菜单中选择"属性"菜单命令，打开"属性"对话框。

② 在对话框中，选择"共享"选项卡，单击"共享"按钮，弹出"网络访问"对话框。

③ 在"网络访问"对话框中，单击"添加"左侧的向下按钮，选择要与其共享的用户，此处选择每一个用户"Everyone"选项。

④ 单击"添加"按钮，然后单击"共享"按钮。

⑤ 单击"完成"按钮，成功将文件夹设为共享文件夹。

> 说明：① 任意文件夹可以在网络上共享，而文件不可以，如果想共享某个文件，需要将其放到文件夹中；② 文件夹共享之后，局域网内的其他用户可以访问文件夹，并打开共享文件夹内部的文件，此时，其他用户只能读取文件，不能对文件进行修改。
>
> 如要修改，在添加用户的步骤后，选择该组用户并且单击鼠标右键，在弹出的快捷菜单中选择"读/写"选项。

6. 设置共享打印机

（1）在控制面板中单击"硬件和声音"，在弹出的对话框中选择"设备和打印机"。

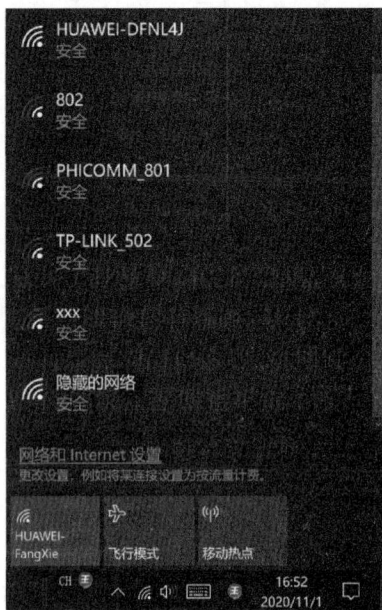

（2）在打开的"设备和打印机"窗口中，选择需要共享的打印机，鼠标右击，在弹出的快捷菜单中选择"打印机属性"菜单命令，打开"Printer 属性"对话框。

（3）选择"共享"选项卡，然后单击选中"共享这台打印机"复选框，在"共享名"文本框中输入名称"Printer"，单击选中"在客户端计算机上呈现打印作业"复选框。

（4）选择"安全"选项卡，在"组或用户名"列表中选择"Everyone"选项，然后单击选中"Everyone 的权限"类别中的"打印"后的"允许"复选框，单击"确定"按钮。

（5）返回到"设备和打印机"窗口中，可以看到选择共享的打印机上有了共享的图标。

（6）网络中其他用户要访问共享打印机，在控制面板中单击"硬件和声音"，在弹出的对话框中选择"设备和打印机"选项，弹出"设备和打印机"窗口，单击"添加打印机"按钮。

（7）打开"添加打印机"对话框，选择"添加网络、无线或 Bluetooth 打印机"选项，单击"下一步"按钮。

（8）弹出"正在搜索可用的打印机"页面，在"打印机名称"列表中选择搜索到的打印机，单击"下一步"按钮。

（9）弹出"已成功添加 XXX 上的 Printer"页面，单击"下一步"按钮，单击"完成"按钮。

（10）返回到"设备和打印机"窗口，即可看到网络打印机"Printer"已成功添加并被设为默认打印机。

7. 使用远程桌面连接

在确定对方用户允许远程桌面连接后，本地用户即可通过计算机上的远程桌面连接功能来连接对方计算机。操作步骤如下：

（1）单击"开始"按钮，在弹出的菜单中单击"Windows 附件"中的"远程桌面连接"菜单项。

（2）在弹出的"远程桌面连接"对话框中，单击"显示选项"按钮，打开如图 1-32 所示对话框。

图 1-32 "远程桌面连接"对话框

（3）在"常规"选项卡中，在"登陆设置"区域输入计算机名、用户名等信息，单击"连接"按钮，系统即开始尝试进行远程桌面连接，在弹出的"Windows 安全"对话框中输入该计算机的用户名和密码，然后单击"确定"按钮后，远程桌面连接向导开始连接远程计算机，用户耐心等待即可。

连接成功后，用户的计算机即会全屏显示远程计算机的桌面，单击桌面顶部的还原按钮即可将全屏显示切换回窗口显示。

四、实战练习和提高

（1）查看计算机的 IP 地址，配置局域网 IP。

（2）利用远程桌面连接，和同学之间进行计算机连接。

项目四　系统的备份和还原

一、内容描述和分析

1. 内容描述

用户在使用计算机的过程中,有时会不小心删除系统文件,或者系统遭受到病毒与木马的攻击,这些都会导致用户无法进入操作系统或系统崩溃,此时用户就不得不重装系统。如果系统事先进行了备份,那么就可以直接将其还原,以节省时间。本项目完成 Windows 10 操作系统的备份和还原。

2. 涉及知识点

涉及知识点包括系统的备份还原方式、当前时间的系统还原点、系统映像、启动盘等概念和相关操作。

二、相关知识和技能

1. 系统备份的几种形式

(1)文件备份:为使用计算机的所有用户创建数据文件的备份。此种备份可以选择备份的内容,如要备份的文件夹、库和驱动器。

(2)系统映像备份:创建系统映像。系统映像是驱动器的精确映像,包含 Windows 10 的系统设置、程序及文件,通过高度压缩,减少对硬盘空间的占用。此种备份支持一键还原功能,操作起来更简单。

(3)早期版本备份:通过系统保护来定期创建和保存计算机系统文件和设置的相关信息,将这些文件保存在还原点中,一旦系统遭到病毒或木马的攻击等,致使系统不能正常运行时,可以恢复到创建还原点时的状态。

(4)系统还原:当计算机运行缓慢或者无法正常工作时,使用"系统还原"和还原点将计算机的系统文件和设置还原到较早的时间点。此种备份可以在不影响个人文件(如文档或照片等)的情况下,撤销对计算机所进行的系统更改。

2. 备份位置的选择

备份的位置取决于可用的硬件以及要备份的信息。一般情况下,为了实现较高的灵活性,建议用户将备份保存在外部大容量存储器中,这样有助于保护备份。此外,用户也可以将备份保存在网络存储空间中。

3. 重装系统

当系统出现以下三种情况之一时,就必须考虑重装系统了:

(1)系统运行变慢;

(2)系统频繁出错;

(3)系统无法启动。

在重装系统之前，用户需要做好充分的准备，以避免重装之后造成数据丢失等严重后果。常见的注意事项有：

（1）备份数据

在因系统崩溃或出现故障而准备重装系统前，首先应该想到的是备份好自己的数据。

（2）格式化磁盘

重装系统时，格式化磁盘是解决系统问题最有效的办法，尤其是在系统感染病毒后，最好不要只格式化C盘，如果有条件将硬盘中的数据都进行备份或转移，尽量将整个硬盘都进行格式化，以保证新系统的安全。

（3）牢记安装序列号

安装序列号相当于一个人的身份证号，标识安装程序的身份。在重装系统时，如果采用的是全新安装，那么必须使用安装序列号，否则安装过程将无法进行下去。

三、操作指导

1. 开启系统还原

（1）单击桌面左下角的"开始"按钮，在弹出的菜单中选择"Windows 系统"菜单项下的"控制面板"命令，打开"调整计算机的设置"窗口，如图 1-33 所示。

图 1-33 "调整计算机的设置"对话框

（2）在"调整计算机的设置"窗口中，单击"系统和安全"选项，在展开的右侧窗口中选择"备份和还原（Windows 7）"链接，打开"备份和还原"窗口，如图 1-34 所示。

（3）在打开的"备份和还原"窗口的右窗格中，单击"恢复系统设置或计算机"链接，打开"将此计算机还原到一个较早的时间点"窗口，如图 1-35 所示，单击"打开系统还原"按钮，即可开启系统还原功能。

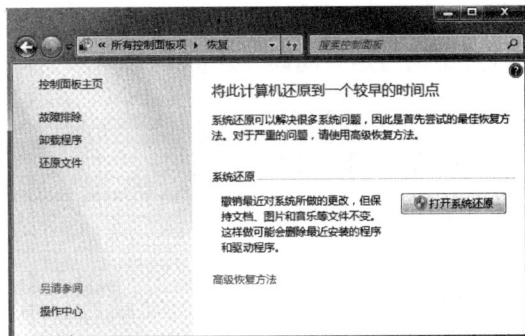

图 1-34 恢复系统设置或计算机

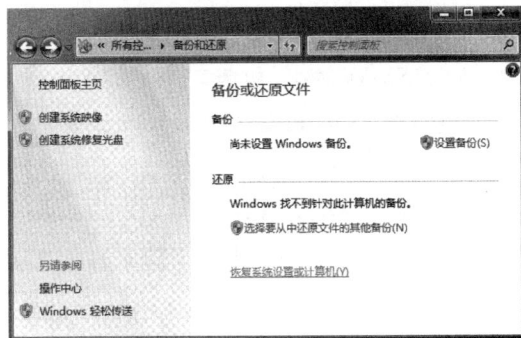

图 1-35 备份和还原文件

2. 创建系统还原点

(1) 单击桌面左下角的"开始"按钮,在弹出的菜单中选择"Windows 系统"菜单项下的"控制面板"命令,打开"调整计算机的设置"窗口。

(2) 在"调整计算机的设置"窗口中,单击"系统和安全"选项,在展开的右侧窗口中选择"系统"链接,打开"查看有关计算机的基本信息"窗口,如图 1-36 所示。

图 1-36 "查看有关计算机的基本信息"窗口

（3）单击左侧窗格中的"系统保护"链接，打开"系统属性"对话框，单击"系统保护"选项卡，在这里用户可以选择列表中的可用驱动器，如图1-37所示。

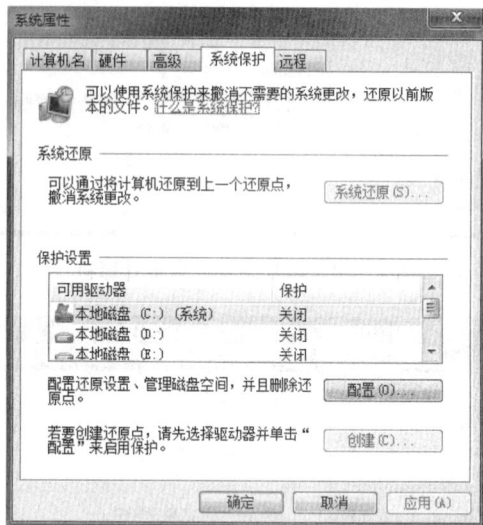

图1-37 "系统保护"选项卡

（4）单击"本地磁盘(C:)(系统)"驱动器，然后单击"配置"按钮，打开"系统保护本地磁盘(C:)"对话框，如图1-38所示。

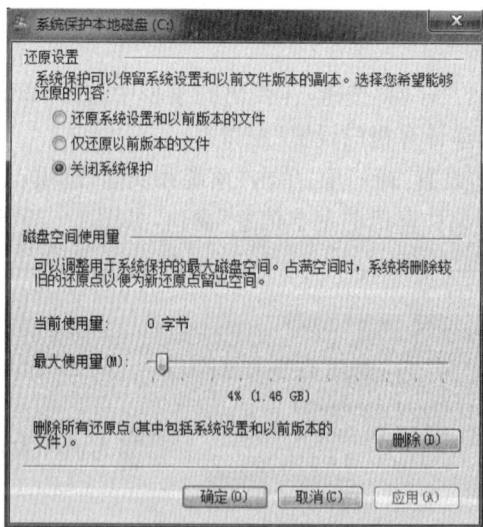

图1-38 "系统保护本地磁盘"对话框

（5）在"还原设置"功能区中进行还原选项选择，在"磁盘空间使用量"功能区拖动"最大使用量"滑块调节可用的磁盘空间，也可以单击"删除"按钮删除所有的还原点来释放空间。设置完毕后，单击"确定"按钮。

（6）返回"系统属性"对话框，单击"创建"按钮，打开"系统保护"对话框，在文本框中输入还原点的描述性信息，如图1-39所示。

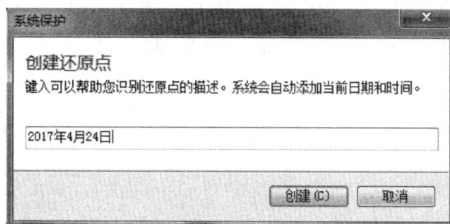

图 1 - 39　创建还原点

（7）单击"创建"按钮，开始创建还原点。创建完毕后，将弹出"已成功创建还原点"的提示信息，单击"关闭"按钮即可，如图 1 - 40 所示。

图 1 - 40　还原点创建成功

3. 创建系统映像

（1）单击桌面左下角的"开始"按钮，在弹出的菜单中选择"Windows 系统"菜单项下的"控制面板"命令，打开"调整计算机的设置"窗口。

（2）在"调整计算机的设置"窗口中，单击"系统和安全"选项，在展开的右侧窗口中选择"备份和还原（Windows 7）"链接，打开"备份和还原"窗口。

（3）在窗口的左侧窗格中单击"创建系统映像"链接，打开"您想在何处保存备份？"对话框，可以看到系统映像可以保存到硬盘、DVD 或网络 3 种位置上，如图 1 - 41 所示。

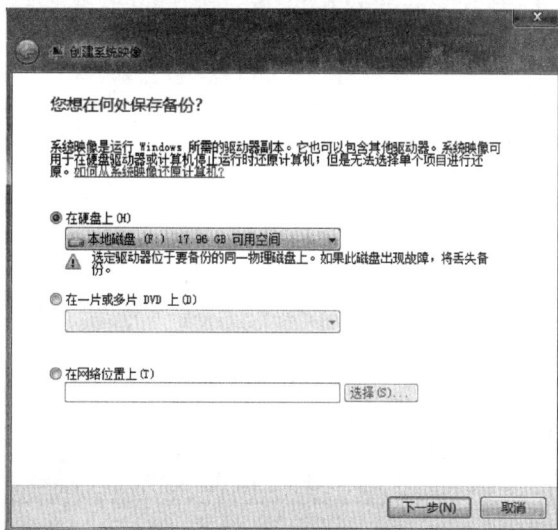

图 1 - 41　创建系统映像(1)

（4）一般情况下都会选择保存到硬盘上，单击"在硬盘上"的下拉按钮，从弹出的下拉列表中选择可用空间最多的硬盘分区，选择合适的本地磁盘。

（5）单击"下一步"按钮，打开"您要在备份中包括哪些驱动器？"对话框，显示出可以备份的分区，其中与操作系统有关的分区会被默认选中且不能更改，用户也可以自己添加其他分区，如图 1－42 所示。

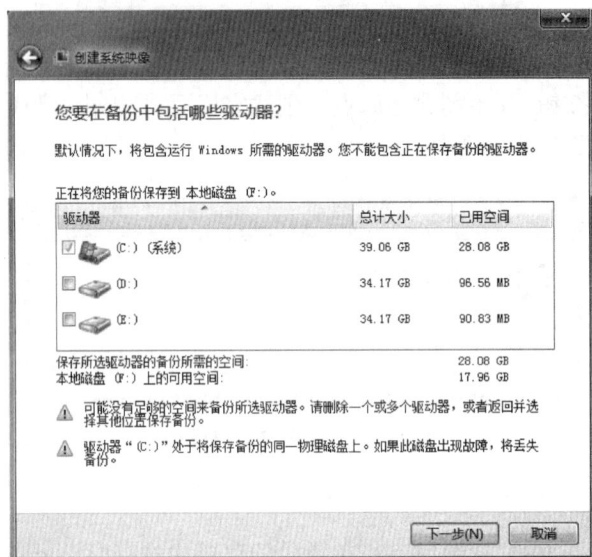

图 1－42　创建系统映像(2)

（6）单击"下一步"按钮，打开"确认您的备份设置"确认对话框，在其中可以查看将要备份的内容，如图 1－43 所示。

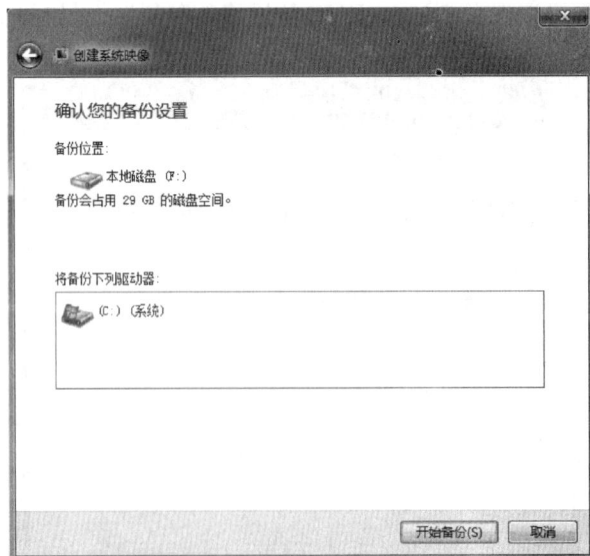

图 1－43　创建系统映像(3)

（7）如果确认备份设置正确，单击"开始备份"按钮，就可以开始创建系统映像文件了。需要的时间和映像文件的大小与刚才的设置有关，可能需要较长的时间。

（8）映像创建完成后，将会出现"是否要创建系统修复光盘？"提示信息对话框。如果用户装有刻录机，可以单击"是"按钮，打开"创建系统修复光盘"对话框，按照提示创建一张恢复光盘，否则单击"否"按钮退出对话框。最后单击"备份已成功完成"对话框中的"关闭"按钮，即可完成创建系统映像的操作。

四、实战练习和提高

（1）为自己的计算机创建操作系统分区映像。

（2）使用 GHOST 软件进行系统备份和还原。

模块二

字处理软件 Word 2016

Word 2016 是微软公司的办公软件 Microsoft Office 2016 中的重要组件之一，使用 Word 2016 可以进行文字、图形、图像、声音、动画等综合文档编辑与排版，并和其他多种软件进行信息交换，编辑出图、文、声并茂的文档。Word 具有界面友好、操作简单、"所见即所得"的特点，使其成为当前最受欢迎的文字处理软件之一。

2.1　Word 2016 的新特性

和之前的 Word 版本相比较，Word 2016 中加入了更多人性化的新功能，不仅可以让用户制作出更加精美的文档，而且也提供了更好的用户体验。Word 2016 的新特性如下：

① 主题色彩新增彩色和黑色。Word 2016 的主题颜色新增了彩色和黑色，即共包括 4 种主题颜色，分别是彩色、深灰色、黑色、白色，其中彩色是默认的主题颜色。

② 多窗口显示功能。下载并安装 Office Tab 插件后，可以实现多窗口显示，多个打开的 Word 文档直接在同一界面中就可以选取，此功能非常实用，避免了来回切换 Word 的麻烦。

③ 界面扁平化新增触摸模式。Word 2016 的主编辑界面与之前的变化并不大，对于用户来说都非常熟悉，而功能区上的图标和文字与整体的风格更加协调，同时将扁平化的设计进一步加重。

④ Clippy 助手回归。在 Word 2016 中，微软带来了 Clippy 的升级版——Tell Me。Tell Me 是全新的 Office 助手，位于选项卡最右侧新增的那个输入框 💡。

⑤ "文件"选项卡功能区改良。Word 2016 对"打开"和"另存为"的界面进行了改良，存储位置排列、浏览功能、当前位置和最近使用的排列，都变得更加清晰明了。

⑥ 手写公式。Word 2016 中增加了一个非常实用的功能——墨迹公式，使用该功能可以快速地在编辑区域手写输入数学公式，并能够将这些公式转换成为系统可识别的文本格式。

⑦ 简化文件分享操作。Word 2016 将共享功能和 OneDrive 进行了整合，在"文件"选项卡的"共享"界面中，可以直接将文档保存到 OneDrive 中，然后邀请其他用户一起来查看、编辑文档。

2.2 Word 2016 使用基础

2.2.1 Word 2016 的常用功能区选项卡

启动 Word 2016 后,将会打开如图 2－1 所示 Word 2016 编辑窗口,在 Word 2016 窗口标题栏下方看起来像菜单的选项卡为功能区的名称,当单击这些选项卡时并不会打开菜单,而是切换到与之相对应的功能区面板。每个功能区选项卡根据功能的不同又分为若干个组项。

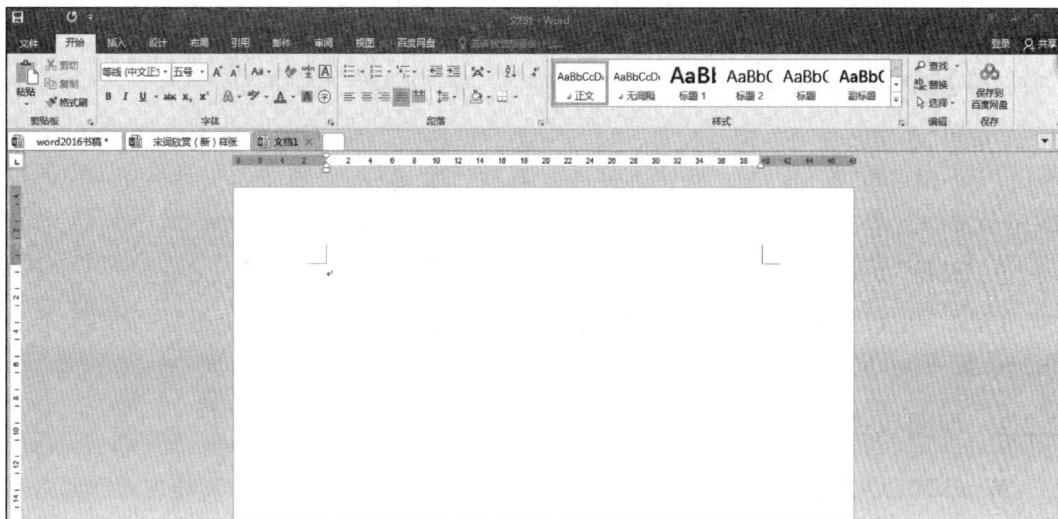

图 2－1　Word 2016 编辑窗口

1."文件"功能区选项卡

"文件"功能区选项卡包括信息、新建、打开、保存、另存为、打印、共享、导出、关闭、选项等常用命令。该功能区选项卡主要用于帮助用户对 Word 2016 文档文件进行管理。

2."开始"功能区选项卡

"开始"功能区选项卡中包括剪贴板、字体、段落、样式和编辑五个组,对应 Word 2003 的"编辑"和"段落"菜单部分命令。该功能区选项卡主要用于帮助用户对 Word 2016 文档进行文字编辑和格式设置,是用户最常用的功能区。

3."插入"功能区选项卡

"插入"功能区选项卡包括页面、表格、插图、应用程序、媒体、链接、批注、页眉和页脚、文本和符号几个组,对应 Word 2003 中"插入"菜单的部分命令,主要用于在 Word 2016 文档中插入各种元素。

4."设计"功能区选项卡

"设计"功能区选项卡包括"文档格式"和"页面背景"两个分组,主要功能包括主题的选择和设置、设置水印、设置页面颜色和页面边框等项目。

5.“布局”功能区选项卡

“布局”功能区选项卡包括页面设置、稿纸、段落、排列几个组，对应 Word 2003 的“页面设置”菜单命令和“段落”菜单中的部分命令，用于帮助用户设置 Word 2016 文档页面样式。

6.“引用”功能区选项卡

“引用”功能区选项卡包括目录、脚注、信息检索、引文与书目、题注、索引和引文目录几个组，用于实现在 Word 2016 文档中插入目录等比较高级的功能。

7.“邮件”功能区选项卡

“邮件”功能区选项卡包括创建、开始邮件合并、编写和插入域、预览结果和完成几个组，该功能区专门用于在 Word 2016 文档中进行邮件合并方面的操作。

8.“审阅”功能区选项卡

“审阅”功能区选项卡包括校对、语言、中文简繁转换、批注、修订、更改、比较和保护几个组，主要用于对 Word 2016 文档进行校对和修订等操作，适用于多人协作处理 Word 2016 长文档。

9.“视图”功能区选项卡

“视图”功能区选项卡包括视图、页面移动、显示、缩放、窗口和宏几个组，主要用于帮助用户设置 Word 2016 操作窗口的视图类型，以方便操作。

2.2.2　视图模式

Word 2016 中提供了多种视图模式供用户选择，这些视图模式包括“阅读视图”“页面视图”“Web 版式视图”“大纲视图”和“草稿”等五种视图模式。用户可以在“视图”功能区的视图组中选择需要的文档视图模式。

● 阅读视图：以图书的分栏样式显示 Word 2016 文档。在本视图模式下，仅有“文件”“工具”等按钮，各功能区等窗口元素被隐藏起来。

● 页面视图：可以显示 Word 2016 文档的打印结果外观，主要包括页眉、页脚、图形对象、分栏设置、页面边距等元素，是最接近打印结果的文档视图模式。

● Web 版式视图：以网页的形式显示 Word 2016 文档。Web 版式视图适用于发送电子邮件和创建网页。

● 大纲视图：主要用于设置 Word 2016 文档的设置和显示标题的层级结构，并可以方便地折叠和展开各种层级的文档。大纲视图广泛用于 Word 2016 长文档的快速浏览和设置中。

● 草稿：取消了页面边距、分栏、页眉页脚和图片等元素，仅显示标题和正文，是最节省计算机系统硬件资源的视图模式。

2.2.3　文档的基本操作

1. 新建文档

在进行文本输入与编辑之前，首先要新建一个文档。可选择“文件”功能区选项卡，然后单击“新建”→“空白文档”。或者，如果想要创建特定类型的文档，如业务计划或简历，可双击对应的模板。

2. 文本输入

● 键盘输入

这是一种最原始的文档输入方法，速度虽慢，却是最基本的。文本的输入分为中文输入和英文输入两种。

● 输入符号

在编辑文档时，常用到某种形式的序号，或诸如【】、×等一些特殊符号。在 Word 中可选择"插入"，然后单击"插入符号"按钮来实现。

3. 显示或隐藏标尺

Word 2016 文档窗口中的标尺包括水平标尺和垂直标尺，用于显示文档的页边距、段落缩进、制表符等。单击"视图"功能区选项卡，选中或取消"显示"组中"标尺"复选框可以显示或隐藏标尺。

4. 调整文档页面显示比例

在 Word 2016 文档窗口中可以设置页面显示比例，从而可调整文档窗口的大小。显示比例仅仅调整文档窗口的显示大小，并不会影响实际的打印效果。

选择"视图"功能区选项卡，然后单击"显示比例"组中"显示比例"，在打开的"显示比例"对话框中，用户既可以通过选择预置的显示比例（如 75%、页宽）设置页面显示比例，也可以微调百分比数值调整页面显示比例。

5. 打开文档

在 Word 2016 中若要对某文档重新进行编辑，可以通过"打开"命令打开该文档。具体操作为选择"文件"功能区选项卡，单击"打开"，然后通过右侧显示的"最近""OneDrive""这台电脑""浏览"等几种方式找到要打开的 Word 文档并单击即可。

6. 保存文档

选择"文件"功能区选项卡，单击"保存"，即可保存编辑的文档。若是第一次保存新建文件，单击"保存"命令时会打开"另存为"对话框，默认情况下，使用 Word 2016 编辑的Word 文档会自动保存为.docx 格式的文档。

若 Word 2016 用户经常需要跟 Word 2003 用户交换 Word 文档，而 Word 2003 用户在未安装文件格式兼容包的情况下又无法直接打开.docx 格式文档，可选择"文件"功能区选项卡，单击"另存为"，在打开的"另存为"对话框中，单击"保存类型"下拉列表框的下拉按钮，在文件类型列表中选择"Word 97 - 2003 文档（＊.doc）"选项。然后选择保存位置并输入文件名，最后单击"保存"按钮即可。

若要将 Word 2016 文档直接保存为 PDF 文件，可在打开的"另存为"对话框中，选择"保存类型"为 PDF，然后选择 PDF 文件的保存位置并输入 PDF 文件名称，单击"保存"按钮即可。

2.2.4 编辑文档

1. 文本的选定

编辑文档时需要准确地选择文本以作处理。表 2 - 1 和表 2 - 2 分别给出了用鼠标和键盘选定文档内容的方法。

表 2 - 1　用鼠标选定文档内容

要选定的文档内容	鼠标操作
一个单词或一个中文词语	双击该单词或词语
一个句子	按住【Ctrl】，单击该句子任何地方
一行	将鼠标移到该行左侧的选择栏，鼠标指针变为"↗"时单击
多行	先选择一行（方法同上），再按住左键向上或向下拖曳鼠标
一个段落	在左侧选择栏处双击；或在段落上任意处三次单击左键
多个段落	先选择一个段落，再按住左键向上或向下拖曳鼠标
任意连续字符块	单击所选字符块的开始处，按住【Shift】键，单击字符块尾
矩形字符块（列块）	按住【Alt】，再拖曳鼠标
一个图形	单击该图形
整篇文档	将鼠标移到该行左侧的选择栏，鼠标变为"↗"时三次单击左键

表 2 - 2　用键盘选定文档内容

要选定的文档内容	键盘操作	要选定的文档内容	键盘操作
右侧一个字符	【Shift】+【→】	从当前字符至行尾	【Shift】+【End】
左侧一个字符	【Shift】+【←】	从当前字符至段首	【Ctrl】+【Shift】+【↑】
上一行	【Shift】+【↑】	从当前字符至段尾	【Ctrl】+【Shift】+【↓】
下一行	【Shift】+【↓】	扩展选择	【F8】
从当前字符至行首	【Shift】+【Home】	缩减选择	【Shift】+【F8】

2. 插入、改写和删除文本

Word 2016 默认状态是"插入"状态，即在一个字符前面插入另外的字符时，后面的字符自动后移。按下键盘上的【Insert】键后，状态栏上原来显示不可用的"改写"就变为可用，此时，再在一个字符的前面键入另外的字符，则原来的字符会被现在的字符替换。再次按下【Insert】键后，则又回到"插入"状态。

对文本做删除操作时，用【Backspace】或【Del】键，可以删除单个字符；如果要删除某段文本，可先选定文本，再按【Del】键或使用"剪切"操作。后者将把删除内容存于剪贴板中。

3. 文本的复制

如果某部分内容在文档中重复出现多次，或是一个文件中的某部分文档要在另一个文件中应用，重复输入显然很费事。可以只输入一次，然后将其复制到需要的地方。

具体操作为先选定要复制的文本，然后用以下方法之一实现文本复制：

● 使用鼠标拖动

按住【Ctrl】键，同时用鼠标将选定文本拖曳到目标位置再释放鼠标。

● 使用剪贴板

单击"开始"功能区选项卡，在"剪贴板"组中选择"复制"，这时选定的文本被复制到剪贴板；然后将光标定位于目标位置，在"剪贴板"组中选择"粘贴"，在"粘贴选项"中包括"保留源格式（K）""合并格式（M）"或"只保留文本（T）"三个命令按钮，及"选择性粘贴"菜单，可根据需要选择其中之一。

"保留源格式（K）"命令：被粘贴内容保留原始内容的格式；

"合并格式（M）"命令：被粘贴内容保留原始内容的格式，并且合并应用目标位置的格式；

"仅保留文本（T）"命令：被粘贴内容清除原始内容和目标位置的所有格式，仅仅保留文本。

"选择性粘贴"菜单：可以帮助用户在 Word 2016 文档中有选择地粘贴剪贴板中的内容，例如可以将剪贴板中的内容以图片的形式粘贴到目标位置。

以上操作中，"复制""剪切""粘贴"对应的快捷键分别为【Ctrl】+【C】、【Ctrl】+【X】、【Ctrl】+【V】。

4. 文本的移动

移动文本不同于复制文本。复制是将选定的内容作为用户的一个拷贝，放到用户需要的位置上，选定的内容仍然在原来的位置上没动；移动是将用户选定的内容直接移动到用户需要的位置上，原位置上被选定的内容被移走。

具体操作为先选定要移动的文本，然后选择以下方法之一实现文本的移动：

● 使用鼠标拖动

用鼠标左键将选定文本拖曳到目标位置再释放鼠标。

● 使用剪贴板

单击"开始"选项卡，在"剪贴板"组中选择"剪切"，这时选定的文本被剪切到剪贴板，然后将光标定位于目标位置，在"剪贴板"组中选择"粘贴"即可。

上述的方法一次只能粘贴一项内容。可以使用"Office 剪贴板"一次收集或粘贴多个项目，操作步骤如下：

① 单击"开始"选项卡，在"剪贴板"组中单击对话框启动器▣，弹出剪贴板任务窗格。

② 选定需要复制或移动的内容，在"剪贴板"组中选择"复制"或"剪切"。

③ 重复步骤②，直至所有内容均被复制。

④ 将光标定位到需要粘贴所复制内容的位置。

⑤ 如果需要粘贴所有内容，可单击"剪贴板"任务窗格上的"全部粘贴"按钮；如果需要粘贴特定内容，则在需要粘贴的内容上单击即可。

该剪贴板任务窗格还可以在 Office 组件各应用程序之间粘贴不同格式的内容。

5. 查找与替换

在文档中经常要查找某些指定的内容，例如某个术语、名称、图形、表格等，借助 Word 2016 提供的"查找"功能，用户可以在 Word 2016 文档中快速查找特定的字符。

单击"开始"选项卡，在"编辑"组中选择"查找"，在打开的"导航"窗格编辑框中输入需要查找的内容，并单击"搜索"按钮即可。

用户还可以在"导航"窗格中单击搜索按钮右侧的下拉按钮，在打开的菜单中选择查找图形、表格等。

若要对查找内容做替换，单击"开始"选项卡，在"编辑"组中选择"替换"，打开"查找和替换"对话框，在"查找内容"框中输入要查找的内容，在"替换"框中输入要替换的文本，并选择"替换"或"全部替换"进行替换操作。

6. 撤消与恢复

在文档编辑过程中如果发生了某些错误操作，可以将其撤消。用户可以按下【Alt】+【Backspace】组合键或单击文档窗口左上方"快速访问工具栏"中的 按钮撤消操作。需要注意的是：在撤消某项操作的同时，也将撤消列表中该项操作之上的所有操作。如果连续单击 按钮，Word 2016 将依次撤消从最近一次操作往前的各次操作。

如果要取消"撤消"操作，用户可以按下【Ctrl】+【Y】组合键或单击"快速访问工具栏"中的 按钮，恢复上一次的操作。

7. 使用格式刷工具

Word 2016 中的格式刷可以将特定文本的格式复制到其他文本中，当用户需要为不同文本重复设置相同格式时，可使用格式刷提高编辑效率。

打开 Word 2016 文档窗口，并选中已经设置好格式的文本块。在"开始"功能区的"剪贴板"组中双击"格式刷"按钮，将鼠标指针移动至 Word 文档文本区域，鼠标指针将变成刷子形状，此时按住鼠标左键选择需要设置格式的文本，则格式刷刷过的文本将被应用被复制的格式。释放鼠标左键，再次选择其他文本，可以实现同一种格式的多次复制。完成格式的复制后，再次单击"格式刷"按钮关闭格式刷。

8. 给"快速访问工具栏"添加命令按钮

Word 2016 文档窗口中的"快速访问工具栏"用于放置命令按钮，方便用户快速启动经常使用的命令。默认情况下，"快速访问工具栏"中只有数量较少的命令，用户可以根据需要添加多个自定义命令。

在"文件"功能区单击"选项"命令，在打开的"Word 选项"对话框中切换到"快速访问工具栏"选项，然后在"从下列位置选择命令"列表中单击需要添加的命令，并单击"添加"按钮即可。

若要将"快速访问工具栏"恢复到原始状态，则可在打开的"Word 选项"对话框中切换到"快速访问工具栏"选项卡，依次单击"重置"→"仅重置快速访问工具栏"按钮即可。

项目一　宋词赏析文稿制作

【微信扫码】
Word 项目 1 资源

一、内容描述和分析

1. 内容描述

宋词是中国古典文学皇冠上光辉夺目的一颗巨钻,在古代文学的阆苑里,它是一块芬芳绚丽的园圃。它以姹紫嫣红、千姿百态的丰神,与唐诗争奇,与元曲斗妍,历来与唐诗并称双绝,均代表了中国古典文学之盛。

本项目以制作一篇"宋词赏析"文稿为案例,通过对版面的精心设计与排版,图文结合的相得益彰,使学生掌握 Word 2016 的基本排版操作,同时也向世人展现中华古诗文的博大精深,并从中获得美的享受。

2. 涉及知识点

Word 2016 文档的建立、保存;页面设置方法;文档的常用编辑方法;字体、段落格式的设置;中文版式、分栏和首字下沉操作;边框和底纹的设置;项目符号和制表位的插入;插入页眉页脚和脚注;图文混排。

3. 注意点

页边界设置时注意在整个页面的比例不要过大;字体格式、颜色搭配协调,重要文字醒目;行间距、字符间距设置合理,避免过大或过小;图文混排时文字和图片之间位置合适,使整个版面美观。

二、相关知识和技能

1. 设置字符格式

字符格式设置包括字体、字号、字形、字体颜色、字符间距以及文字效果等。在 Word 2016 单击"开始"选项卡,在"字体"组中选择要执行的相应操作,即可完成字符格式设置。

（1）设置字号

设置字号可以改变文字的大小。选定要设置文本,在"字体"组中单击"字号"列表框的"更改字号"按钮选择所需字号,也可单击"字体"组右下角的对话框启动器▣,打开"字体"对话框进行设置。

在可选择设置的字号中,"初号"最大,"八号"最小。Word 默认的字号为五号。字号也可用数字表示,单位为磅,用户也可直接在字号列表框中输入数字设置相应字号。

> **提示**：Word 中的度量单位主要有:厘米、毫米、英寸、磅等。其换算方法为:1 英寸＝72 磅;1 英寸＝2.54 厘米。另外,还有一个度量单位称为"字符",主要用于段落格式的设置。

（2）设置字体

选定文本,在"字体"组中单击"字体"列表框的下拉按钮选择所需字体,也可单击"字体"组的对话框启动器▣，打开"字体"对话框进行设置。

在"字体"选项卡中，有"中文字体"和"西文字体"两个下拉列表框。Windows 操作系统自带许多中西文字体。根据需要，用户也可以安装其他字体。Word 默认的中文字体是宋体，默认的西文字体是 Times New Roman。字体名称前带有"**T**"标志的为"True Type"字体(其显示与打印效果一致)。

(3) 设置加粗、倾斜、下划线、边框和底纹等效果

设置粗体、斜体和下划线可突出显示某些文本。选定文本，在"字体"组中单击【B】、【I】、【U】等按钮来设置。若单击【U】右侧的下拉箭头，可选择下划线的样式。

选定文本，在"字体"组中单击▲、▲或ⓔ等按钮，可为文本添加边框、底纹和带圈字符。

(4) 设置文字颜色

选定文本，在"字体"组中单击"字体颜色"▲·按钮右侧的下拉箭头，打开"字体颜色"对话框，共有 40 种颜色供选择，单击所需的色彩即可。也可单击"字体"组右下角的对话框启动器▣，打开"字体"对话框进行设置。

如果以上 40 种颜色中没有所需的色彩，还可以单击"其他颜色"按钮，打开"颜色"对话框，在"颜色"对话框中，单击"标准"标签，选择系统设定好的颜色，或者单击"自定义"标签，从调色板中选择任意一种色彩。

(5) 设置删除线、上标、下标等效果

选定文本，在"字体"组中单击abc、X^2 或 X_2 等按钮，可将文本设置为对应效果。也可单击"字体"组右下角的对话框启动器▣，打开"字体"对话框设置。

(6) 字符间距

字间距指相邻两个字符之间的距离，如果字与字之间距离太近，版面会显得拥挤。

在"字体"对话框中打开"高级"选项卡，在"间距"中选"加宽"或"紧缩"并输入具体数值，可改变字符间距。此外，也可设置字符在水平位置上"提升"或"降低"。

(7) 首字下沉

为了编辑的需要，有时可将文本某段落首字进行下沉处理。单击需设定首字下沉段落的任意位置，然后单击"插入"选项卡，在"文本"组中单击"首字下沉"，打开"首字下沉"对话框，可对首字的"位置""字体"和"下沉行数"等进行设置。下沉的首字是以图文框的形式插入的，因此也可以通过鼠标调节其具体的格式。

(8) 拼音指南

拼音指南功能可以帮助用户识别生僻字的读音。选中要加注拼音的汉字，单击"开始"选项卡"字体"组的"拼音指南"，在打开的对话框中显示每个汉字对应的拼音，并设置合适的"对齐方式""偏移量""字体""字号"等，最后单击"确定"。

(9) 带圈字符

在文本中输入带圈字符，可以让文字更加明显。选中要加圈的文字，单击"开始"选项卡"字体"组的"带圈字符"，在打开的对话框中选择样式以及圈号，然后单击"确定"。

2. 设置段落格式

段落格式的设置主要包括对齐方式、段落缩进、调整行间距和段间距等。在 Word 中单击"开始"选项卡，在"段落"组中选择相应的功能，可以完成段落格式设置。

（1）对齐方式

对齐方式是指段落在水平方向以何种方式对齐。Word 2016 中有左对齐、居中、右对齐、两端对齐和分散对齐五种对齐方式。"两端对齐"是 Word 2016 默认的对齐方式；"居中"对齐，可使当前段落居中排列；"右对齐"，可使当前段落右边对齐，而不管左边的情况；"左对齐"，则使当前段落左边对齐，而不管右边的情况；"分散对齐"，可使当前段落的左右两端都对齐，末行的字符间距将会随之改变而使所有字符均匀分布在该行。

设置段落对齐方式可单击"开始"选项卡，在"段落"组中选择相应的对齐方式。也可单击"段落"组右下角的对话框启动器，打开"段落"对话框，选择"缩进和间距"选项卡，然后在"对齐方式"区域进行设置。

（2）段落缩进

段落的缩进包括左缩进、右缩进和特殊格式（首行缩进或悬挂缩进）的缩进。其中，首行缩进是为了标识一个新段落的开始，将一个段落的首行缩进几个字符的间距。悬挂缩进是指文档的第二行及后续的各行缩进量都大于首行，悬挂缩进常用于项目符号和编号列表。

设置段落缩进可单击"开始"选项卡，然后单击"段落"组右下角的对话框启动器，打开"段落"对话框，选择"缩进和间距"选项卡，在"缩进"区域设置；也可以单击"段落"组中的"增加缩进量"和"减少缩进量"按钮快速设置段落缩进。

> **提示**：使用"增加缩进量"和"减少缩进量"按钮只能在页边距以内设置缩进，而不能超出页边距之外。

借助 Word 2016 文档窗口中的标尺，用户可以很方便地设置 Word 文档段落缩进。单击"视图"选项卡，在"显示"组中选中"标尺"复选框，此时在标尺上出现四个缩进滑块。拖动"首行缩进"滑块可以调整首行缩进；拖动"悬挂缩进"滑块可以设置悬挂缩进；拖动"左缩进"和"右缩进"滑块设置左右缩进。

（3）段落行距与间距

段落行距表示各行文本间的垂直距离。改变行距将影响整个段落中所有的行。单击"开始"选项卡，然后单击"段落"组右下角的对话框启动器，打开"段落"对话框，选择"缩进和间距"选项卡，在"行距"区域内设置：

● **"单倍行距"**：行距设置为该行最大字体的高度加上一小段额外间距，额外间距的大小取决于所用的文本字体。

● **"1.5 倍行距"**：段落行距为单倍行距的 1.5 倍。

● **"2 倍行距"**：段落行距为单倍行距的 2 倍。

● **"多倍行距"**：行距按指定百分比增大或减小，在"设置值"框中键入或选择所需行距即可，默认值为 3。

● **"最小值"**：恰好容纳本行中最大的文字或图形。

● **"固定值"**：行距固定，在"设置值"框中键入或选择所需行距即可，默认值为 12。

段落间距是指不同段落之间的垂直距离。单击"开始"选项卡，然后单击"段落"组右下角的对话框启动器，打开"段落"对话框，选择"缩进和间距"选项卡，在"间距"区域的"段前"和"段后"右侧的数值滚动框中键入所要的行数。"1 行"表示要在"段前"或"段后"增加 1 行的距离，其他数值类推；也可单击"段落"组中"行和段落间距"按钮，在列表中选择"增加段前间距"或"增加段后间距"设置段落和段落之间的距离。

（4）换行和分页

有时需要将几个段落放在同一页上，不在页的顶端打印段落的最后一行或者页的底端打印段落的第一行，可单击"开始"选项卡，然后单击"段落"组右下角的对话框启动器，打开"段落"对话框，选择"换行和分页"选项卡进行换行和分页设置。

（5）输入项目符号

项目符号主要用于区分 Word 2016 文档中不同类别的文本内容。选中需要添加项目符号的段落，单击"开始"选项卡，在"段落"组中单击"项目符号" 右侧的下拉按钮，在打开的下拉列表中选中合适的项目符号即可。

在当前项目符号所在行中输入内容，当按下回车键后会自动产生另一个项目符号。如果连续按两次回车键将取消项目符号输入状态，恢复到 Word 常规输入状态。

（6）输入编号

编号主要用于 Word 2016 文档中相同类别文本的不同内容，一般具有顺序性。编号一般使用阿拉伯数字、中文数字或英文字母，以段落为单位进行标识。

单击"开始"选项卡，在"段落"组中单击"编号" 右边下拉按钮，在打开的下拉列表中选中合适的编号类型即可。

在当前编号所在行输入内容，当按下回车键时会自动产生下一个编号。如果连续按两次回车键将取消编号输入状态，恢复到 Word 常规输入状态。

（7）插入多级列表

所谓多级列表是指 Word 2016 文档中编号或项目符号列表的嵌套，以实现层次效果。

打开 Word 2016 文档窗口，单击"开始"选项卡，在"段落"组中单击"多级列表" 右边下拉按钮，在列表中选择所需多级列表的格式。

（8）插入段落边框

通过在 Word 2016 文档中插入段落边框，可以使相关段落的内容更突出，从而便于读者阅读。段落边框的应用范围仅限于被选中的段落。

选择需要设置边框的段落，单击"开始"选项卡，在"段落"组中单击"边框" 右边下拉按钮，在打开的下拉列表中选择合适的边框。

默认情况下，段落边框的格式为黑色单直线。用户可以设置段落边框的格式，使其更美观。单击"边框"右边下拉按钮，在下拉列表中选择"边框和底纹"命令，在打开的"边框和底纹"对话框中，分别设置边框样式、边框颜色以及边框的宽度，然后单击"应用于"下拉按钮，在下拉列表中选择"段落"选项，并单击"确定"按钮。

（9）设置段落底纹

通过为 Word 2016 文档设置段落底纹，可以突出显示重要段落的内容，增强可读性。

选中需要设置底纹的段落，单击"开始"选项卡，在"段落"组中单击"底纹" 右边下拉按钮，在打开的底纹颜色面板中选择合适的颜色即可。

在 Word 2016 中，用户不仅可以在文档中为段落设置纯色底纹，还可以为段落设置图案底纹，使设置底纹的段落更美观。选中需要设置图案底纹的段落，单击"开始"选项卡，在"段落"组中单击"边框"右侧下拉按钮，在下拉列表中选择"边框和底纹"命令，在打开的"边框和底纹"对话框中选择"底纹"选项卡,在"图案"区域分别选择所需的图案样式和图案颜色。

3. 浮动工具栏

浮动工具栏是 Word 2016 中一项极具人性化的功能,当 Word 2016 文档中的文字处于选中状态时,如果用户将鼠标指针移到被选中文字的右侧位置,将会出现一个半透明状态的浮动工具栏,该工具栏中包含常用的设置文字格式的命令,如字体、字号、颜色、项目符号、编号、样式等。将鼠标指针移动到浮动工具栏上,将使这些命令完全显示,进而可以方便地进行文字格式设置。

如果不希望在 Word 2016 文档窗口中显示浮动工具栏,可以在"Word 选项"对话框中将其关闭。依次单击"文件"→"选项",在打开的"Word 选项"对话框中,取消"常用"选项卡中的"选择时显示浮动工具栏"复选框,并单击"确定"按钮即可。

4. 设置页面格式

页面设置指对文档的布局、外观、纸张大小等属性的设置。页面设置直接决定文档的打印效果。

（1）纸张大小设置和纸张方向

Word 缺省使用的是 A4 纸。A4 是纸张的大小规格,属于国外的字母命名体系;国内的命名习惯是"开",如 16 开。单击"布局"选项卡,在"页面设置"组中单击"纸张大小"按钮,可设置纸张大小。

设置纸张方向是用来切换纸张的横向布局或纵向布局。单击"布局"选项卡,在"页面设置"组中单击"纸张方向"按钮,可切换纸张的横向布局或纵向布局。

（2）设置页边距

通过设置页边距,可以使 Word 2016 文档的正文部分跟页面边缘保持比较合适的距离。这样不仅使 Word 文档看起来更加美观,还可以达到节约纸张的目的。

单击"布局"选项卡,在"页面设置"组中单击"页边距"按钮,可在打开的常用页边距列表中选择合适的页边距;如果常用页边距列表中没有合适的页边距,可以在"页面设置"对话框自定义页边距设置。

（3）插入分页符

分页符主要用于在 Word 2016 文档的任意位置强制分页,使分页符后边的内容转到新的一页,分页符前后文本在两个不同的页面中,不会随着字体、版式的改变合并为一页。

将光标定位到需要分页的位置,单击"布局"选项卡,在"页面设置"组中单击"分隔符" 右侧下拉按钮,在下拉列表中选择"分页符"选项即可。也可将光标定位到需要分页的位置,单击"插入"选项卡,在"页面"组中单击"分页"按钮。

（4）分栏

分栏是在页面中按垂直方向逐栏排列文字,填满一栏后再转到下一栏。分栏排版有分成两栏、三栏等多种形式。

单击"布局"选项卡,在"页面设置"组中单击"分栏"按钮,打开"分栏"对话框,在"预设"区选择分栏格式,在"宽度和间距"区可设置各栏的宽度和间距。如果选定"栏宽相等",则每个分栏宽度相同;如果选定"分隔线",则各栏之间有一条分隔线,单击"确定"按钮可实现分栏效果。

（5）插入页眉或页脚

一般情况下，页眉和页脚分别出现在文档的顶部和底部，在其中可以插入页码、文件名或章节名称等内容。当一篇文档创建了页眉和页脚时，版面会更加新颖，版式也更具风格。

打开 Word 2016 文档窗口，选择"插入"选项卡，在"页眉和页脚"组中单击"页眉"🖼或"页脚"🖼按钮，选择要添加到文档中的页眉或页脚样式。若要返回至文档正文，单击"页眉和页脚工具"中"设计"选项卡的"关闭页眉和页脚"按钮即可。

如果要添加自定义页眉或页脚，可双击页眉区域或页脚区域（靠近页面顶部或页面底部），将打开"页眉和页脚工具"中的"设计"选项卡，在"设计"选项卡中插入页码、日期和时间等对象，完成编辑后单击"关闭页眉和页脚"按钮即可。

（6）插入页码

在 Word 文档篇幅比较大或需要使用页码标明所在页的位置时，用户可以在文档中插入页码。默认情况下，页码一般位于页眉或页脚位置。

选择"插入"选项卡，在"页眉和页脚"组中单击"页脚"按钮，并在打开的页脚面板中选择"编辑页脚"命令，当页脚处于编辑状态后，在"设计"功能区的"页眉和页脚"组中依次单击"页码|页面底端"按钮，并在打开的页码样式列表中选择"普通数字 1"或其他样式的页码即可。

三、操作指导

下载压缩文件"Word 项目 1 资源"并解压。启动 Word 2016，打开其中的文档"宋词欣赏_原始材料.docx"，文件另存为"宋词赏析.docx"，然后对该文档按以下步骤和要求进行排版，排版效果可参考 PDF 文档"宋词欣赏_样张.pdf"。

1. 页面设置

页面设置要求为：纸张大小为 A4，宽度 21 厘米、高度 29.7 厘米；对称页边距，上、下边距各设置为 0.8 厘米，左、右边距设置为 1.5 厘米；页眉、页脚距边界均为 1.1 厘米。

操作步骤如下：

（1）单击"布局"选项卡，在"页面设置"组中单击"纸张大小"命令按钮，在下拉列表中选择"A4(21×29.7 厘米)"；

（2）在"页面设置"组中单击"页边距"命令按钮，选择"自定义边距(A)…"打开"页面设置"对话框，如图 2-2 所示。

（3）单击"页边距"选项卡，将上、下边距各设置为 0.8 厘米，左、右边距设置为 1.5 厘米，在"多页(M)"下拉列表中选择"对称页边距"；

（4）单击"版式"选项卡，将"页眉""页脚"都设置为"1.1 厘米"，单击"确定"按钮。

图 2-2　"页面设置"对话框

2. 文档基本编辑

（1）给文档加标题"宋词赏析"

操作方法：将光标移到文档开始处，按回车键，在空出的一行中输入标题"宋词赏析"。

（2）查找与替换

将文中所有文字"她"替换为字体颜色为红色的"它"。

操作步骤如下：

① 将光标移到文档开始，单击"开始"选项卡，在"编辑"组中单击"替换"命令按钮，打开"查找和替换"对话框，点击"更多"后，对话框显示如图2－3所示。

图2－3 "查找和替换"对话框

② 在"查找内容"中输入"她"，在"替换为"中输入"它"，然后单击"格式（O）"按钮下拉列表中的"字体"菜单，打开"替换字体"对话框，如图2－4所示。

图2－4 "替换字体"对话框

③ 在"字体颜色"下拉列表框中选择"红色"，单击"确定"按钮关闭对话框，回到图2－3所示对话框，会看到对替换文字的格式设置如图2－5圈中所示，单击"全部替换（A）"按钮，替换完毕，单击"关闭"按钮。

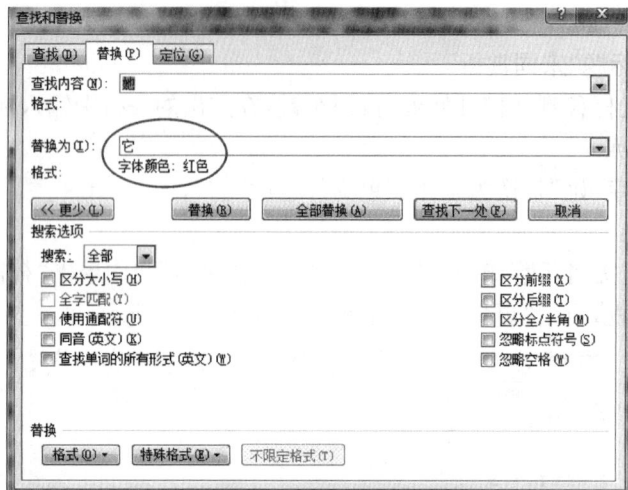

图 2-5　替换格式设置

注意：编辑过程中若操作有误，可使用"快速访问工具栏▉▇◣◥▜◢"中的"撤消"↶按钮取消操作。

3. 字体格式设置

（1）设置文档标题字体格式

将文本标题字体格式设置为：微软雅黑、二号，文本效果和版式为"填充-蓝色，着色 1，阴影"，字符间距为"加宽"，"磅值"为"15 磅"。

操作步骤如下：

① 选中标题"宋词赏析"，单击"开始"选项卡，"字体"组显示如图 2-6 所示。

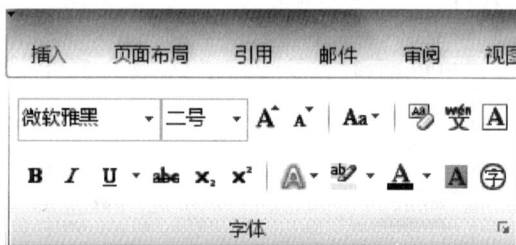

图 2-6　"字体"组

② 单击"字体"组中"字体"列表框右侧的下拉按钮，选择"微软雅黑"。

③ 单击"字体"组中"字号"列表框右侧的下拉按钮，选择"二号"。

④ 单击"字体"组中"文本效果和版式" A· 按钮下拉列表，选择"填充-蓝色，着色 1，阴影"选项。

⑤ 单击"字体"组右下角的字体对话框启动器 ⌟ 按钮，打开"字体"对话框，在对话框中选择"高级(V)"选项卡，将"间距(S)"设置为"加宽"，"磅值"设置为"15 磅"，结果如图 2-7 所示。

⑥ 单击"确定"按钮，完成标题格式设置。

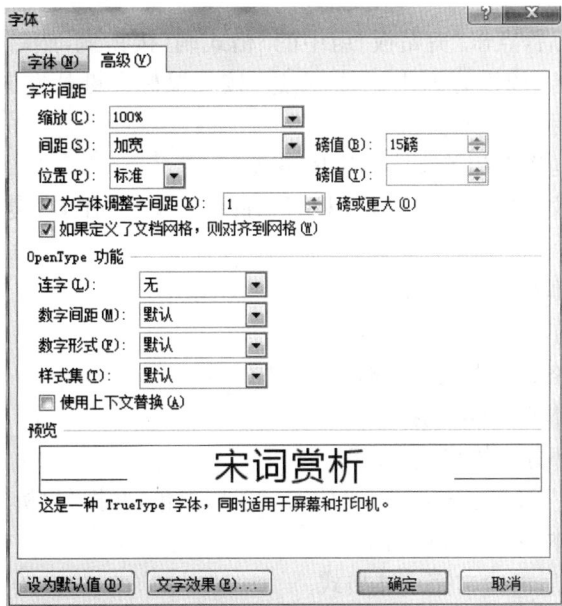

图 2-7　"字体"对话框

（2）设置正文前四段字体格式

将正文前四段字体格式设置为：微软雅黑，小四号，字符间距为"加宽"，磅值为"0.5磅"，然后将第三段文字"宋代著名词人有："加粗。

操作方法：选中正文前四段文本，然后仿照本小节（1）的操作方法完成设置。

（3）设置上标

将正文第一段中的文字"（唐玄宗年号）"设置为上标。

操作方法：选定正文第一段中的文字"（唐玄宗年号）"，然后在"字体"组中单击"上标"按钮即可完成设置。

（4）设置水平提升

将正文第二段中文字"姹紫嫣红、千姿百态"设置水平提升 4 磅。

操作步骤如下：

① 选中文字"姹紫嫣红、千姿百态"，打开"字体"对话框。

② 在如图 2-7 所示对话框的"高级（$\underline{V}$）"选项卡中，单击"位置（$\underline{P}$）"列表框中的"提升"，在"磅值"中输入 4，然后单击"确定"按钮。

（5）设置正文第五段文字格式

将正文第五段文字"宋词精选"设置为：幼圆，三号，倾斜，文本效果为"填充-红色，着色2，轮廓-着色 2"，字符间距为"加宽"，磅值为"8 磅"。

操作方法：选中文字"宋词精选"，然后仿照本小节（1）的操作方法完成设置。

（6）设置两首宋词标题文字的字体格式

将两首宋词标题的格式设置为：楷体，加粗，四号。

操作步骤如下：

① 选中正文中第一首宋词标题"丑奴儿·书博山道中壁"，然后仿照本小节（1）的操作

方法完成设置。

②以上设置完成后,点击"剪贴板"组中的"格式刷"按钮 ⌫,然后将刷子型光标移到第二首宋词标题"浣溪沙·漠漠轻寒上小楼"左边,按住鼠标左键从左向右刷过文字,使字体格式套用第一首宋词标题的设置。

(7)设置两首宋词作者相关文字的字体格式

将第一首词作者文字"作者:辛弃疾"和第二首作者文字"作者:秦观"字体格式设置为:楷体,加粗,五号。

操作步骤可仿照本小节(6)的操作。

(8)设置文中两首宋词正文字体格式

将两首词的正文格式设置为:楷体,加粗,小四号。

操作步骤可仿照本小节(6)的操作。

(9)设置"赏析"部分字体格式

将两首词的"赏析"部分格式设置为:仿宋,五号,黑色,并把"赏析"二字加粗。

操作步骤可仿照本小节(6)的操作。

(10)设置正文最后两段文字字体格式

将正文最后两段关于作者生平简介的文字设置为:宋体,小五号。

操作方法:选中正文最后两段文本,然后仿照本小节(1)的操作方法完成设置。

注意:文本中各段落后面显示的段落标记符 ↵,可作为段落划分的标记。

4.段落格式设置

(1)设置标题段落格式

将文本标题"宋词赏析"段落格式设置为:居中,段后0.5行。

操作步骤如下:

①单击标题段落任意位置,单击"开始"选项卡"段落"组右下角段落设置对话框启动器 ⌐ 按钮,打开"段落"对话框,如图2-8所示。

②选择"缩进与间距(I)"选项卡,将"对齐方式(G)"设置为"居中",将"间距"中"段后"的值设置为"0.5行",单击"确定"。

注意:设置段落间距时,需将"段落"对话框中"缩进"下的"如果定义了文档网格,则自动调整右缩进"复选框和"间距"下的"如果定义了文档网格,则对齐到网格"复选框中的√去掉。

(2)设置正文第一段和第二段段落格式

将正文第一段和第二段段落格式设置为:首行缩进两个字符,行距为"固定值,25磅",对齐方式为两端对齐。

操作步骤如下:

图2-8　"段落"对话框

①　选中正文第一段和第二段文本，打开如图 2-8 所示"段落"对话框。

②　选择"缩进与间距(I)"选项卡，将"特殊格式(S)"设置为"首行缩进"，将"缩进值(Y)"设置为"2 字符"，将"行距(N)"设置为"固定值"，"设置值(A)"为"25 磅"，将"对齐方式(G)"设置为"两端对齐"。

（3）设置正文第三至第五段段落格式

将正文第三至第五段设置为：段前和段后均为 0.5 行，且第五段居中对齐。

操作方法：选中正文第三至第五段，然后仿照本小节(1)和(2)的操作方法完成设置。

（4）设置正文第六至第九段(丑奴儿词)段落格式

将正文第六至第九段(丑奴儿词)设置为：段前和段后均设为 0.5 行，左缩进 15 个字符，且第六和第七段居中对齐，其余两段为分散对齐。

操作方法：选中正文第六至第九段，然后仿照本小节(1)和(2)的操作方法完成设置。

（5）设置正文第十一至第十四段(浣溪沙词)段落格式

将正文第十一至第十四段(浣溪沙词)设置为：段前和段后均为 0.5 行，右缩进 15 个字符，第十一和第十二段居中对齐，其余两段为分散对齐。

操作方法：选中正文第十一至第十四段，然后仿照本小节(1)和(2)的操作方法完成设置。

（6）设置正文第十段和第十五段段落格式

将正文第十段和第十五段宋词赏析有关文字的段落格式设置为：行距为"最小值"，设置值为"15 磅"。

操作方法：选中正文第十段和第十五段两个段落，然后仿照本小节(1)和(2)的操作方法完成设置。

5. 首字下沉和分栏设置

（1）设置正文第一段首字下沉两行

操作步骤如下：

①　单击正文第一段中任意位置，单击"插入"选项卡，在"文本"组中单击"首字下沉"，选择"首字下沉选项(D)"打开"首字下沉"对话框，如图 2-9 所示。

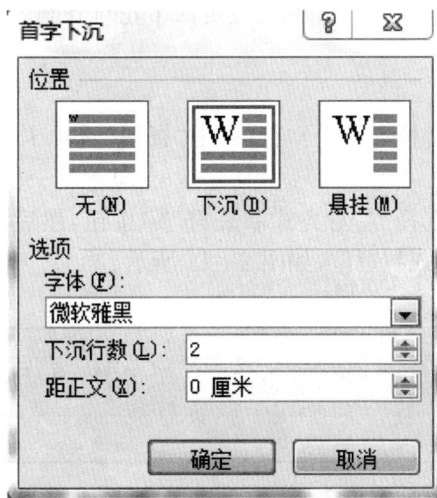

图 2-9　"首字下沉"对话框

② 将"位置"设置为"下沉"，"下沉行数"设置为2，单击"确定"按钮。

（2）设置分栏

将正文第二段分成间距为2字符、栏宽相等的两栏。

操作步骤如下：

① 选中正文第二段，单击"布局"选项卡，在"页面设置"组中单击"分栏"，选择"更多分栏(C)"打开"分栏"对话框，如图2-10所示。

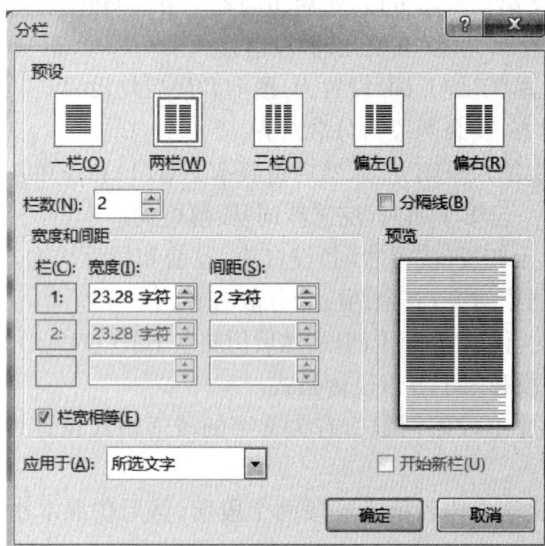

图 2-10 "分栏"对话框

② 在"预设"区域中选中"两栏"，在"间距"中输入"2字符"，并选中"栏宽相等"复选框，最后单击"确定"按钮完成分栏。

6. 设定制表位和插入项目符号

（1）设定制表位

分别在水平标尺的约4、14、24、34四处设定四个左对齐制表位，使正文第四段的词人名依此列表左对齐。

操作步骤如下：

① 在第四段前按回车键插入一个空行，单击"视图"选项卡，在"显示"组中选择"标尺"复选框，将标尺显示出来。

② 在水平标尺最左端选择"左对齐式制表符"□按钮，然后在水平标尺的约4、14、24、34四处单击鼠标，设定左对齐制表位，如图2-11所示。

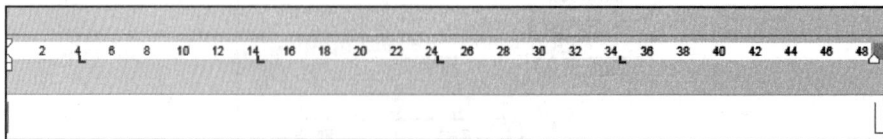

图 2-11 水平制表位设置

③ 按【Tab】键,使光标定位在本段对应水平标尺上第一个制表位4处,将第一个词人名"苏轼"移动到此处;然后再按【Tab】键,光标自动定位在第二个制表位14处,将第二个词人名"陆游"移动到此处;按【Tab】键,将第三个词人名移动到第三个制表位24处;按【Tab】键,将第四个词人名移动到第四个制表位34处。

④ 按回车键,依照步骤③将后四个词人名分别移动到设定的四个制表位。设置效果如图2-12所示。

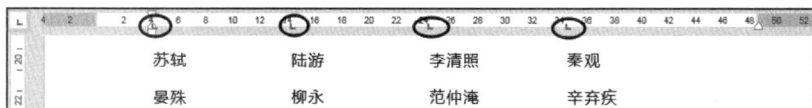

图 2-12 制表位设置后效果

（2）插入项目符号

分别在第四、第五段的第一个词人名前插入项目符号◇。

操作步骤如下:

① 将光标定位到第四段第一个词人名前,单击"开始"选项卡,在"段落"组中单击"项目符号"≡·按钮的下拉列表框。

② 在"项目符号库"列表中选择项目符号◇。

③ 将光标定位到第五段第一个词人名前,按同样方法插入项目符号◇。

设置效果如图2-13所示。

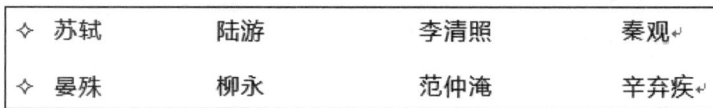

图 2-13 项目符号插入后效果

> **注意**:如果列表中没有要添加的项目符号,可先选择"定义新项目符号(D)"打开"定义新项目符号"对话框,将要设置的项目符号添加到列表中。

7. 边框和底纹设置

将正文第六段"宋词精选"加上填充色"茶色,背景2",图案样式"5%"的底纹。

操作步骤如下:

① 选定第六段文字,单击"开始"选项卡,在"段落"组中单击"边框"田·下拉列表框按钮,在列表中选择"边框和底纹(O)"选项,打开"边框和底纹"对话框,如图2-14所示。

> **提示**:为了避免将回车符↵选上,影响后面的段落格式,可在"选"后面先插入若干空格后,再选文字。

② 选择"底纹"选项卡,选择"填充"中"茶色,背景2";在"图案"区域"样式"中选择"5%";将"应用于"设置为"段落",单击"确定",完成底纹设置。

8. 中文版式设置

（1）将文中两首宋词除作者段落外,其余全部加上拼音注解。

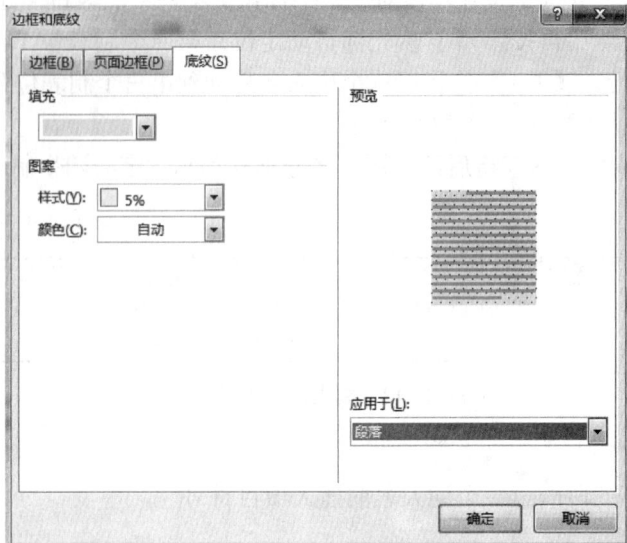

图 2 – 14 "边框和底纹"对话框

操作步骤如下：

① 选定正文第七段文字"丑奴儿·书博山道中壁"，单击"开始"选项卡，在"字体"组中单击"拼音指南" ![按钮图标] 按钮，打开"拼音指南"对话框，如图 2 – 15 所示。

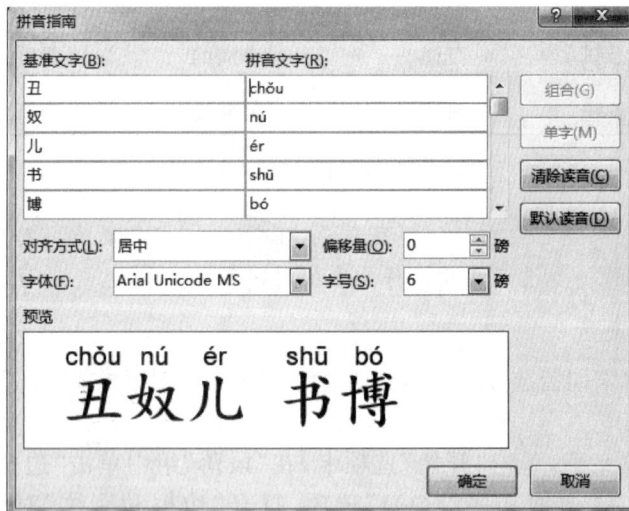

图 2 – 15 "拼音指南"对话框

② "字体(F)"设置为"Arial Unicode MS"，"对齐方式(L)"设置为"居中"，"字号(S)"设置为"6 磅"，单击"确定"。

其余部分的设置同上。

(2) 将正文第八段文字"作者"二字设置为带圈字符

操作步骤如下：

① 选定文字"作"，单击"开始"选项卡，在"字体"组中单击"带圈字符" ![图标] 按钮，打开"带

圈字符"对话框,如图 2-16 所示。

② 选择"样式"中的"增大圈号",单击"确定"按钮。

③ 再选定文字"者",重复①②操作。

(3) 将正文第十三段文字"作者"二字加字符边框

操作方法:选定第十三段文字"作者"二字,单击"开始"选项卡,在"字体"组中单击"字符边框"Ⓐ按钮。

9. 插入页眉和脚注

(1) 给文档页眉加上文字"中国古典诗词",并设为隶书、五号、左对齐

操作步骤如下:

① 单击"插入"选项卡,在"页眉和页脚"组中单击"页眉"按钮。

② 在下拉列表中选择"编辑页眉(E)"命令,进入页眉编辑状态,如图 2-17 所示。

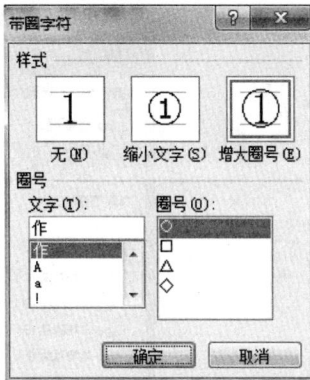

图 2-16 "带圈字符"对话框

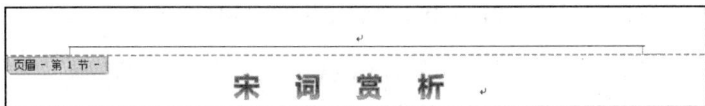

图 2-17 页眉编辑状态

③ 输入"中国古典诗词"并选中文字,然后单击"开始"选项卡,在"字体"组中设置相应的字体、字号,在"段落"组中设置对齐方式。

④ 单击"设计"选项卡下"关闭"组中"关闭页眉和页脚"按钮退出编辑。

(2) 给两首词的作者姓名处分别插入脚注

操作步骤如下:

① 将光标置于第一首词作者"辛弃疾"的"辛"字前,单击"引用"选项卡,在"脚注"组中单击"插入脚注"按钮,此时在"辛"字前出现一个脚注编号 1,同时页面下方出现分割线及脚注编号 1。

② 将正文第十七段(关于辛弃疾的简介)移动到脚注编号 1 后。

③ 将光标置于第二首词作者"秦观"的"秦"字前,操作方法类似①②。

10. 图文混排

(1) 在第一首词左部插入"辛弃疾.jpg"图片文件

操作步骤如下:

① 将光标置于第一首词标题左部,单击"插入"选项卡,在"插图"组中单击"图片"按钮,打开如图 2-18 所示的"插入图片"对话框。

② 选中"辛弃疾.jpg"图片文件,单击"插入"按钮,在文档中插入该图片。

③ 右击图片,选择"大小和位置(Z)…"菜单,打开"布局"对话框,如图 2-19 所示。

④ 单击"文字环绕"选项卡,在"环绕方式"中选择"四周型",单击"确定"按钮。

⑤ 选中图片,拖动图片周围的控制点,参照样张调整图片大小,使图片高度与词同高,并拖到词左部的合适位置。

图 2‒18 "插入图片"对话框

图 2‒19 "布局"对话框

（2）在第二首词右部插入"秦观.jpg"图片文件

操作步骤同本小节（1）。

11. 保存文档并退出 Word 2016

点击"保存"🖫按钮，将编辑好的文档保存，然后点"关闭"❌按钮退出 Word 2016。

提示：在保存文件时有三个基本要素：存储位置、文件名和文件类型。

项目1最终效果如图2‒20所示，或参看 PDF 文档"宋词欣赏_样张.pdf"。

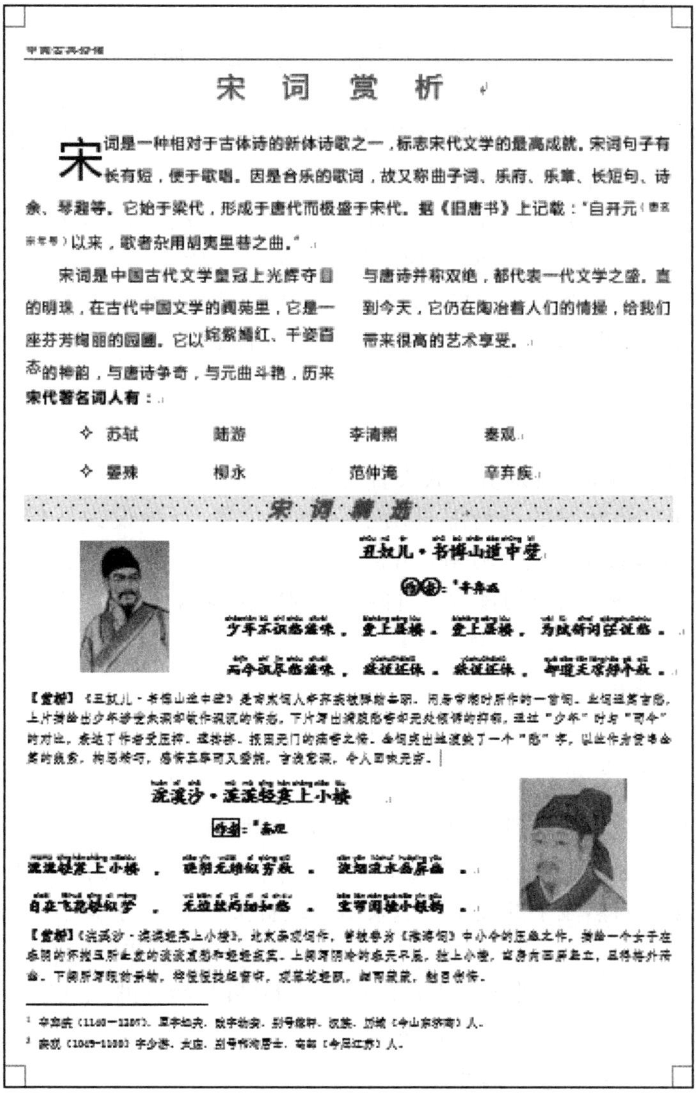

图 2-20 项目 1 最终效果

四、实战练习和提高

打开文件"项目 1 练习_原始材料.docx",另存为文件"项目 1 练习.docx",然后对文档按以下要求排版,操作时可参考 PDF 文档"项目 1 练习_样张.pdf"。

1. 页面设置

页面设置要求:纸张大小为 16 开(18.4×26 厘米),对称页边距,上、下、左、右边距设置为 2 厘米,页眉、页脚均距边界 1.1 厘米。

2. 文档基本编辑

(1)文章加标题:空出第一行加标题"记得旧时好"。第二行加作者信息"文/得蜜"。

(2)查找和替换:将文中所有"孤狗"文字替换为字体颜色为红色的"Google"。

3. 设置字体格式

（1）将文档标题"记得旧时好"设置为黑体、二号、红色，加点式下划线，字符间距设置为"加宽"，磅值为"2 磅"。

（2）将文档中作者信息"文/得蜜"文字设置为楷体、四号，字符间距设置为"加宽"，磅值为"1 磅"，文字效果为"渐变填充-橙色"。

（3）将正文中文字体全部设置为宋体，西文字体全部设置为 Times New Roman，字形为常规，字号为小四，字符间距设置为"加宽"，磅值为"0.5 磅"。

（4）将正文中所有的"记得旧时好"文字，设置为倾斜、蓝色。

（5）将正文中"明代大儒陈白沙"文字水平提升 4 磅。

（6）将正文中"百看不厌"设置为下标。

4. 设置段落格式

（1）将文中标题和作者的对齐方式设置为居中。

（2）将正文第二自然段的首行缩进两个字符的位置，行距设为 2 倍，段前间距为 0.5 行、段后间距为 1 行，对齐方式为两端对齐。

（3）将正文其余各自然段的首行缩进两个字符的位置，行距设为 1.5 倍，对齐方式为两端对齐。

5. 设置边框和底纹

将文档中最后一个自然段加上 1.5 磅双线边框和 12.5% 底纹。

6. 设置中文版式、分栏和首字下沉

（1）给正文倒数第二自然段中的文字"波诡云谲"加拼音。

（2）给正文第一自然段中的文字"几乎成诵"中的"诵"设置为带圈字符。

（3）给正文第一自然段中的文字"《泡茶馆》"设置文本效果为"渐变填充-紫色，着色 4，轮廓-着色 4"。

（4）将文档正文（不包括标题和作者）第一至第七自然段分成间距为 1 字符、等栏宽的三栏。

（5）将正文第三自然段的首字下沉两行。

7. 插入分页符、项目符号和编号

（1）在正文最后一段后插入分页符，以添加新的一页。

（2）插入项目符号和编号。

从文档第 2 页首行开始输入以下文字，并将文字设置为隶书、常规、小四，字符间距和位置设置为"标准"。

春天像刚落地的娃娃，从头到脚都是新的，它生长着。

春天像小姑娘，花枝招展的，笑着，走着。

春天像健壮的青年，有铁一般的胳膊和腰脚，他领着我们上前去。

然后将文字按以下形式插入项目符号和编号。

※ 春天像刚落地的娃娃，从头到脚都是新的，它生长着。

Ⅰ. 春天像小姑娘，花枝招展的，笑着，走着。

Ⅱ. 春天像健壮的青年，有铁一般的胳膊和腰脚，他领着我们上前去。

8. 使用制表位创建类似表格结构

在文本中制作如下所示的会议日程安排,字体为宋体、五号,标题加粗,段落间距为 1.5 倍行距。

日期	时间	会议内容	主持人
11 月 21 日	全天	报到	无
11 月 22 日	上午	开幕式	李楠
11 月 22 日	下午	报告会	李楠
11 月 23 日	上午	组讨论	各小组负责人
11 月 23 日	下午	闭幕式	王琦

9. 插入页眉和页脚

给文档页眉加上"记得旧时好"字样,并设为仿宋_GB2312、五号、居中。页脚加上"作者:得蜜"字样,并设为仿宋_GB2312、五号、右对齐。

10. 保存文档并退出 Word 2016

将编辑好的文档保存,并退出 Word 2016。

项目 1 练习最终效果如图 2-21 所示,或参看 PDF 文档"项目 1 练习_样张.pdf"

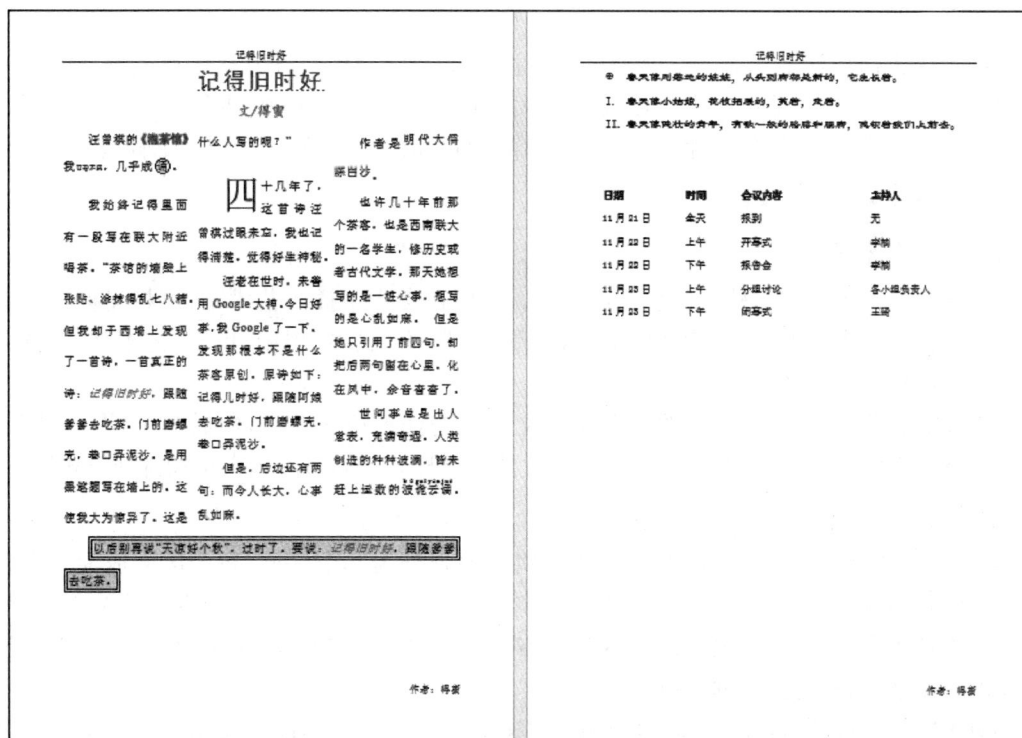

图 2-21 项目 1 练习最终效果图

项目二　个人简历制作

一、内容描述和分析

1. 内容描述

个人简历是求职者获取工作机会、展示自我的重要资料。制作一份内容丰富、个性鲜明的简历将会更加吸引 HR 的注意，从而能在众多简历中脱颖而出。

设计个人简历的基本原则是强化优势，弱化不足，简历中的主要内容一般包括个人信息、教育背景、实习经历、校园经历、技能证书、自我评价和求职意向等。

2. 涉及知识点

个人简历由封面、简介和成绩单三部分构成，涉及的主要知识有：插入艺术字、图片、形状等；文本框的使用；图文混排方法；表格的创建；表格的输入、编辑方法；表格的格式化和计算；数学公式的插入和编辑。

3. 注意点

由于个人简历涵盖内容不多，制作时要注意：保持同一种对齐方式可形成统一的视觉效果；突出自己优势的重点文字可以通过加大加粗等方式突出显示；重复的标识元素可以使标题醒目，增加内容的条理性；加大段前、段后间距和行间距，使读者阅读更轻松。

二、相关知识和技能

1. 插入艺术字

艺术字是可添加到文档中的装饰性文本。若要在文本中插入艺术字，可将光标定位在文档中要插入艺术字的位置，然后单击"插入"选项卡，在"文本"组中，单击"艺术字"。选择某一艺术字样式，然后输入文字。

若要编辑艺术字，先在要更改的艺术字文本中的任意位置单击，然后在"绘图工具"的"格式"选项卡中选择相关编辑命令，即可设置艺术字样式、形状样式、大小和排列方式等。

2. 插入文本框

在 Word 2016 中编排文本时，有时需要将页面划分为几个区域，每个区域成为一个独立的整体，这时可以使用文本框来解决。文本框操作既可以先插入一个空白的文本框，然后在其中插入文本或图形，也可以在现有文本的四周加上文本框。Word 有竖排文本框和横排的文本框（简称为文本框）两种。

单击"插入"选项卡，在"文本"组中单击"文本框"，在打开的内置文本框面板中选择合适的文本框类型，在文本框内输入文本；也可单击"绘制文本框"，在文档中单击，然后通过拖动鼠标绘制所需大小的文本框。若要向文本框中添加文本，则先在文本框内单击，然后键入或粘贴文本。

若要编辑文本框，可单击文本框中的任意位置，在"绘图工具"的"格式"选项卡中选择相关编辑命令,即可设置文本框的形状样式、大小和排列方式等。

如果绘制了多个文本框,可将各个文本框链接在一起,以便文本能够从一个文本框延续到另一个文本框。操作方法是单击其中一个文本框,然后在"绘图工具"的"格式"选项卡上的"文本"组中单击"创建链接"。

> **提示:**通过鼠标拖动也可改变文本框大小和调整文本框位置。例如,若文本框大小不合适,可以拖动文本框四周的控制点进行调整。若要改变文本框在文档中的位置,可以将指针移到文本框的边框上,当出现四个方向的箭头时,按住鼠标左键将其拖动到其他位置后释放左键即可。

3. 插入图片

在 Word 2016 中,可以将各种来源的图片插入到文档中。

(1)插入图片文件

文档中可以插入保存在计算机中的图片文件。

操作方法:打开文档,将光标定位在要插入图片的位置,单击"插入"选项卡,在"插图"组中单击"图片",找到要插入的图片双击鼠标,完成图片插入。

(2)插入联机图片

文档中可以插入各种联机来源的图片。

操作方法:打开文档,将光标定位在要插入图片的位置,单击"插入"选项卡,在"插图"组中单击"联机图片",查找并下载要插入的图片到文档中。

(3)设置图片格式

默认情况下,文档中插入图片的环绕方式均为"嵌入型"。若要对图片格式进行设置,可单击该图片,在"绘图工具"的"格式"选项卡中选择相关编辑命令,即可设置图片样式、版式、效果、位置、大小等。

4. 插入屏幕截图

屏幕截图适用于捕获可能更改或过期的信息的快照。此外,当从网页和其他来源复制内容时,可通过屏幕截图将内容传输到文件中,且若源文件中的内容发生了变化,也不会影响插入到文档中的屏幕截图内容。

操作方法:单击"插入"选项卡,在"插图"组中单击"屏幕截图"按钮,然后单击要插入的屏幕窗口。可以插入整个屏幕窗口,也可以单击"屏幕剪辑",选择窗口的一部分。屏幕截图只能捕获没有最小化到任务栏的窗口。

5. 插入形状

Word 2016 提供了绘图功能,即用户可以在文档中插入各种形状的图形,如矩形、圆、箭头、流程图符号等。

(1)插入形状

操作方法:单击文档中要创建绘图的位置,单击"插入"选项卡,在"插图"组中单击"形状",然后单击某一形状,插入该形状。

(2)更改形状

操作方法:单击要更改的形状,在"绘图工具"→"格式"选项卡的"插入形状"组中选择"编辑形状"→"更改形状",然后选择要更改的其他形状。

（3）在形状中添加文本

操作方法：鼠标右击要添加文本的形状，在菜单中选"添加文字"，然后输入文本。

（4）组合多个形状

操作方法：按住【Ctrl】键的同时逐个选中要组合的所有形状，在"绘图工具"→"格式"选项卡的"排列"组中，单击"组合"。

（5）调整形状的大小

操作方法：选择要调整大小的一个或多个形状。在"绘图工具"→"格式"选项卡的"大小"组中设置形状大小。

（6）应用样式

操作方法：在"绘图工具"→"格式"选项卡的"形状样式"组中，将指针停留在某一样式上以查看应用该样式时形状的外观，单击要应用样式。也可单击"形状填充""形状轮廓"或"形状效果"设置。

6. 插入公式

数学公式因结构比较特殊而且变化形式极多，编辑起来一般不太容易。Word 2016 为用户提供了可以轻松地插入到文档中的内置公式。如果内置公式不能满足需要，可以编辑、更改现有公式，或自由编写自己的公式。

（1）插入公式

操作方法：单击"插入"选项卡，在"符号"组中单击"公式"下边的箭头，单击"插入新公式"，然后按要求编写要插入的公式。

也可在"符号"组中单击"公式"→"墨迹公式"打开墨迹公式绘制窗口，然后手工绘制要插入的公式，如图 2-22 所示。

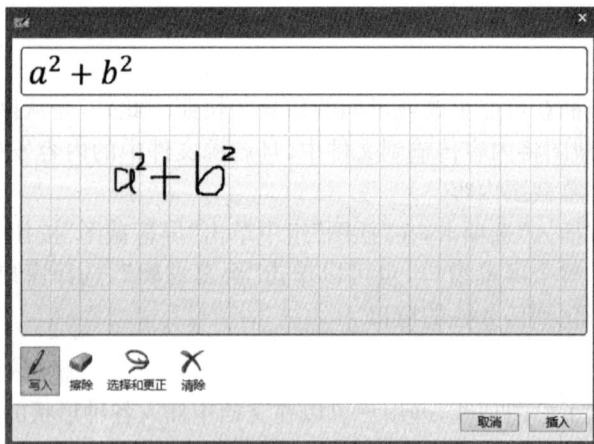

图 2-22　用"墨迹公式"绘制公式

（2）插入内置公式

为了方便用户插入公式，Word 把一些常用的数学公式，如二次公式、二项式定理、傅里叶级数等作为内置公式，可供用户直接选取使用。

操作方法：单击"插入"工作区选项卡，在"符号"组中单击"公式"下边的箭头，单击所需的内置公式。

（3）编写公式时插入常用数学结构

按照（1）的方法插入新公式后，若要在公式中插入一些常用数学结构，可单击插入的公式，然后按以下步骤操作：

① 在"公式工具"的"设计"选项卡的"结构"组中，单击所需的结构类型，选择所需的结构；

② 如果在结构中包含占位符（公式中的小虚框），则在占位符内单击，然后输入所需的数字或符号。

> **注意：**① 如果转换文档并将其保存为.docx 文件，则将无法使用以前版本的 Word 更改文档中的任何公式。
>
> ② 插入和编辑公式，也可依次单击"插入"→"对象"，在"对象"对话框中选择"Microsoft 公式 3.0"，从而用老版的公式编辑器来编辑公式。

7. 利用绘图画布组织多个图形

应用 Word 2016 中的绘图画布可以将文档中的图片、文本框、直线等组织在一起，使它们成为一个整体，便于排版。

操作方法：单击"插入"选项卡，在"插图"组中单击"形状"按钮，然后选择"新建绘图画布（N）"，此时会在文档中插入一个背景为白色的矩形区域，这就是绘图画布，在其中可以插入图片、绘图形状和文本框等。

8. 插入表格

在 Word 中，可以通过以下三种方式插入表格：

（1）使用表格模板

使用表格模板并基于一组预先设好格式的表格插入表格。表格模板包含示例数据，可以帮助用户想象添加数据时表格的外观。

操作方法：将光标定位到要插入表格的位置，单击"插入"选项卡，在"表格"组中选择"表格"→"快速表格"，然后单击需要的模板，使用所需的数据替换模板中的数据。

（2）使用"表格"菜单

操作方法：单击"插入"选项卡，在"表格"组中单击"表格"，然后在"插入表格"下，拖动鼠标选择需要的行数和列数。

（3）使用"插入表格"命令

"插入表格"命令可以让用户在将表格插入文档之前，选择表格尺寸和格式。

操作方法：单击"插入"选项卡，在"表格"组中单击"表格"按钮，然后选择"插入表格（I）"命令，在"表格尺寸"项输入列数和行数；在"自动调整"操作区域中，选择某一选项以调整表格尺寸。

9. 绘制表格

在 Word 中，用户可以绘制复杂的表格，例如，绘制单元格高度不同的表格或每行的列数不同的表格。

操作方法：将光标定位到要插入表格的位置，单击"插入"选项卡，在"表格"组中单击"表格"→"绘制表格（D）"，指针会变为铅笔状，可用此绘制表格。要改变边框一条线或多条线的样式，在"表格工具"→"设计"选项卡的"边框"组中，选择"边框刷"，然后再单击要改变的线条即可。

绘制完表格后，在单元格内单击鼠标，可以输入文字或插入图形。

10. 将文本转换成表格

在 Word 文档中插入分隔符（如逗号或制表符）表示将文本分成列的位置；使用段落标记表示要开始新行的位置。

操作方法：选择要转换的文本，单击"插入"选项卡，在"表格"组中单击"表格"按钮，然后单击"文本转换成表格(V)"，打开"将文本转换成表格"对话框，在对话框的"文字分隔位置"区域中，单击要在文本中使用的分隔符对应的选项即可。

11. 调整表格

(1) 选定单元格、行、列

● 选定一个单元格：将指针指向单元格左边框，当指针变成"➚"时单击，即可选定该单元格。

● 选定一行：将指针指向某行左侧，当指针变成"⌁"时单击，即可选定该行。

● 选定一列：将指针指向某列顶端的边框，当指针变成"↓"时单击，即可选定该列。

● 选定单元格区域：将指针指向要选定的第一个单元格，拖动指针至最后一个单元格，再释放左键，即可选定该单元格区域。

● 选定整个表格：将指针置于表格中，当表格的左上角出现表格移动控点"⊞"图标时，单击该图标即可选定整个表格。

(2) 添加或删除单元格、行、列

● 添加行、列：将光标置于表格中要插入的位置，单击"表格工具"的"布局"选项卡，在"行和列"组中单击相应功能按钮即可。

● 删除行、列、单元格或表格：如果要删除表格中的内容，只需选中要删内容后按【Delete】键即可；如果要删除整个表格，或整行、整列，将光标置于要删除的位置，单击"表格工具"的"布局"选项卡，在"删除"组中单击相应功能按钮即可。

(3) 合并和拆分单元格

● 合并单元格：选中要合并的两个或多个单元格，单击"表格工具"→"布局"选项卡，在"合并"组中单击"合并单元格"按钮。

● 拆分单元格：将光标定位于要拆分的单元格内，单击"表格工具"→"布局"选项卡，在"合并"组中单击"拆分单元格"按钮。

● 拆分表格：将光标定位于要拆分的位置，单击"表格工具"→"布局"选项卡，在"合并"组中单击"拆分表格"按钮。

(4) 调整行高或列宽

● 调整表格整体尺寸：将鼠标指针停留在表格的任意位置上，直到表格尺寸控点（位于末行行尾的小矩形框）出现在表格的右下角，移动光标指针使之停留在表格尺寸控点上，直到鼠标指针变为双向箭头"⬂"，然后按住鼠标左键将表格的边框拖动到所需尺寸即可。除此以外，也可单击"表格工具|布局"选项卡，在"单元格大小"组中精确设置表格的行高与列宽。

● 使用表格的自动调整功能：将光标置于将要调整的单元格内，单击"表格工具"→"布局"选项卡,在"单元格大小"组中单击"自动调整",并根据需要单击其中任一选项,Word 会自动根据选择对行或列进行调整。

12. 表格的修饰

(1) 设置表格在文档中的位置

表格在文档中默认的对齐方式是左对齐,也可根据需要调整其对齐方式。

操作方法:选定表格,单击"表格工具"→"布局"选项卡,在"表"组中单击"属性"按钮,打开"表格属性"对话框,单击对话框的"表格"选项卡,选择"对齐方式"中的选项可以设置表格在文档中的水平位置,也可使用快捷菜单中的"表格属性"命令进行设置;选择"文字环绕"中的选项可用于设置表格与其周围文字进行混合排版的方式。

(2) 设置表格中文字的对齐方式

表格中文字的对齐方式分为水平对齐和垂直对齐,水平对齐包括左对齐、居中和右对齐。垂直对齐包括顶端对齐、居中和底端对齐,一共可以组成 9 种不同的对齐方式,默认的是"靠上两端对齐"。

设置表格中文字对齐方式的操作方法:

① 选定要设置对齐方式的单元格区域;

② 单击"表格工具"→"布局"选项卡,在"对齐方式"组中单击相应功能按钮。也可使用快捷菜单中的"单元格对齐方式"命令进行设置。

(3) 设置图片在表格中的位置

在表格排版过程中,有时需要在表格中插入图片,但如果直接在默认创建的表格中插入图片,可能达不到理想的效果,为了获得理想的插入效果,可按照以下方法操作:

① 单击"表格工具"→"布局"工作区选项卡,在"表"组中单击"属性"功能按钮,打开"表格属性"对话框。

② 在对话框的"表格"选项卡中单击"选项"按钮打开"表格选项"对话框,取消选中"自动重调尺寸以适应内容"复选框,使插入的图片会随单元格大小而自动缩放,同时修改"默认单元格边距"文本框中的值,调整图片与单元格之间的间距至合适的值。

(4) 设置边框和底纹

设置表格的边框和底纹是 Word 的常用操作之一,这样可以在一定程度上美化表格,并使得表格突出醒目。

操作步骤:

① 选定要设置边框和底纹的单元格,在"表格属性"对话框中选择"边框和底纹"命令,打开"边框和底纹"对话框。

② 在"边框"选项卡中可设置表格边框,在"底纹"选项卡中可设置表格底纹。

三、操作指导

下载压缩文件"Word 项目 2 资源"并解压缩。启动 Word 2016,新建一空白 Word 文档,设置"页边距"上、下均为"2 厘米",两次单击"插入"选项卡"页面"组中"分页"按钮在文档中再插入两页,使文档共包含三页,将文档保存为"个人简历.docx",然后完成以下操作,操作时可以参考 PDF 文档"个人简历_样张.pdf"。

1. 个人简历封面的设计与制作

封面作为个人简历的门面,设计时要注重对主题的提炼,以给人过目不忘的感觉。封面内容一般应包含学校名称、专业名称、姓名、联系方式等内容，以便能大致了解个人基本情况。另外，封面设计可结合格言和图案的搭配，简洁明了。

以下介绍按照如图 2 - 23 所示效果设计和制作个人简历封面的方法。

图 2 - 23　个人简历封面设计效果

（1）插入图片

参照图 2 - 23 所示，分别插入素材中的"常大 LOGO.jpeg"和"我可以.jpeg"两个文件，并设置"我可以"图片"衬于文字下方"。

操作步骤如下：

① 参照图 2 - 23 所示，将光标置于文档第 1 页"常大 LOGO"所在位置，单击"插入"选项卡，在"插图"组中单击"图片"按钮，打开"插入图片"对话框。

② 在对话框中找到解压后的"Word 项目 2 资源"文件夹，选中素材中的"常大 LOGO.jpeg"图片文件，单击"插入(S)"按钮。

③ 选中图片，拖动图片周围的控制点，参照图 2 - 23 所示调整图片大小。

④ 再按①②③步骤把"我可以.jpeg"图片文件插入到如图 2 - 23 中所示位置。

⑤ 单击"图片工具 | 格式"选项卡，在"大小"组中单击对话框启动器，打开"布局"对话框。

⑥ 点击"布局"对话框中"文字环绕"选项卡，在"环绕方式"中选择"衬于文字下方(B)"，单击"确定"按钮。

（2）插入艺术字

参照图 2 - 23 所示位置插入艺术字"个人简历"字样，并设置艺术字样式为"填充-红色，着色 2，轮廓-着色 2"，字体字号为微软雅黑、加粗、小初，对齐方式为居中。

操作步骤如下：

① 将光标置于图 2 - 23 所示位置，单击"插入"选项卡，在"文本"组中单击"艺术字"，打

开如图 2－24 所示"样式"列表,在列表中选择"填充-红色,着色 2,轮廓-着色 2"样式。

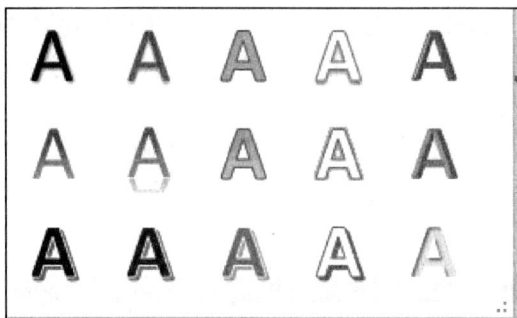

图 2－24　"艺术字样式"列表

② 在编辑框中输入文字"个人简历",并设置字体为微软雅黑、小初、加粗。

③ 选中插入的艺术字,右击鼠标,在弹出的快捷菜单中单击"其他布局选项(L)"命令,打开"布局"对话框,在"位置"选项卡中设置水平中"对齐方式(A)"为"居中"。

(3) 插入文本框

参照图 2－23 所示位置插入文本框,输入毕业院校、专业等文字,并将格式设置为微软雅黑、小二、加粗,下划线为粗线,两端对齐,段前、段后为 0.7 行,无线条。

操作步骤如下:

① 单击"插入"选项卡,在"文本"组中依次单击"文本框|绘制文本框(D)",光标变为十字形状,在图 2－23 所示位置插入文本框,文本框大小参看图 2－23 所示。

② 在文本框中输入文字"毕业院校:",然后单击"开始|字体"组中的"下划线" 下拉按钮,选择"粗线",输入空格直到文本框右边界,再单击"下划线"取消下划线设置,按回车键使光标换行。

③ 在文本框中依次输入专业、姓名等文字内容,操作方法同②。

④ 将文本框中所有文字设置为微软雅黑、小二、加粗,对齐方式为两端对齐,段前、段后为 0.7 行。

⑤ 右击文本框,在弹出的快捷菜单中选择"设置形状格式(O)"打开如图 2－25 所示对话框,点击"线条",设置"线条"为"无线条(N)"。

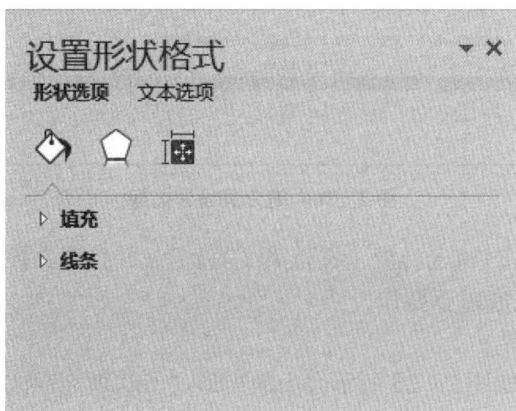

图 2－25　"设置形状格式"对话框

2. 个人简历中简介的制作

个人简历的第2页为其核心内容——简介。撰写简介应列举对申请职位有实际价值的资料，做到简洁明了。简介内容主要包括个人信息、教育背景、实习经历、校园经历、技能证书、自我评价和求职意向。

以下介绍参照如图2-26所示内容和效果设计和制作简介的方法。

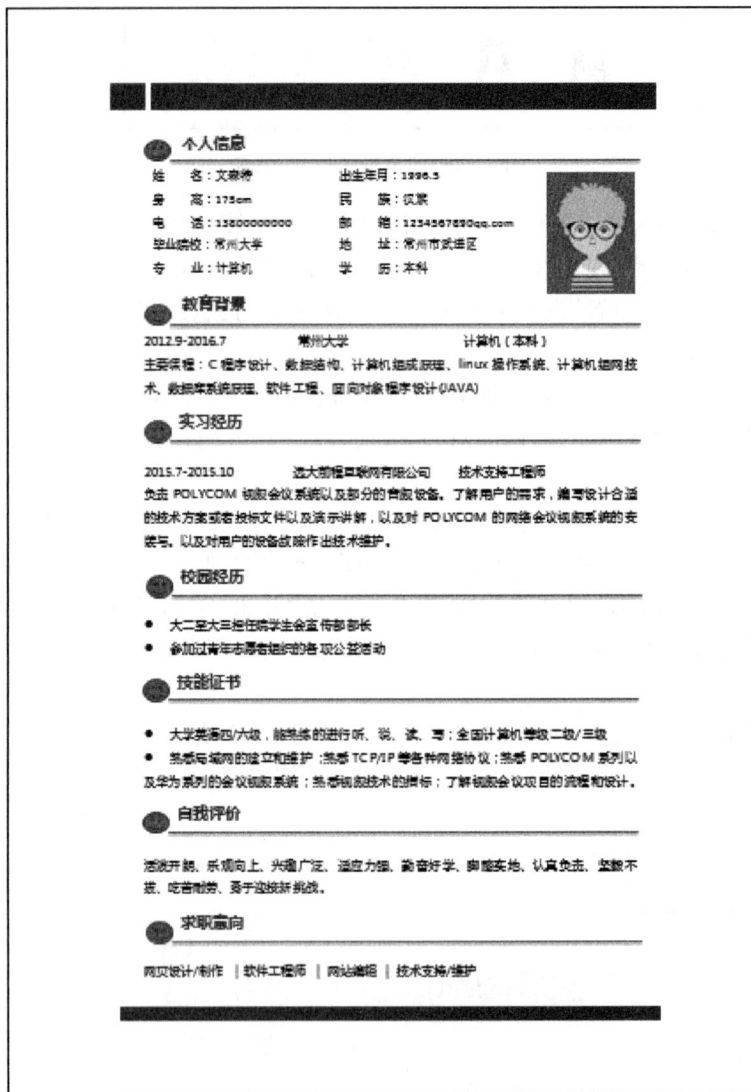

图2-26 简介页设计效果

在第2页开始处点击，将光标置于文档第2页，下载并打开文件"项目2个人简历_原始材料.docx"，然后依次完成以下操作。

（1）制作简历上边界

在第一行插入两个如图2-26所示大小的矩形，"形状填充"和"形状轮廓"颜色均为"深蓝"，并组合为一个图形。

操作步骤如下：

① 将光标移到文档开头，单击"插入"选项卡，在"插图"组中单击"形状"命令按钮，在下拉列表中选择"矩形"中的"矩形"图。

② 按住鼠标左键并拖动画出短矩形，同样方法再画较长的矩形，大小和位置参照图 2 - 26 所示。

③ 单击"图片工具|格式"选项卡，在"形状样式"组中选择"形状填充"和"形状轮廓"，将颜色均设置为"深蓝"。

④ 单击第一个矩形，然后在按下【Ctrl】键的同时单击另一个矩形，从而同时选中两个矩形；单击鼠标右键，在弹出的快捷菜单中选中"组合(G)|组合(G)"，将两个矩形组合在一起。

（2）插入形状笑脸、文本框和线条，制作简历分区符

操作步骤如下：

① 将光标置于简历上边界的下面，单击"插入"选项卡，在"插图"组中单击"形状"，在下拉列表中选择"基本形状"中的"笑脸"图，设置"形状填充"为"蓝色"，"形状轮廓"颜色为"深蓝"。

② 将光标置于笑脸图右边，插入文本框，设置"线条颜色"为"无线条"，输入文字"个人信息"，设置字体为微软雅黑、小四号、深蓝、加粗。

③ 单击"插入"选项卡，在"插图"组中单击"形状"，在下拉列表中选择"线条"中的"直线"，在文本框的下方插入线条，设置"形状轮廓"中颜色为"深蓝"以及"粗细"为"2.25 磅"

④ 将笑脸、文本框和线条组合在一起，完成简历分区符的制作，如图 2 - 27 所示。

图 2 - 27　简历分区符

（3）填写个人信息

操作步骤如下：

① 在水平标尺的 3、17 处分别设定两个左对齐制表位，这样通过【Tab】键可使个人信息据此左对齐。

② 将"项目 2 个人简历_原始材料.docx"中个人信息的有关内容，参照图 2 - 26 所示，依次复制到本文档相应位置，设置字体为微软雅黑、五号、黑色，单倍行距，设置段前、段后为 0 行。

③ 单击"插入"选项卡，在"插图"组中单击"图片"按钮，打开"插入图片"对话框，找到解压后的"Word 项目 2 素材"文件夹，选中素材中"证件照.jpeg"图片文件，单击"插入"按钮。

④ 参照图 2 - 26 所示调整图片大小，设置"环绕方式"为"紧密型(T)"，并将图片拖至个人信息右边。

（4）填写教育背景并设置格式

操作步骤如下：

① 复制图 2 - 27 所示的简历分区符并移动到个人信息下面，将文本框内容改为"教育背景"。

② 将"项目2个人简历_原始材料.docx"文档中教育背景的有关内容,参照图2-26所示依次复制到文档相应位置,设置字体为微软雅黑、五号、黑色,单倍行距,段前、段后设置为0行。

注意:粘贴时要选择"保留源格式"。

（5）填写实习经历并设置格式

操作步骤如下:

① 复制图2-27所示的简历分区符并移动到教育背景下面,将文本框内容改为"实习经历"。

② 将"项目2个人简历_原始材料.docx"中实习经历的有关内容,参照图2-26所示依次复制到本文档相应位置,设置字体为微软雅黑、五号、黑色,单倍行距,段前、段后设置为0行。

（6）填写校园经历并设置格式

操作步骤如下:

① 复制图2-27所示的简历分区符并移动到实习经历下面,将文本框内容改为"校园经历"。

② 将"项目2个人简历_原始材料.docx"中校园经历的有关内容,参照图2-26所示依次复制到本文档相应位置,在每条信息前插入项目符号"●",设置字体为微软雅黑、五号、黑色,单倍行距,段前、段后设置为0行。

（7）填写技能证书并设置格式

操作步骤如下:

① 复制图2-27所示的简历分区符并移动到校园经历下面,将文本框内容改为"技能证书"。

② 将"项目2个人简历_原始材料.docx"中技能证书的有关内容,参照图2-26所示依次复制到本文档相应位置,在每条信息前插入项目符号"●",设置字体为微软雅黑、五号、黑色,单倍行距,段前、段后设置为0行。

（8）填写自我评价并设置格式

操作步骤如下:

① 复制图2-27所示的简历分区符并移动到技能证书下面,将文本框内容改为"自我评价"。

② 将"项目2个人简历_原始材料.docx"中自我评价的有关内容,参照图2-26所示依次复制到本文档相应位置,设置字体为微软雅黑、五号、黑色,单倍行距,段前、段后设置为0行。

（9）填写求职意向并设置格式

操作步骤如下:

① 复制图2-27所示的简历分区符并移动到自我评价下面,将文本框内容改为"求职意向"。

② 将"项目2个人简历_原始材料.docx"中求职意向的有关内容,参照图2-26所示依次复制到文档相应位置,设置字体为微软雅黑、五号、黑色,单倍行距,段前、段后设置为0行。

（10）制作简历下边界

参照图 2-26 所示，插入一个矩形，将"形状填充"和"形状轮廓"颜色均设置为"深蓝"。

操作步骤如下：

① 将光标移到文档最后一行，单击"插入"功能区选项卡，在"插图"组中单击"形状"，在下拉列表中选择"矩形"中的"矩形"图。

② 按住鼠标左键并拖动画出短矩形，调整大小和位置。

③ 单击"绘图工具"下"格式"选项卡，设置"形状样式"组中选项"形状填充"和"形状轮廓"的颜色均为"深蓝"。

3. 个人简历中成绩单制作

个人简历的第 3 页为成绩单页，列出了求职者在大学期间的学习成绩和排名情况，是求职者求职的重要支撑材料。

以下介绍按照图 2-28 所示制作成绩单的主要步骤。

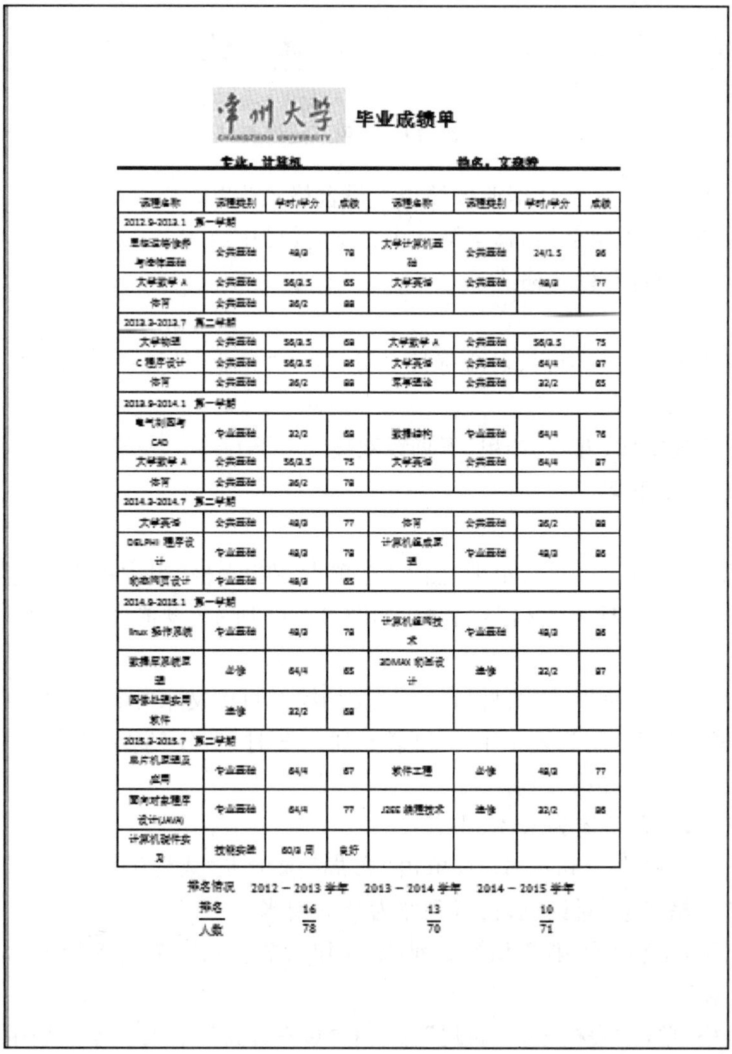

图 2-28　成绩单页制作效果

在第3页开始处单击鼠标,将光标置于文档第3页,然后按以下步骤完成操作:

（1）制作表头

操作步骤如下:

① 将光标置于第3页首行,单击"插入"选项卡,在"插图"组中单击"图片"按钮,出现"插入图片"对话框。

② 选中文件"LOGO.jpeg",单击"插入"按钮插入图片。

③ 设置图片高度为1.14厘米,宽度为3.84厘米,环绕方式为"上下型";

④ 选中图片,单击"图片工具|格式"选项卡"调整"组中的"颜色"按钮,在下拉列表中选择"颜色饱和度"中的"饱和度:0%"选项,如图2-29所示。

图2-29　颜色下拉列表

⑤ 插入文本框,输入文字"毕业成绩单",设置格式为"宋体、三号、加粗"。

⑥ 将图片和文本框组合后,移至第3页首部,并居中放置。

（2）输入个人信息并设置格式

操作步骤如下:

① 将光标置于表头下两行,对应标尺8处,输入"专业:计算机",对应标尺26处,输入"姓名:文森特"。

② 设置字体为宋体、五号、加粗、下划线双线。

（3）制作成绩单框架

操作步骤如下:

① 将光标置于表头下一行,单击"插入"选项卡,在"表格"组中单击"表格"按钮,选择"插入表格"命令,打开"插入表格"对话框,如图2-30所示,设置列数、行数分别为8、5,单击"确定"按钮。

② 将"项目2个人简历_原始材料.docx"文档第2页中文字"课程名称"复制到表中第1和第5列,"课程类别"复制到表中第2和第6列,"学时/学分"复制到表中第3和第7列,"成绩"复制到表中第4和第8列。

③ 选定表格,设置字体为宋体、小五。

④ 同时选定表格第1和第5列,单击"布局"选项卡"表"组中的"属性"按钮,打开图2-31所示"表格属性"对话框,设置列宽为"2.5厘米"。

⑤ 操作同④,分别设置第2和第6列、第3和第7列列宽为"1.8厘米",第4和第8列列宽为"1.2厘米"。

⑥ 选中表格,单击"表格工具|布局"选项卡"对齐方式"组中的"水平居中"按钮,使单元格文字水平垂直都居中。

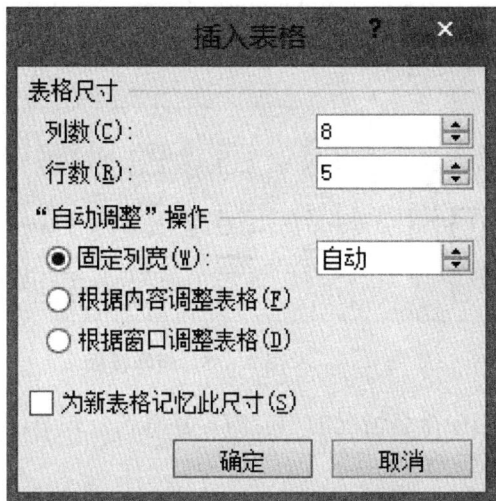

图 2-30　"插入表格"对话框

图 2-31　"表格属性"对话框

　　⑦ 选中表格第 2 行,单击"表格工具|布局"选项卡"合并"组中的"合并单元格" 按钮,将其合并为 1 列,并设置对齐方式为"左对齐"。

　　制作完成的成绩单框架如图 2-32 所示。

课程名称↵	课程类别↵	学时/学分↵	成绩↵	课程名称↵	课程类别↵	学时/学分↵	成绩↵
↵							
↵	↵	↵	↵	↵	↵	↵	↵
↵	↵	↵	↵	↵	↵	↵	↵
↵	↵	↵	↵	↵	↵	↵	↵

图 2-32　成绩单框架

　　(4) 填写成绩单

　　操作步骤如下:

　　① 选中成绩单框架第 2～5 行,单击"复制"按钮,然后将光标置于表中第 5 行,单击"粘贴",在"粘贴选项"中选择"以新行的形式插入(R)",以增加格式同第 2～5 行的新行。

　　② 参照如图 2-28 所示成绩单表格样式,多次重复①操作,增加更多的新行。

　　③ 将"项目 2 个人简历_原始材料.docx"文档中相关文字依照图 2-28 所示复制到表格中相应位置。

　　(5) 以数学公式形式插入排名情况

　　操作步骤如下:

　　① 将光标移到成绩单下面,单击"插入"选项卡,在"符号"组中单击"公式"按钮,选择"插入新公式(I)"命令。

　　② 单击"公式工具|设计"选项卡"结构"组中的"矩阵" 按钮,在下拉列表中选择"空矩阵"中的"2×2 空矩阵",生成如图 2-33 所示的 2×2 空矩阵。

　　③ 选中图 2-33 第一行后面一个占位符,选择"空矩阵"中"1×3 空矩阵"。对第二行做同样操作,生成如图 2-34 所示的 2×4 空矩阵。

④ 选中图 2-34 第二行第 1 个占位符，选择"结构"组中的"分数"。对第二行其他占位符做同样操作，生成如图 2-35 所示矩阵。

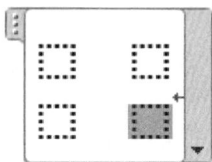

图 2-33　2×2 空矩阵　　　　图 2-34　2×4 空矩阵　　　　图 2-35　矩阵模板

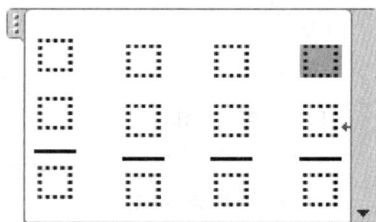

⑤ 将"项目 2 个人简历_原始材料.docx"文档中排名情况的相应内容复制到公式中，设置字体为宋体、五号，并适当调整位置，结果如图 2-36 所示。

$$\text{排名情况} \quad 2012-2013 \text{ 学年} \quad 2013-2014 \text{ 学年} \quad 2014-2015 \text{ 学年}$$

$$\frac{\text{排名}}{\text{人数}} \qquad \frac{16}{78} \qquad\qquad \frac{13}{70} \qquad\qquad \frac{10}{71}$$

图 2-36　排名情况效果

提示：插入数学公式也可选择"插入"选项卡，在"符号"组中单击"公式"→"墨迹公式"，然后手工绘制要插入的公式，详见图 2-22 所示。

4. 将最终文档另存为"PDF"格式文件

打开"文件"选项卡中"另存为"对话框中，选择"保存类型"为 PDF，文件名不变，单击"保存"按钮，完成文档制作。

项目 2 最终效果如图 2-37 所示，或参看 PDF 文档"个人简历_样张.pdf"。

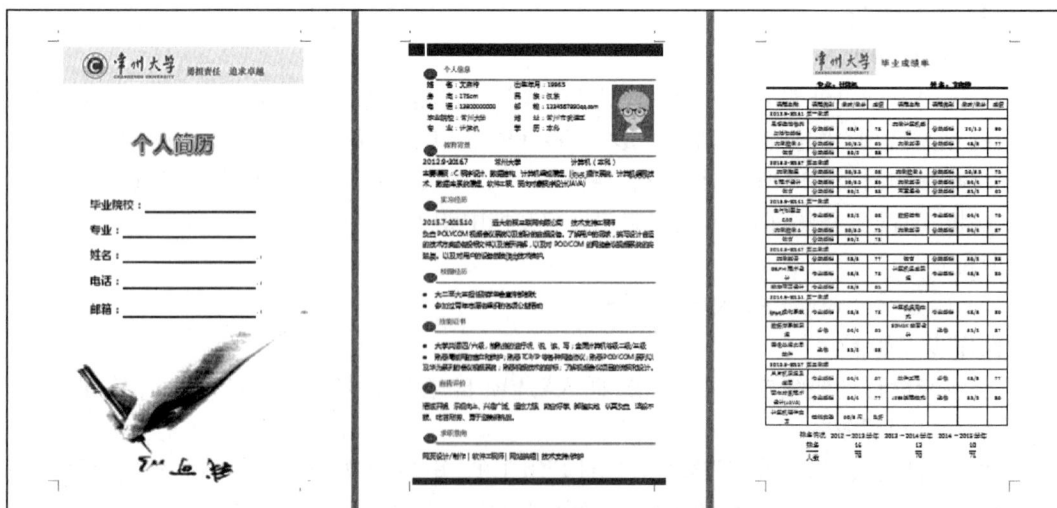

图 2-37　项目最终效果

四、实战练习和提高

打开文件"项目 2 练习_原始材料.docx",另存为"项目 2 练习.docx",然后对文档按以下要求进行排版,排版效果可参考 PDF 文档"项目 2 练习_样张.pdf"。

1. 基本编辑

将正文所有文字设置为宋体、5 号,各自然段的首行缩进两个汉字的位置,行距设为 1.5 倍,对齐方式为两端对齐。

2. 插入形状

(1) 使文档内容下移四行,在文档左上角插入如图 2-38 所示形状,设置"形状样式"为"彩色轮廓-红色,强调颜色 2","形状填充"为"黄色","形状效果"为"发光(G)"|"红色,8pt 发光,个性色 2"。

图 2-38　形状效果

(2) 添加文字"美文欣赏",设置格式为隶书、2 号、黑色、居中。

3. 插入并设置艺术字标题

(1) 删除文档中原来的标题和作者,再使正文下移 3 行。

(2) 插入艺术字"记得旧时好—得蜜"作为文章的标题,设置字体为楷体、字号 40、加粗。

(3) 将艺术字样式设置为"填充-蓝色,着色 1,阴影",文本效果为"转换|波形 1",环绕文字为上下型环绕,居中。

4. 在画布中插入剪贴画和文本框

(1) 在文档正文第二段中间插入图片文件"书籍.jpg",并适当调整图片大小。

(2) 在画布上再插入一文本框,在文本框中输入文字"书籍是人类的朋友",设置为宋体、小五号、红色,加粗,线条颜色为无线条。

(3) 设置画布"环绕文字"为"四周型"。

5. 在文档正文后插入以下数学公式

$$y = \int_{1}^{\infty} (2x + 3x^2)\,\mathrm{d}x$$

6. 制作学生成绩表

在文档第 1 页末尾插入分页符,使文档另起一页。

(1) 在第 2 页开头,插入如图 2-39 所示表格,在表格上部输入文字"学生成绩表",设置为宋体、加粗、小五、居中。然后依图所示输入表中相应文字,并将表中文字设置为宋体、五号。

学生成绩表

学号	姓　名	大学英语	计算机	高等数学	普通物理	总分
010108	胡容华	88	86	84	82	
020301	谢　君	77	88	99	66	
020803	高　阳	83	79	86	92	
020609	李　楠	96	91	89	89	
010301	王小平	93	96	90	90	

图 2 - 39　原始表格

（2）设置表格行高为"0.9 cm"，列宽为"2.0 cm"。

（3）在表格第一行上部增加一空行，然后分别将第一行和第二行的第一列合并，将第一行第二至第六列合并，第一行和第二行的最后一列合并。

（4）表中所有单元格对齐方式设置为水平和垂直居中。

（5）将表头（第一、第二行）文字加粗并设置底纹为"30％"，给表格外框加宽度为"1.5磅"，颜色为"绿色"的"双线框"。

（6）应用公式统计出每个学生的总分。

制作完成的表格如图 2 - 40 所示。

学生成绩表

学号	课程					总分
	姓　名	大学英语	计算机	高等数学	普通物理	
010108	胡容华	88	86	84	82	340
020301	谢　君	77	88	99	66	330
020803	高　阳	83	79	86	92	340
020609	李　楠	96	91	89	89	365
010301	王小平	93	96	90	90	369

图 2 - 40　学生成绩表

7. 保存文档并退出 Word 2016

将编辑好的文档保存，并退出 Word 2016。

项目 2 练习最终效果如图 2 - 41 所示，或参看 pdf 文档"项目 2 练习_样张"。

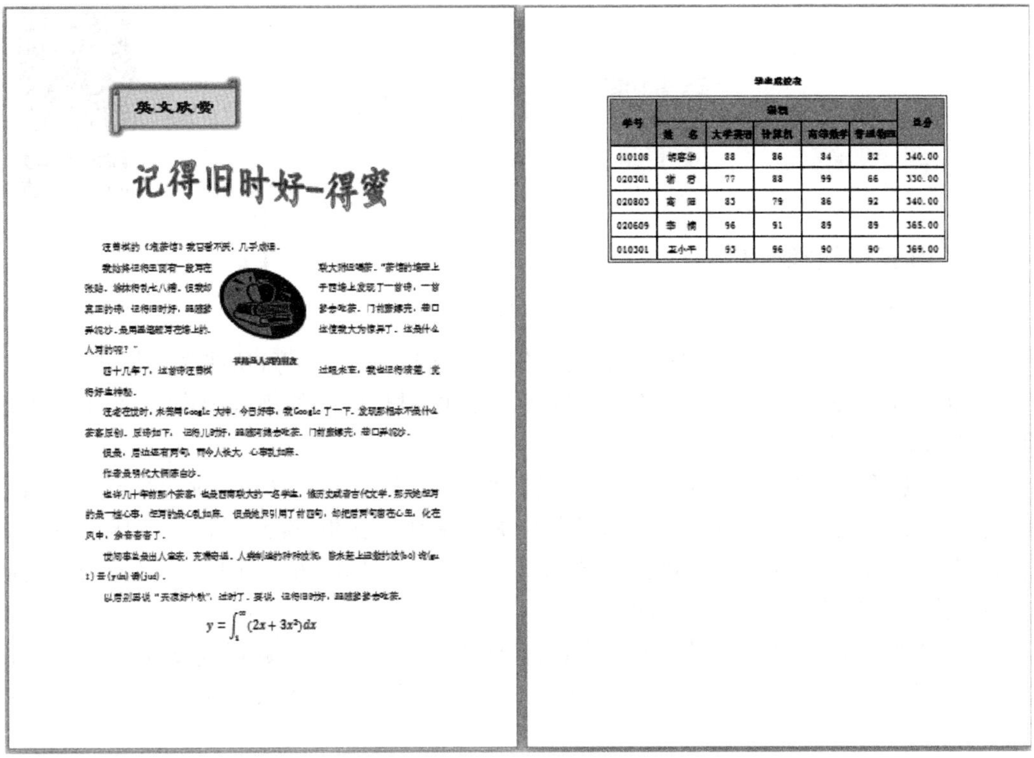

图 2-41 项目 2 练习最终效果图

项目三　长论文排版

【微信扫码】
Word 项目 3 资源

一、内容描述和分析

1. 内容描述

长论文一般指长达数十页的文档,比如各种总结报告、论文等,这些文档格式复杂,排版要求高,对许多人来说都是一个不小的挑战。因此,对长论文的排版操作,是每个学生必须掌握的基本技能。

本项目选取了一篇由赵阳辉、陈方舟、温运城撰写,发表在 2016 年《科学》杂志上,名为"国之重器:天河高性能计算机发展历程"的优秀论文作为案例,介绍长论文排版的有关方法和技巧,从而使学生在短时间内既能快速掌握长论文的排版方法和技巧,又能增强民族自豪感,达到育人育才相融合之目的。

本项目排版操作主要涉及论文页面设置、摘要格式设置、正文标题样式设置、多级列表设置、目录设置、添加题注、添加交叉引用、页眉页脚设置、应用尾注重新整理参考文献等。

2. 涉及知识点

字体和段落设置,页面设置,脚注设置,创建样式,多级列表的设置,导航窗格,目录设置,题注、交叉引用和尾注设置,插入页眉、页脚、页码等。

3. 注意点

长论文一般多达数十页,排版时要按照先总体、再局部的顺序。排版时还要注意前后功能的衔接,例如要先给图片加题注后,再在文档中为图片添加交叉引用。此外,为便于快速定位,可使用导航窗格查看和定位文档。

二、相关知识和技能

1. 新样式的创建

在 Word 文档中,自带了许多内置样式,用于文档的编辑排版工作,但是,如果在实际应用中需要其他样式,可以自行创建。

创建新样式的操作方法:

① 单击"开始"选项卡"样式"组的对话框启动器 🖪 ,打开"样式"窗口。

② 单击位于"样式"窗口的左下角的"新建样式" 🌂 命令按钮,即可打开"根据格式设置创建新样式"对话框,进行新样式的设置。

2. 导航窗格

在使用 Word 编辑文档时,有时需要查看导航窗格,导航窗格是 Word 中显示文档结构的视图,可以清晰地了解整个文档的标题结构。

操作方法:选择"视图"选项卡下"显示"组中的"导航窗格" ☑ 导航窗格 按钮即可打开,Word 文档的结构一目了然,例如文档目录、标题等。

3. 添加题注

一些文档中含有大量图、表格等，为了能更好地管理这些对象，可以为它们添加题注。添加了题注的对象会获得一个编号，并且在删除或添加某对象时，所有的编号会自动改变，以保持编号的连续性。

在文档中添加某对象题注的操作方法：

① 右击需要添加题注的对象，在打开的快捷菜单中选择"插入题注(N)…"命令；或者选中图片，在"引用"选项卡的"题注"组中单击"插入题注" 按钮。

② 在打开的"题注"对话框中单击"编号(U)"按钮，打开"题注编号"对话框。

③ 在打开的"题注编号"对话框中，单击"格式(F)"下拉按钮，在打开的格式列表中选择合适的编号格式。如果希望在题注中包含 Word 文档章节号，则需要选中"包含章节号"复选框。设置完毕单击"确定"按钮，返回"题注"对话框。

④ 在"题注(N)…"对话框中，可以在"标签"下拉列表中选择合适的标签（例如Figure），也可以单击"新建标签"按钮，在打开的"新建标签"对话框中创建自定义标签（例如"图"），并在"标签"列表中选择自定义的标签。如果不希望在图片题注中显示标签，可以选中"题注中不包含标签"复选框。单击"位置"下拉按钮选择题注的位置（例如"所选项目下方"），设置完毕单击"确定"按钮，即可在文档中添加图片题注。

⑤ 在文档中添加题注后，单击题注右边部分的文字可以进入编辑状态，并输入图片的描述性内容。

4. 交叉引用

在文档中有时需要提及某个内容，例如"如果想了解有关×××的详细信息，请参考本文第×页×××节的相关内容"，然而在编辑过程中，书稿中每部分内容的页数以及章节编号都有可能发生改变，所以如果直接手工输入，就必须及时更改。为了方便起见，此时可以使用交叉引用功能。

在文档中交叉引用文档中图片的操作方法：

① 打开 Word 文档，对文章中的图片，添加"题注"。

② 将光标置于文档中要交叉引用的位置，单击"引用"选项卡"题注"组或者"插入"选项卡"链接"组中的"交叉引用" 按钮，打开"交叉引用"对话框。

③ 在"引用类型"的下拉列表中选择需要的引用类型。例如选择"图"的引用类型，在最下方的界面中就会出现标签为"图"的全部题注，然后单击需要引用的对象。

④ 根据需要，在"引用内容"中选择所需要的题注内容，单击"插入"按钮。

5. 插入脚注和尾注

撰写论文时，参考文献的修改很麻烦，删除一个，添加一个，就需要改一长串数字。为此，可使用 Word 中的脚注与尾注工具。

尾注和脚注相似，是一种对文本的补充说明。脚注一般位于页面的底部，可以作为文档某处内容的注释；尾注一般位于文档的末尾，列出引文的出处等。尾注由两个关联的部分组成，包括注释引用标记和与其对应的注释文本。在添加、删除或移动自动编号的注释时，Word 将对注释引用标记重新编号。

插入脚注/尾注的操作方法：光标定位到文档中需要插入的位置，单击"引用"选项卡

"脚注"组中的"插入脚注"按钮或者"插入尾注"按钮。

三、操作指导

下载压缩文件"Word项目3素材"并解压缩，打开文档"长论文_原始材料.docx"，另存为"长论文.docx"，然后对该文件按以下步骤和要求进行排版，操作时可以参看 PDF 文档"长论文_样张.pdf"。

1. 页面设置

设置纸张大小为 A4，左、右、下边距为 2.5 厘米，上边距为 2.8 厘米。

操作步骤如下：

① 单击"布局"选项卡"页面设置"组中的"纸张大小"按钮，在下拉列表中选择"A4"。

② 在"页面设置"组中单击"页边距"按钮，在下拉列表中选择"自定义边框"，打开"页面设置"对话框。

③ 选择"页边距"选项卡，在"页边距"下的"上"边距框中输入"2.8 厘米"，在"下""左""右"边距框中输入"2.5 厘米"，单击"确定"按钮。

2. 摘要页的设计

摘要页包含论文标题、作者、作者简介和摘要等内容，请参照图 2-42 所示样式或参看PDF 文档"长论文_样张.pdf"完成摘要页的排版要求。

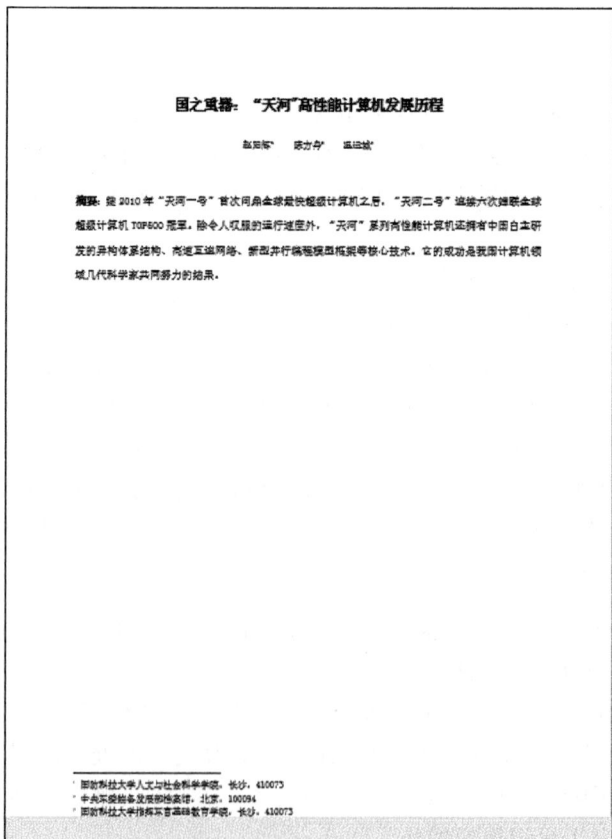

图 2-42　摘要页设计样式

（1）分页

操作方法：将光标定位在文档"前言"之前的段落，单击"插入"选项卡"页面"组中的"分页"按钮，使摘要页与正文部分分在不同页。

（2）设置标题格式

论文标题格式设置为：宋体，四号，加粗，居中。

（3）作者格式设置

参照图2-42所示，作者信息与标题段落之间空一行，设置作者姓名为宋体，小五号，居中。作者简介设置为脚注，字体为宋体，字号小五。

（4）摘要格式设置

参照图2-42所示，摘要和作者信息段落之间空两行，字体为宋体，五号，将摘要二字加粗，1.5倍行距。

3. 样式的创建与应用

文档中含有2个级别的标题，其对应文字分别用不同的颜色显示，按表2-3所示要求创建文档标题和正文样式。

表2-3 样式格式

文字颜色	样式名	格式
红色	my 标题 1	宋体、四号、粗体、段前、段后 0.5 行，左对齐，样式基准为标题 1，大纲级别为 1 级
蓝色	my 标题 2	宋体、小四、粗体、段前、段后 0.5 行，左对齐，样式基准为标题 2，大纲级别为 2 级
黑色（不含题注）	my 正文	宋体、小四、字符间距：标准。首行缩进 2 字符。行间距：固定值 18 磅，段前和段后均为 0 磅。西文、数字等符号均采用 Times New Roman 字体。

（1）创建"my 标题 1"样式

操作步骤如下：

① 将光标定位到正文"前言"处，单击"开始"选项卡"样式"组中的对话框启动器，打开"样式"窗格。

② 单击"样式"窗格底部的"新建样式"按钮，打开"根据格式设置创建新样式"对话框，如图2-43所示，设置"名称"为"my 标题 1"，"样式基准"为"标题 1"，"格式"为"宋体、四号、粗体"。

③ 单击"格式"按钮，在打开的列表中选择"段落"命令，打开"段落"对话框，将大纲级别设置为"1级"，"对齐方式"为"左对齐"，段前和段后间距都设置为"0.5行"。

④ 单击两次"确定"按钮返回。

（2）创建"my 标题 2"样式

要求见表2-3所示，样式基准为标题2，大纲级别为2级，操作步骤请参考（1）。

（3）创建"my 正文"样式

要求见表2-3所示，样式基准为正文，操作步骤请参考（1）。

在创建"my 正文"样式时，需要在"段落"对话框中设置行间距为"固定值18磅"，首行

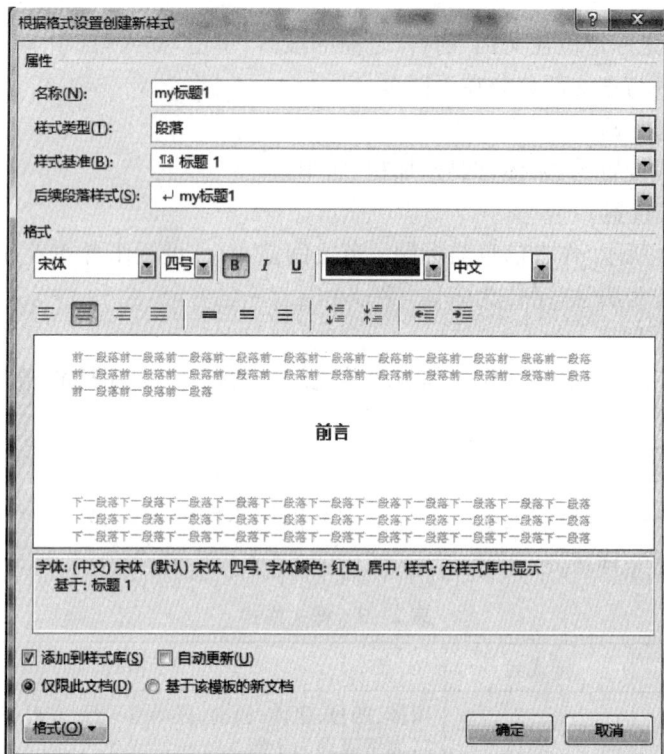

图 2‑43 创建"my 标题 1"样式对话框

缩进 2 字符，段前和段后间距均为 0 磅。

（4）样式应用

样式创建好后，就可以将文档中的各部分内容设置成与其对应的样式，实现对文本的快速格式设置。

"my 标题 1"样式应用操作步骤：

① 将光标置于"中国计算机技术的起步"段落中，在"开始"选项卡"编辑"组中，单击"选择"→"选定所有格式类似的文本"。

② 单击"样式"组中的"my 标题 1"，使选定文本应用该样式。

用同样方法分别为蓝色标题和正文应用"my 标题 2"和"my 正文"样式。

4. 通过多级列表设置标题的编号

应用多级列表可为文档中"my 标题 1""my 标题 2"标题样式自动设置诸如"1、1.1"样式的编号。

操作步骤如下：

① 将光标置于文档正文任意一个"my 标题 2"标题中，单击"开始"选项卡"编辑"组中的"选择"按钮，在下拉列表中选择"选择所有格式类似的文本"命令，此时所有"my 标题 2"样式的标题均被选中。

② 单击"开始"选项卡"段落"组中的"多级列表"按钮，在下拉列表中单击"定义新的多级列表(D)"命令，打开"定义新多级列表"对话框，单击对话框左下角的"更多"按钮，按图

2-44圈中所示设置。

③ 单击图 2-44 中"设置所有级别"按钮，依照图 2-45 所示设置，2 个级别的标题缩进量均设为 0。

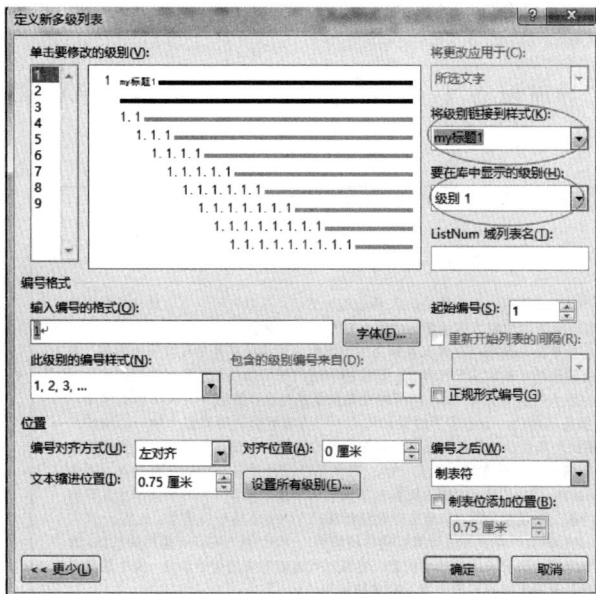

图 2-44 设置 1 级编号

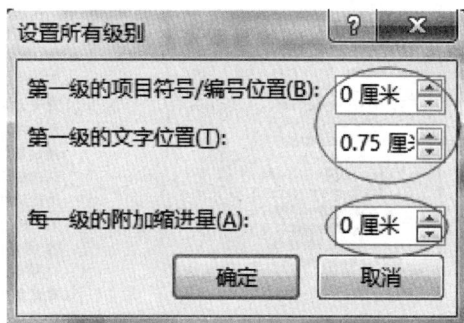

图 2-45 设置缩进量

④ 返回图 2-44 所示对话框，继续在对话框中设置"my 标题 2"的编号，如图 2-46 所示。

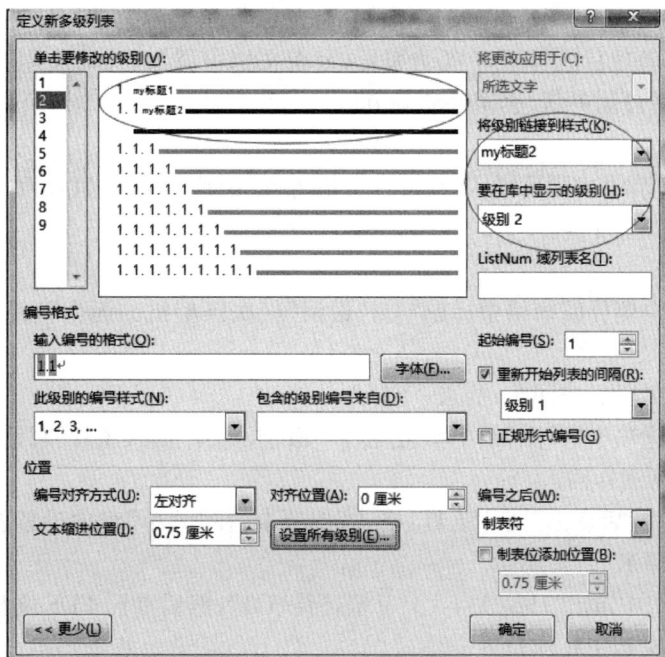

图 2-46 设置 2 级编号

设置完成后,单击"确定"按钮完成多级编号的创建。设置效果请参看 PDF 文档"长论文_样张.pdf"

5. 打开导航窗格

文档在设置和应用了标题样式后,可使用导航窗格来显示论文总体结构。

操作步骤如下:

① 单击"视图"选项卡"显示"组中的"导航窗格"按钮,打开如图 2‐47 左侧所示导航窗格。

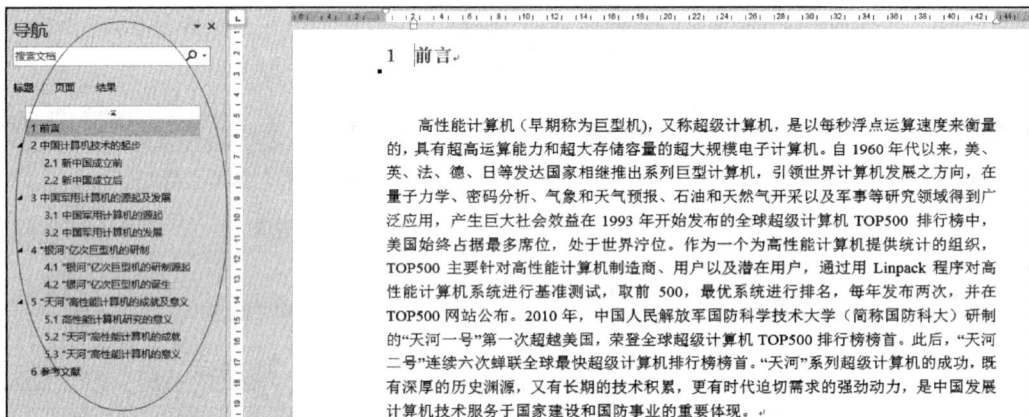

图 2‐47　导航窗格

② 单击某一标题,即可迅速定位至此。

6. 插入图片和题注

题注是给图片、表格、图表、公式等项目添加的编号及名称。使用题注功能可使文档中图片、表格或图表等项目能够顺序自动编号,且在文档中添加、移动或删除题注的项目时,项目题注的编号将自动更新,无需手动调节。

（1）插入图片

在文档第 4.2 节第 2 段后插入"银河计算机.jpeg"图片文件,图片高度为"4.69 厘米",宽度为"7 厘米",上下型环绕。

操作步骤如下:

① 单击文档左侧导航窗格中标题"4.2"银河"亿次巨型机的诞生",使光标快速定位到此节所在页面。

② 在本节第 2 段后按回车,插入一空行。

③ 在"插入"选项卡"插图"组中单击"图片"命令,打开"插入图片"对话框,找到"银河计算机.jpeg"文件,将图片插入。

④ 点击图片,然后点击"图片工具|格式"选项卡,在"大小"组中设置图片高度为"4.69 厘米",宽度为"7 厘米"。

⑤ 在"排列"组中单击"环绕文字|上下型环绕(O)",然后参照 PDF 文档"长论文_样张.pdf",拖动图片到文档中相应位置。

在文档第 5.3 节第 2 段后插入"天河 2 号计算机.jpeg"图片文件,图片高度为"4.67 厘米"，宽度为"7 厘米"，上下型环绕。操作步骤同上。

（2）插入题注

在以上两张图片下方插入题注，格式为：宋体、小五、加粗、居中，位于图的正下方。

为第一张图片插入题注的操作步骤如下：

① 选定文档中第一张图片，单击"引用"选项卡，在"题注"组中单击"插入题注"▣按钮，打开"题注"对话框。

② 在对话框中单击"标签"右侧的下拉按钮，选择"图"，并继续单击"位置"右侧的下拉按钮，选择"所选项目下方"，如图 2 - 48 所示。

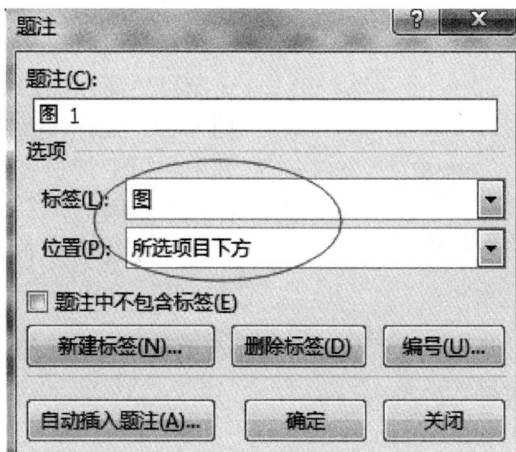

图 2 - 48　"题注"对话框

注意：若列表中无"图"标签，可单击对话框中"新建标签"，然后在标签名中输入"图"。

③ 单击"确定"按钮，关闭对话框。

④ 将光标定位到题注中编号后面，输入图题"银河巨型机"，并将格式设置为"宋体、小五、加粗、居中"。

为第二张图片插入题注，图题为"天河二号超级计算机"，格式设置为"宋体、小五、加粗、居中"。操作步骤同上。

完成效果参看 PDF 文档"长论文_样张.pdf"。

7. 交叉引用图片

交叉引用是在文档的某一位置引用文档其他部分的内容，类似于超链接，可以快速地找到所需内容。

若要求在文档中第 4.2 节第 2 段最后一句"张爱萍亲自为其题名'银河'"后插入"银河巨型机如图 1 所示"，其中将"图 1"设置以交叉引用方式引用。

操作步骤如下：

① 将光标定位在第 4.2 节第 2 段最后一句"张爱萍亲自为其题名'银河'"后，输入文字"天河巨型机如所示。"，然后将光标定位在"如"后面。

② 单击"引用"选项卡"题注"组中的"交叉引用"🔲交叉引用 按钮，打开"交叉引用"对话框，如图 2 - 49 所示。

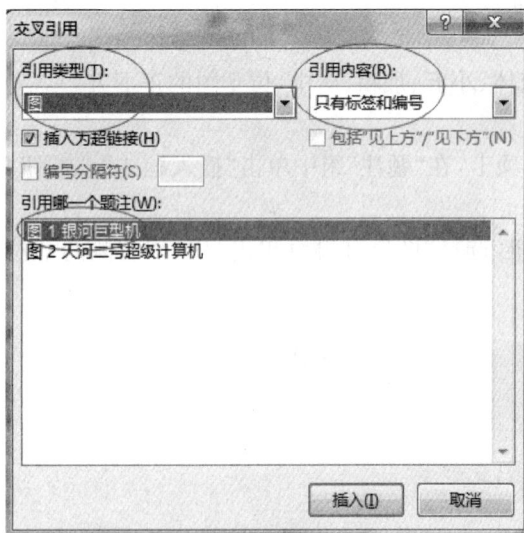

图 2-49 "交叉引用"对话框

③ 在"引用类型"的下拉列表中选择"图"，此时在"引用哪一个题注"列表中出现标签为"图"的全部题注，选择需要引用的题注。

④ 在"引用内容"中选择"只有标签和编号"，单击"插入"按钮，然后再单击"关闭"按钮。

⑤ 将插入的交叉引用文字设置为"my正文"格式。

在文档第 5.3 节第 2 段第二行"并设计研制出更高性能的高速互联网络。"句子后插入"天河二号超级计算机如图 2 所示。"，其中将"图 2"设置以交叉引用方式引用。操作步骤同上。

完成效果参看 PDF 文档"长论文_样张.pdf"。

注意：交叉引用的前提条件是文档中的图、表等都事先插入了题注，然后在文档论述中提及此图和表时，才能交叉引用。

8. 插入尾注

撰写论文时，参考文献都要求在正文中标明引用之处，若删除或增加一篇参考文献，就需要通篇修改文档，故参考文献的修改操作很麻烦。为此，可用 Word 中的尾注解决此类问题。

在文档中插入尾注的操作步骤如下：

① 将光标定位到第 2.1 节第 1 段落中要插入尾注的位置（紫色文字[1]前），单击"引用"选项卡下"脚注"组的对话框启动器，打开"脚注和尾注"对话框，如图 2-50 所示。

② 选择"尾注"，设置尾注位置为"文档结尾"，编号格式为"1、2、3…"，单击"插入"，则在该处插入了一个上标"1"，而光标自动跳到文档最后的尾注编号"1"处（即上标"1"后面）。

③ 选中尾注编号"1"，按快捷键"【Ctrl】+【Shift】+【=】"，使原来上标显示的尾注编号恢复正常位置，然后设置字体为宋体，字号小四，在左右加上"["和"]"符号（即为[1]形式），将文档中原来[1]后的参考文献内容剪切到此处，删除原来的[1]，操作效果如图 2-51 所示。

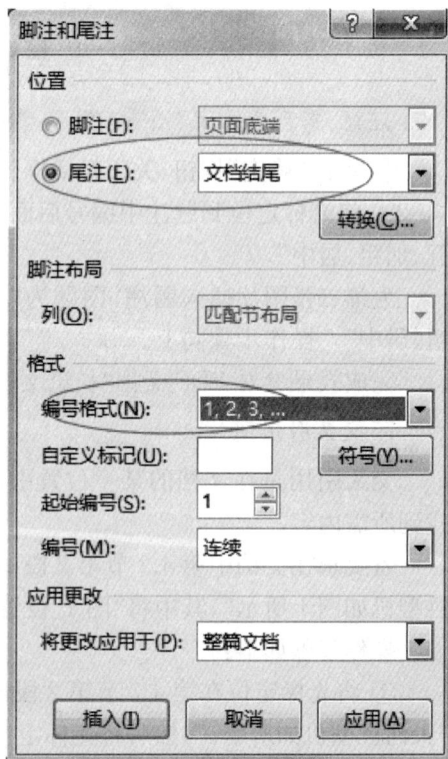

图 2-50 "脚注和尾注"对话框

[1]　贝尔纳.D．科学的社会功能．陈体芳 译．北京：商务印书馆，1982：24L

图 2‑51　插入尾注内容效果

④ 再双击此处"[1]"中的 1，使光标重新定位到了正文中尾注编号"1"的位置，在"1"前后插入上标符号"["和"]"，然后删除原来的紫色文字，完成效果如图 2‑52 所示。

> **2.1 新中国成立前**
>
> 　　第二次世界大战全面爆发前夕，科学学的创始人、英国学者贝尔纳指出"科学与战争一直是极其密切地联系着的；实际上，除了 19 世纪的某一段期间，我们可以公正地说：大部分重要的技术和科学进展是海陆军的需要所直接促成的。"⑪1946 年 2 月诞生于美国阿伯丁弹道管试验室的世界上第一台电子计算机 ENIAC，迫不及待地证明了贝尔纳这一见解的正确性。不仅如此，中国计算机的发展历程也是有力佐证之一。

图 2‑52　插入尾注编号效果

用同样操作方法处理正文中其他 5 处需要插入尾注的地方（文档中紫色文字[2]～[6]），分别依次插入尾注编号和内容，并进行相应格式设置，然后删除第 6 节"6 参考文献"中的数字"6"。完成效果如图 2‑53 所示，或参看 PDF 文档"长论文_样张.pdf"。

> **参考文献**
>
> [1]　贝尔纳.D．科学的社会功能．陈体芳 译．北京：商务印书馆，1982：24L
> [2]　齐德学．朝鲜战争决策内幕．沈阳：辽宁大学出版社，1991：370
> [3]　梁吟藻．回顾过去，展望未来中国科学院计算技术研究所三十年．北京：中国科学院计算技术研究所
> [4]　徐祖哲．光明人物：康鹏和中国首台晶体管计算机．光明日报，2008
> [5]　赵阳辉，吴迪．银河亿次巨型计算机工程组织管理研究．科技管理研究，2010
> [6]　周兴铭，赵阳辉．慈云桂与中国银河研究群体的发展历程．中国科技史杂志，2005

图 2‑53　插入尾注内容效果

在页面视图下，仔细观察图 2‑53 会发现，在"参考文献"和下面引用的尾注内容之间有一条称为"尾注分隔符"的短横线，如果尾注内容跨页了，在跨页的地方还会出现一条称为"尾注延续分隔符"长横线，它们是尾注的标志，无法选中，也无法删除。但一般科技论文格式中都不需要这样的横线，故需要删除。

删除"尾注分隔符"和"尾注延续分隔符"的操作步骤如下：

① 单击"视图"选项卡"视图"组中的"草稿"[草稿]按钮，将文档设置为"草稿"模式。

② 按【Ctrl】+【Alt】+【D】组合键，将文档编辑界面分为上下两个窗口，其中位于下方的编辑框为"尾注"编辑框。

③ 打开"尾注"编辑框的"尾注"下拉列表，选择"尾注分隔符"，此时出现一条横线，选中该横线并按【Del】键删除。

④ 再选择"尾注"下拉列表中的"尾注延续分隔符"，此时也会出现一条横线（这是尾注

分页时会出现的很长的横线），选中该横线并按【Del】键删除。

⑤ 关闭"尾注"编辑框，然后单击"视图"选项卡"视图"组中"页面视图"按钮，将文档恢复为"页面视图"模式。

完成效果可参看 PDF 文档"长论文_样张.pdf"。

9. 插入目录

在对文档中所有标题都设置了正确的大纲级别后，这些段落标题就可以自动被提取出来作为目录中的一个标题，从而自动生成目录。

在本文档第 2 页（摘要页后面）插入目录，显示级别为 2 级，目录 1 和目录 2 样式要求修改为宋体，小四号，左缩进字符为 0。

插入目录的操作步骤如下：

① 将光标定位在文档第一页摘要的后一段落，输入"目录"二字，并设置为"宋体，四号，加粗，居中"。

② 单击"引用"选项卡"目录"组中的"目录"按钮，在弹出的下拉列表中选择"自定义目录(C)…"命令，打开"目录"对话框，如图 2-54 所示。

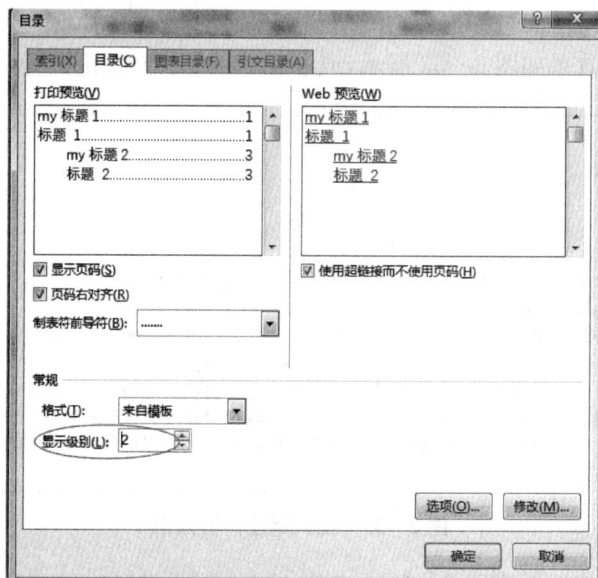

图 2-54 "目录"对话框

③ 点击"目录"标签，设置"显示级别"为"2"。

④ 单击"修改"按钮，打开如图 2-55 所示"样式"对话框，选择要设置格式的目录级别，比如"目录 1"，然后单击该对话框中"修改"按钮，打开如图 2-56 所示"修改样式"对话框。

⑤ 将"目录 1"修改为"宋体、小四"，左缩进字符为 0，单击"确定"按钮返回图 2-55 所示的"样式"对话框。

⑥ 再次选择"目录 2"，将其样式同样修改为"宋体、小四"，左缩进字符为 0。完成各项设置后，依次单击"确定"按钮，关闭"目录"对话框。

⑦ 在文档中生成的目录后，点击"插入"选项卡下"页面"组中"分页"按钮，使插入的目录单独一页。

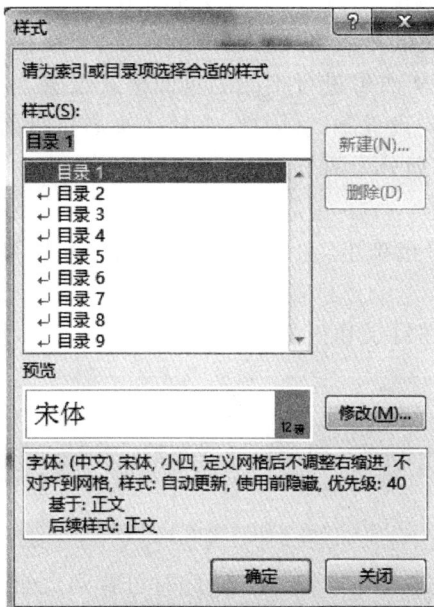

图 2-55 "样式"对话框

图 2-56 "修改样式"对话框

插入目录效果如图 2-57 所示，或参看 PDF 文档"长论文_样张.pdf"。

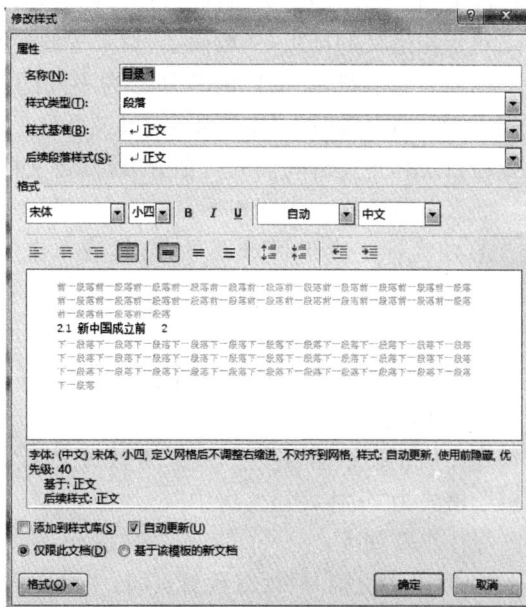

图 2-57 插入目录效果

> **说明**：当修改了正文中的标题后，为了使目录中的标题及时对应正文中的标题，可以对目录进行更新。右击目录并选择"更新域"命令，打开"更新目录"对话框，选择对应选项即可。

10. 插入分节符、页眉和页脚

（1）插入分节符

分节符是指为表示节的结尾插入的标记。分节符包含节的格式设置元素，不仅可以将文档内容划分为不同的页面，而且还可以分别针对不同的节，进行页面设置操作。

对于长论文的排版，一般摘要、目录等内容和正文的排版格式要求不同，故需要在相关的页面插入分节符，把文档内容划分为不同的页面，从而可进行不同的页面格式设置。本文档插入页眉页脚时，要求摘要页、目录页与正文格式设置不同，因此，在插入页眉页脚前，先要在目录和正文之间插入一个分节符，将文档内容划分为两节。

插入分节符操作步骤如下：

① 将光标定位于目录页下方，然后单击"布局"选项卡"页面设置"组中的"分隔符" `分隔符` 按钮。

② 在打开的下拉列表中选择"下一页"后，就会在目录和正文之间插入一个分节符，从而将目录和正文分为不同的页面。

（2）插入页眉

在文档正文中插入页眉，要求奇数页文字为"国之重器"，偶数页文字为"天河高性能计算机"，格式为"宋体，五号，居中"。

操作步骤如下：

① 双击正文第一页（奇数页页眉）中的页眉区域进入页眉编辑状态，此时可看到页面左侧显示了节编号。

② 单击"页眉和页脚工具"→"设计"选项卡，在"选项"组中选中"奇偶页不同"复选框；"导航"组中单击"链接到前一条页眉"按钮，关闭该按钮，从而断开了与上一节之间的链接关系，如图2-58所示。

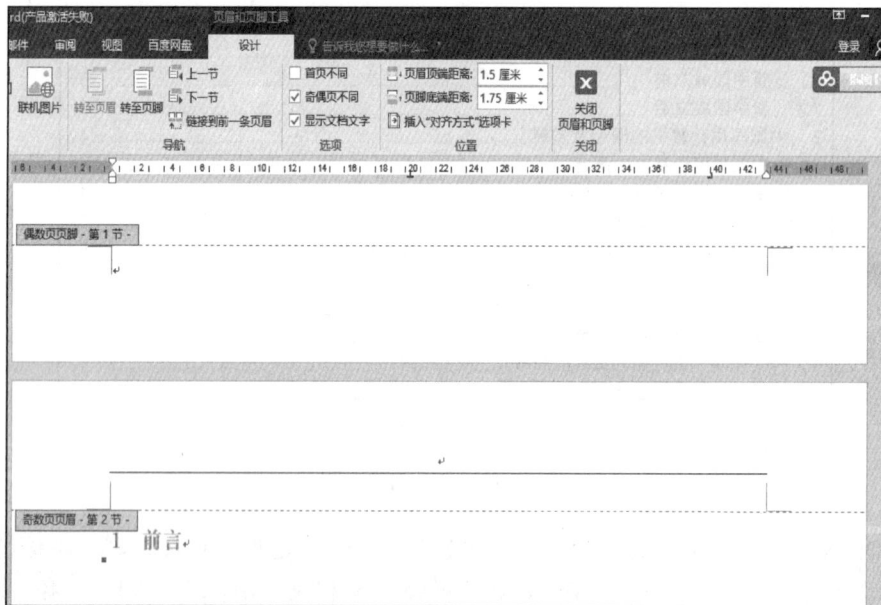

图2-58　分节和关闭与上一节之间的链接关系后

③ 在奇数页页眉编辑区中输入"国之重器"，设置格式为宋体、五号，居中。

④ 将光标移至正文第二页（偶数页页眉）中的页眉区域，在"导航"组中单击"链接到前一条页眉"按钮，关闭该按钮，从而断开了与上一节之间的链接关系。

⑤ 在偶数页页眉编辑区输入"天河高性能计算机",设置格式为宋体、五号,居中。

⑥ 双击页眉和页脚以外的区域,或者单击"关闭"组中的"关闭页眉和页脚"按钮,退出页眉或页脚编辑状态。

插入页眉后,正文奇数页和偶数页页眉显示效果如图 2-59 所示。

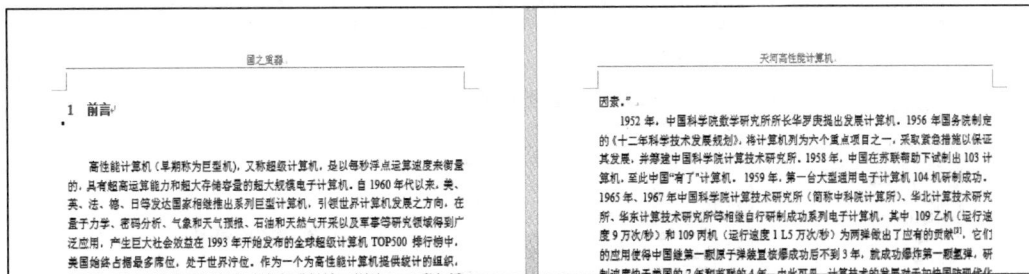

图 2-59 正文奇数页和偶数页页眉显示效果

（3）插入页脚

在文档摘要页和目录页插入页脚,要求文字为大写罗马数字,比如"Ⅰ",字体格式为宋体,五号,居中。

操作步骤如下:

① 双击摘要页页脚进入页脚编辑状态,单击"开始"选项卡"段落"组中"居中"按钮,使光标居中。

② 在"插入"选项卡"页眉和页脚"组中单击"页码"→"当前位置"→"普通数字",在光标处插入页码数字"1"。

③ 选中页码数字"1",设置字体为"宋体,五号",然后单击"页码"→"设置页码格式"打开如图 2-60 所示"页码格式"对话框,参照图中画圈部分进行设置,单击"确定"按钮。

④ 双击目录页页脚,重复以上步骤,然后退出页眉或页脚编辑状态。

在文档正文中插入页脚,要求文字为"第××页,共××页",字体格式为宋体,五号,居中。

操作步骤如下:

① 双击正文第 1 页页脚(奇数页页脚)进入页脚编辑状态,在"页眉和页脚工具"→"设计"选项卡的"导航"组中单击"链接到前一条页脚"按钮,关闭该按钮,从而断开了与上一节之间的链接关系。

② 输入文本"第页,共页",然后将光标移到"第"和"页"之间。

③ 在"插入"选项卡"页眉和页脚"组中单击"页码"→"当前位置"→"普通数字",在光标处插入页码数字"1"。

④ 单击"页码"→"设置页码格式"打开如图 2-60 所示"页码格式"对话框,选中"页码编号"中的"起始页码"单选项,单击"确定"按钮。

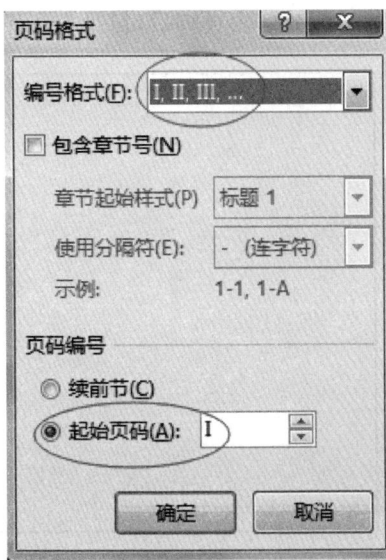

图 2-60 "页码格式"对话框

⑤ 将光标移到"共"和"页"之间，单击"插入"选项卡"文本"组的"文档部件"按钮，在下拉列表中选择"域（F）…"，打开如图 2－61 所示"域"对话框，在"域名"中选择"SectionPages"，在"格式"中选择"1，2，3，…"，然后单击"确定"按钮。

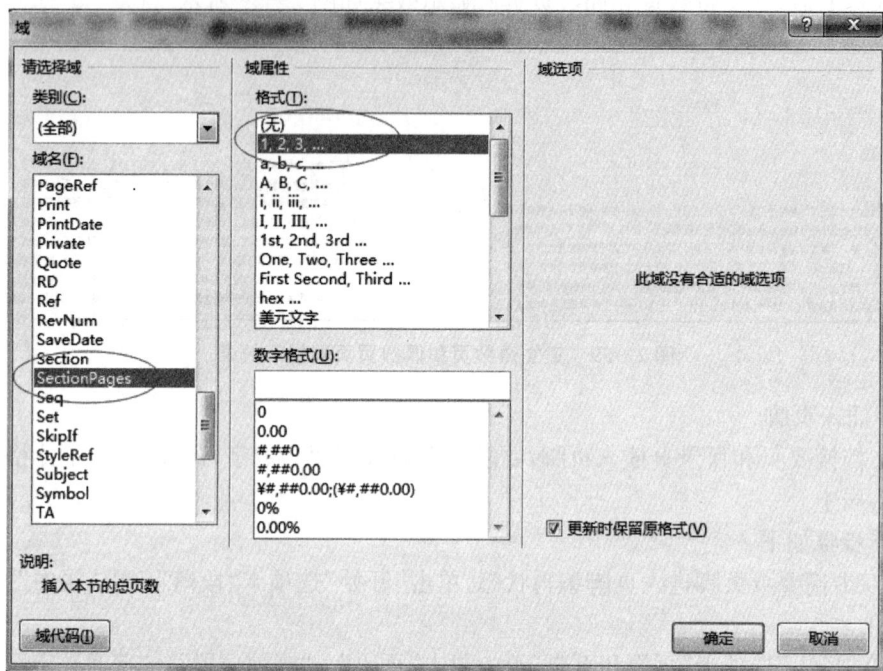

图 2－61　"域"对话框

⑥ 设置插入的页脚格式为宋体，五号，居中。

⑦ 单击正文第 2 页页脚（偶数页页脚），重复以上①～⑥操作，然后退出页眉或页脚编辑状态。

分节插入页脚后，目录页和正文第 1 页页脚显示效果如图 2－62 所示。

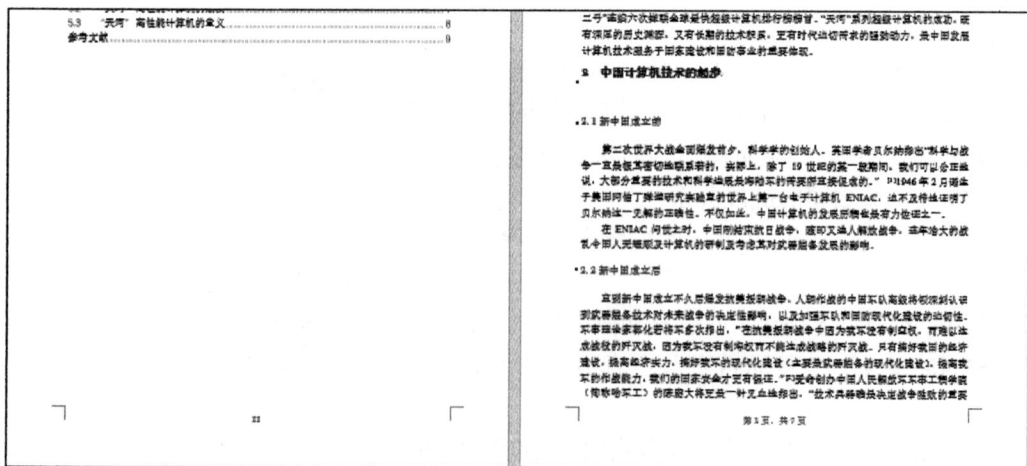

图 2－62　分节设置页脚后效果

说明:在正文中插入页码编号从1开始的页码,也可在正文第一页插入页码,按顺序点击"插入"→"文本"→"文档部件",打开"域"对话框,在"域名"中选择"Page",在"格式"中选择"1,2,3,…"即可。

11. 更新目录

在对文档正文部分页码重新编排后,与之相应的目录也要更新调整。

更新目录操作如下:

① 单击目录页中的目录。

② 在"引用"选项卡的"目录"组中"更新目录" 按钮,打开"更新目录"对话框,如图2-63所示。

③ 在对话框中选择"只更新页码",再按"确定"即可。

目录更新后效果可参看 PDF 文档"项目3长论文_样张.pdf"。

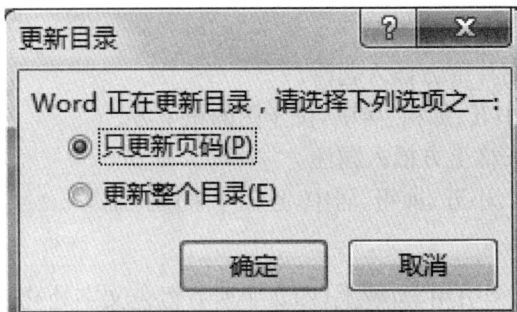

图 2-63 "更新目录"对话框

12. 保存文档,然后退出 word

项目3最终效果可参看 PDF 文档"长论文_样张.pdf"。

四、实战练习和提高

打开文档"项目3练习_原始材料.docx",另存为"练习.docx",然后对文档按以下步骤和要求进行排版。操作时可参考 PDF 文档"练习_样张.pdf"。

1. 页面设置

设置纸张大小为 A4,左、右、下边距为2.5厘米,上边距为2.8厘米。

2. 样式的创建与应用

文档中含有3个级别的标题,其文字分别用不同的颜色显示,按表2-4所示要求创建文档标题和正文样式,然后应用到文档中相应部分。

表 2-4 样式格式

文字颜色	样式名	格式
红色	my 标题1	宋体、四号、粗体、段前、段后0.5行,大纲级别为1级
蓝色	my 标题2	宋体、小四、粗体、段前、段后0.5行,大纲级别为2级
绿色	my 标题3	宋体、小四、粗体、段前、段后0.5行,大纲级别为3级

文字颜色	样式名	格式
黑色(不含题注)	my 正文	宋体、小四，字符间距：标准。首行缩进 2 字符。行间距：固定值 18 磅，段前和段后均为 0 磅。西文、数字等符号均采用 Times New Roman 字体。

3. 通过多级列表设置标题的编号

采用多级列表方式为文档中应用"my 标题 1""my 标题 2"和"my 标题 3"的标题设置诸如 1、1.1、1.1.1 样式的编号。

4. 在画布上重新绘制论文中功能模块图

在文档图 1 后面依照原图重新画一幅"图 1 系统功能模块图"。然后删除论文中的原图。

5. 插入题注

（1）在文档中所有图片下方插入题注。

题注格式为：宋体、小五、加粗、居中，位于图的正下方。

（2）在文档中所有表格上方插入题注

题注的格式为：宋体、小五、加粗、居中，且位于表的正上方。

6. 插入交叉引用

请在文档中多处"交叉引用"位置上（即文中所有橙色文字处）交叉应用相关图片。

7. 插入尾注

将文档中所有参考文献及引用处，以尾注方式插入。

8. 插入目录

在文档首页插入目录。

9. 插入分节符、页眉和页脚

（1）插入分节符

在目录页和正文之间插入一个分节符。

（2）插入页眉

在正文中插入页眉，奇数页文字为"公交车辆管理系统"，偶数页文字为"毕业论文"，格式为"宋体，小五，居中"。

（3）插入页脚

在正文中插入页脚，文字内容为"第××页，共××页"，字体格式为宋体，小五，居中。

10. 更新目录

11. 保存文档，然后退出 word

项目 3 练习最终效果参看 PDF 文档"项目 3 练习_样张.pdf"。

模块三

电子表格软件 Excel 2016

Excel 是目前国际上广泛应用的专业化的电子表格软件,它是 Microsoft Office 办公系列软件的重要组成部分。它具有友好的操作界面,能够方便、快捷地完成电子表格的编辑和美化,并据此生成各类图表;具有强大的数据处理与分析功能,能够对表格数据进行复杂的公式、函数计算,以及排序、筛选和分类汇总等操作,还能够生成数据透视表、数据透视图等,因此被广泛应用于日常数据处理以及财务、金融、审计、统计等经济管理领域。

3.1 Excel 2016 新特性

Excel 自诞生以来经历了若干版本,其基本功能归纳如下:

1. 方便的表格制作能力

在 Excel 中,能够快捷地建立工作簿文件,并在其中的工作表中进行数据录入、编辑和格式化等操作。

2. 强大的计算能力

Excel 提供了功能强大的各类函数,通过公式和函数,能够实现复杂的计算。

3. 丰富的图表表现能力

Excel 能够根据工作表数据生成多种类型的统计图表,并提供对图表的修饰功能,以满足用户的不同需求。

4. 快捷的数据分析能力

Excel 能够对表格数据进行排序、筛选和分类汇总等多种数据库操作,能够生成数据透视表和数据透视图,通过简单的操作,就可以快速实现上述功能,满足用户基本的数据分析需求。

5. 数据共享能力

利用数据共享功能,能够实现多个用户共享同一个工作簿文件,同时对该文件进行操作,与超链接功能结合,实现远程或者本地多人对工作表的协同操作。

Excel 2016 相较于前期的版本，功能上有所提升，界面设计也做了一些变化。Excel 2016 的新特性如下：

1. 更加丰富的 Office 主题

Excel 2016 不仅有经典的白色，还有彩色和深灰色，可以满足不同人的需求。

2. 功能强大的 Office 助手

Tell me 是全新的 Office 助手，当用户在"告诉我您想要做什么……"文本框中输入需要提供的帮助时，Tell me 能够引导至相关命令，并利用带有"必应"支持的智能查找功能检查资料。如输入"表格"关键字，在下拉菜单中即会出现插入表格、套用表格样式、表格样式等，另外也可以获取有关表格的帮助和智能查找。Tell me 对于 Excel 初学者，可以快速找到需要的命令操作，也可以加强对 Excel 的学习。

3. 数据分析功能的强化

如今，大数据早已成为一个热门的技术和话题，Excel 也在适应着大数据时代的发展，不断强化数据分析的功能。Excel 2016 增加了多种图表，比如表示相互结构关系的树状图、分析数据层次占比的旭日图、判断生产是否稳定的直方图、显示一组数据分散情况的箱形图和表达数个特定数值之间的数量变化关系的瀑布图等；Excel 2016 增加了 Power Map 插件，可以将表格中包含城市名字或经纬度的数据标记在相应的位置，生成一个可以转动、可以随时添加数据的地球；Excel 2016 数据选项卡增加了 Power Query 工具，从而可以跨多种源查找和连接数据，从多个日志文件中导入数据等；增加了预测功能和预测函数，可根据目前的数据信息预测未来数据发展态势。另外，与 Power BI 相结合，可访问大量的企业数据，数据分析功能更为强大。

4. 跨平台应用

从 Office 2013 开始，微软公司就实现了电脑端与手机移动端的协作，用户可以随时随地实现移动办公。而在 Office 2016 中，微软公司强化了 Office 的跨平台应用，用户可以在很多电子设备上审阅、编辑、分析和演示 Office 2016 文档。比如，使用 OneDrive 云存储功能，可以在不同的平台或设备中打开保存的文档，另外，还可以共享某个文档，并与其他人协同完成这个文档的编辑。

5. 新增墨迹公式功能

在 Excel 2016 中添加墨迹公式功能，用户可以使用手指或触摸笔在编辑区域手动写入数学公式，操作起来更加简单便利。

3.2   Excel 2016 使用基础

3.2.1   Excel 2016 的窗口组成

启动 Excel 2016 后，单击"空白工作簿"按钮，系统将新建一个名为"工作簿 1"的工作簿文件，工作窗口如图 3-1 所示。

与其他的 Windows 应用程序一样，Excel 2016 的工作窗口由快速访问工具栏、标题栏、功能区、工作簿编辑区、状态栏和视图栏等部分组成。

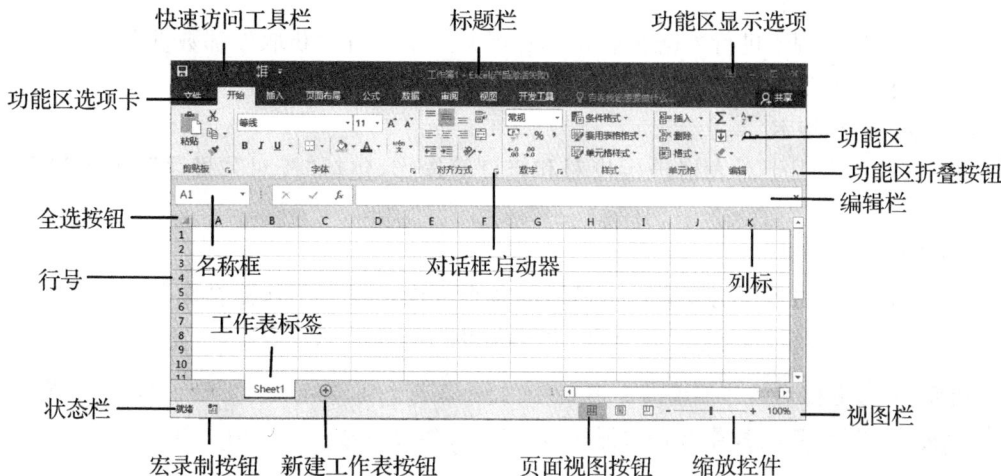

图 3-1　Excel 2016 的窗口组成

1. 快速访问工具栏和标题栏

快速访问工具栏用于放置常用命令按钮,使用户能够快速启动这些命令。在默认情况下,快速访问工具栏中只有少量命令按钮,用户可以根据需要自行添加。

标题栏用于显示当前工作簿文件的文件名,其中的"功能区显示选项"按钮可以控制功能区的显示或隐藏,右侧的"最小化"按钮、"最大化(还原)"按钮和"关闭"按钮,可用来控制 Excel 2016 应用程序。

2. 功能区

在 Office 2016 中,Microsoft 对用户界面进行了巨大的改动,传统的菜单和工具栏被功能区所替代。功能区包含若干个围绕特定方案或对象组织的选项卡,每个选项卡根据功能不同又细化为几个组,在每个组中有相应的命令按钮或组合框,用来完成各种任务。功能区可以显示,也可以隐藏。以下是对 Excel 2016 各选项卡的概述。

(1)"开始"选项卡

"开始"选项卡用于对表格中的文字进行编辑,对单元格格式进行设置,包含了用户最常用的命令。如剪贴板命令、格式命令、样式命令、插入和删除行或列的命令,以及各种工作表编辑命令。

(2)"插入"选项卡

"插入"选项卡用于在表格中插入各种对象,比如表格、图片、图表、符号,以及艺术字、页眉页脚、文本框等。

(3)"页面布局"选项卡

"页面布局"选项卡用于设置表格页面格式,包括"主题""页面设置""工作表选项"等组,也包括一些与打印有关的设置。

(4)"公式"选项卡

"公式"选项卡主要用于进行各种计算,其中包括"函数库""定义的名称""公式审核"和"计算"等选项。

（5）"数据"选项卡

"数据"选项卡用于进行数据获取和分析相关操作，包括"获取外部数据""连接""排序和筛选""数据工具""分级显示"等组。

（6）"审阅"选项卡

"审阅"选项卡用于对表格进行校对和修订等操作，包括"校对""批注""更改""语言"等组。

（7）"视图"选项卡

"视图"选项卡用于控制表格窗口显示的各个方面，包括"工作簿视图""显示""显示比例""窗口"和"宏"等组。此选项卡中的一些命令也可以在状态栏中获取。

> **提示**：在某些组的右下角会有这样的小图标，这个图标被称为对话框启动器，单击它将打开相关的对话框或任务窗格，提供与该组相关的更多选项。

（8）"开发工具"选项卡

默认情况下不会显示这个选项卡，它包含的命令对程序员有用。要显示该选项卡，必须打开"Excel 选项"对话框，在"自定义功能区"中进行设置。

以上为 Excel 2016 标准的功能区选项卡，但是通过安装加载项，Excel 2016 可以显示其他选项卡。

> **注意**：虽然"文件"按钮与各个选项卡共享了一些空间，但是它并不对应一个选项卡，而是 Backstage 视图，其左侧包含一些命令，可以对文档进行操作，要退出该视图，单击左上角的"返回"按钮即可。

3. 工作簿编辑区

由于 Excel 的数据管理和分析、表格创建等主要功能均在工作表中完成，所以 Excel 工作簿编辑区常被称为工作表编辑区。在默认状态下，工作表编辑区主要包括以下 6 个对象：

① 名称框：用于显示活动单元格的地址。

② 编辑栏：用于输入或者修改活动单元格中的数据或公式。

③ 单元格：编辑区的主要组成部分，是 Excel 输入数据和组成工作表的最小单位。

④ 行号与列标：用来表示单元格的位置，如 A1 表示该单元格位于 A 列 1 行。

⑤ 全选按钮：单击该按钮，可以选中整张工作表。

⑥ 工作表标签：用于标识工作表的名称，通过单击不同的工作表标签可以在不同的工作表之间切换。

⑦ 新建工作表按钮：打开的 Excel 2016 工作簿文件中默认有一张工作表 Sheet 1，单击"新建工作表"按钮可以新建一张新的空白工作表。

4. 状态栏和视图栏

状态栏和视图栏都位于操作窗口的最下方。状态栏显示了当前的工作状态及相关信息；视图栏则提供了多种文件查看方式，并可通过"缩放控件"调整界面的显示比例。

3.2.2　Excel 2016 的相关概念

工作簿、工作表、单元格和单元格区域是 Excel 2016 的基本组成元素。

1. 工作簿

在 Excel 中,创建和打开的每一个文档都被称为工作簿,文件扩展名为 xlsx。每个工作簿由一个或多个工作表组成。和以前的版本不同,在 Excel 2016 默认情况下,一个工作簿中只包含 1 个工作表,即 Sheet 1。当然,根据需要可以插入新的工作表或删除已有工作表。通常,一个工作簿文件最多包含 255 张工作表,每个工作簿至少包含一张工作表。

> **注意**:在 Excel 的早期版本中,可以打开多个工作簿文件,并使它们显示在一个 Excel 窗口中。从 Excel 2013 开始,一个 Excel 窗口中只包含一个工作簿文件。如果创建或者打开第二个工作簿文件,该文件会显示在一个单独的窗口中。

2. 工作表

工作表是显示在工作簿窗口中的表格,每个工作表包含 1048576 行和 16384 列。在工作表中,可以存储和处理文本、数字、公式、图表以及声音等各种类型的数据。

3. 单元格

单元格是构成 Excel 工作表的基本单位,输入工作表的数据都将存储并显示在单元格中。单元格的列标号(大写英文字母)和行标号(数字)组合起来赋予每个单元格一个唯一的地址,规定列标号在前,行标号在后,如 A5,B12 等。选中后的单元格用黑色粗框标识,称为"活动单元格"。

4. 单元格区域

单元格区域是指在实际操作中被选中的一组连续或非连续的单元格。选中后的单元格区域呈高亮度显示。一个连续的单元格区域可以用其左上角和右下角的两个单元格地址来表示,如 A1:D4 代表的是由 A1 和 D4 为对角单元格组成的矩形区域;多个不连续的单元格区域可用逗号连接起来表示,如 A1:D4,F3:H8。

3.2.3 单元格的基本操作

1. 选定单元格

选定单元格的方法有两种:

(1)用鼠标直接单击单元格,此时该单元格的外侧出现黑色边框,同时在名称框内显示该单元格的名称。被选定的单元格称为活动单元格或者当前单元格。

(2)在工作表的名称框内直接输入要选定的单元格地址,按【Enter】键即可。

2. 选取单元格区域

单元格区域中的单元格可以是相邻的,也可以是不相邻的,不同情况下的选取方法不同。

(1)选取相邻的单元格区域

方法一:单击位于矩形区域左上角的单元格,然后按住鼠标左键并拖动至矩形区域右下角的单元格,释放鼠标。

方法二:单击位于矩形区域左上角的单元格,按住【Shift】键,单击右下角的单元格。

方法三:定位法。比如,要选取单元格区域 A4:W324 时,在名称框中输入 A4:W324,然后按下回车键【Enter】即可。当选择大片区域时,定位法最方便。

(2) 选取不相邻的单元格区域

先选取一个单元格或单元格区域,在按住【Ctrl】键的同时选中其他单元格或单元格区域,即可选取多个不连续的单元格区域。

3. 选取行和列

用鼠标单击行号或者列号,可选定行或列。要选定多个不连续的行或列时,可以在按住【Ctrl】键的同时,用鼠标单击要选的行号或列号。

4. 选取整个工作表

选取整个工作表,可以单击工作表左上角的"全选"按钮▨或者按下【Ctrl】+【A】组合键。

5. 单元格的插入和删除

(1) 插入单元格

插入单元格是指在选中单元格的上方或左侧插入与选中单元格数量相同的空白单元格,具体操作步骤如下:

① 在要插入单元格的位置选中一个或多个单元格。

② 在"开始"选项卡的"单元格"选项组中单击"插入"按钮,在弹出的下拉菜单中选择"插入单元格"命令,弹出"插入"对话框,如图3-2所示,有4种插入方式。

③ 选择插入方式,然后单击"确定"按钮即可。

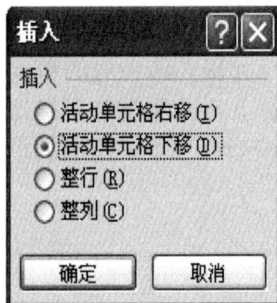

(2) 删除单元格

删除单元格与插入单元格刚好相反,删除某个单元格后,该单元格会消失,并由其下方或右侧的单元格填补原单元格所在位置,具体操作步骤如下:

① 选定要删除的单元格或单元格区域。

② 在"开始"选项卡中的"单元格"选项组中单击"删除"按钮,在弹出的下拉菜单中选择"删除单元格"命令,弹出与"插入"对话框类似的"删除"对话框。

③ 选择一种合适的删除方式,单击"确定"按钮即可。

图3-2 "插入"对话框

提示:行、列的插入和删除操作也与此类似。

3.2.4 数据的输入和编辑

1. 输入数据

输入数据的方法有两类,一类是通过鼠标和键盘直接输入,另一类是利用Excel的自动填充功能输入。

(1) 直接输入

一般的文本和数值,只需选中单元格,直接输入内容,或者在编辑栏中输入内容,只是在编辑栏中输入内容后要按【Enter】键。在默认情况下,单元格中的文本内容靠左对齐,数值靠右对齐。

以下几类数据输入时比较特殊,介绍如下:

● 输入分数时,应先输入 0 和空格,然后再输入分数,否则 Excel 会将其当做日期格式处理,存储为某月某日。

● 输入全部由数字组成的文本时,应在输入数据前先输入英文状态下的单引号,例如'0123406,此时 Excel 将其看作文本,使其沿单元格左侧对齐。

● 输入日期时,用"/"或者"一"来分隔年、月、日。

● 输入时间时,用冒号来分割小时、分钟和秒。Excel 一般把插入的时间默认为上午时间,若是输入下午时间,可以在时间后面加空格和 PM,如输入【4:45:05 PM】,还可以采用 24 小时制,如【16:45:05】。

> **说明:**输入系统当前日期的快捷键是【Ctrl+;】,输入系统当前时间的快捷键是【Ctrl+Shift+;】。

(2) 用"自动填充功能"输入

在工作表中,相同的数据或者有规律的数据,可以使用自动填充功能快速录入。

● 通过填充柄填充数据。填充柄是选定单元格后,出现在其右下角的黑色小方块。将鼠标移至填充柄,光标变成十字形状"╋"时,按下鼠标左键并拖动至目标单元格后松开,此时在选定区域的右下角出现智能标记 ，将光标移至智能标记,单击右侧出现的下拉箭头,弹出如图 3-3 所示的下拉列表,根据需要选择相应选项即可完成快速填充。

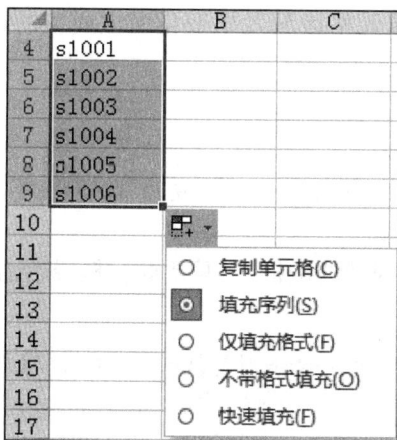

图 3-3　通过填充柄填充数据

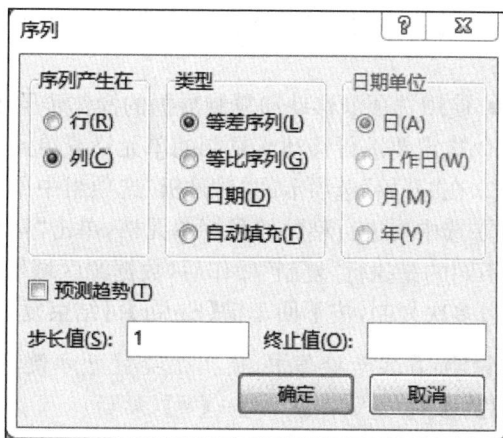

图 3-4　"序列"对话框

● 通过"填充"按钮填充数据。在"开始"选项卡的"编辑"组中,单击"填充" 按钮,在下拉菜单中选择"序列",打开"序列"对话框,如图 3-4 所示,在对话框中对序列产生在行还是列、序列的类型等作进一步的定义。

需要说明的是,Excel 为用户提供了一些序列,如果输入的数据属于某个序列中的一项,将按照该序列的规律进行填充;同时,Excel 还提供了用户自定义序列的功能,用户可以事先将有规律的数据定义成一种序列供自动填充时使用。在 Excel 2016 中,自定义序列功能的实现方法是:依次执行"文件"→"选项"→"高级"菜单命令,如图 3-5 所示,在"高级"选项卡的"常规"组中单击"编辑自定义列表"按钮 ，打开如图 3-6 所示的"自定义序列"对话框,在"输入序列"框中输入序列或者从工作表中导入序列,单击"确定"按钮即可。

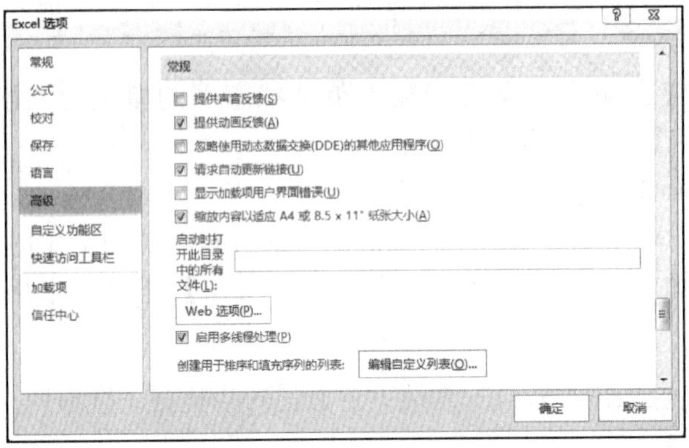

图 3-5　"Excel 选项"对话框 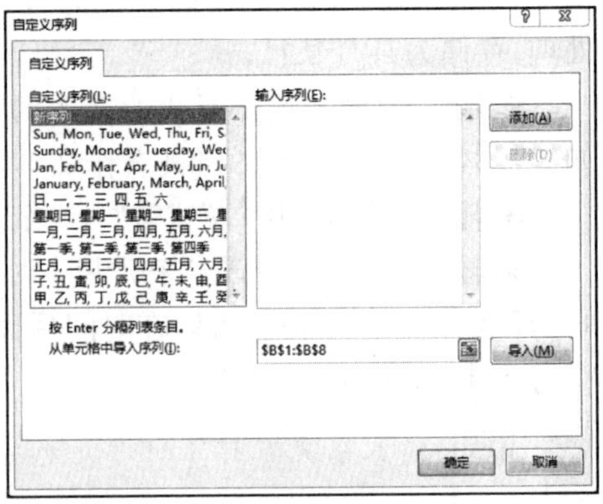　　　　　图 3-6　"自定义序列"对话框

注意：输入序列时，组成序列的数据项之间用逗号隔开，并使用英文半角符号。

2. 数据的移动、复制和清除

（1）数据的移动和复制

移动数据是指将某个单元格中的内容从当前的位置删除并放到另外一个位置；而复制数据是指原位置内容不变，同时把该内容复制到另外一个位置。如果原来的单元格中含有公式，移动或复制到新位置后，公式会因为引用的单元格区域发生变化而生成新的计算结果。

● 使用选项卡移动和复制数据的操作步骤如下：

① 选定要进行移动或复制的单元格或单元格区域。

② 在"开始"选项卡的"剪贴板"选项组中单击"剪切"按钮 ✂ 剪切 或"复制"按钮 📋 复制 。

③ 选中要进行粘贴的目标单元格，单击"粘贴"按钮 📋 。

不同的是执行"复制"操作后，数据源区域周围有闪动的虚框线，只要此虚框线不消失，就可以多次复制，按下回车键【Enter】可结束复制。

说明：在实际操作中，使用快捷键更方便，可用的快捷键分别是【Ctrl】+【X】（剪切）、【Ctrl】+【C】（复制）、【Ctrl】+【V】（粘贴）。

● 使用鼠标移动和复制数据的操作步骤如下：

① 选定要进行移动和复制的单元格或单元格区域。

② 把鼠标指针放在单元格或单元格区域周围的黑边框上，此时指针变为带有箭头的十字架。

③ 若移动数据，则按下鼠标左键，拖动源单元格到目标位置；若复制数据，则在按下鼠标左键的同时按住【Ctrl】键，然后移动鼠标到目标位置。

④ 释放鼠标左键，完成移动或复制。

（2）数据的清除

数据清除的对象是单元格中的数据，Excel 2016 可以有选择地清除数据的内容、格式、批注或全部。具体操作步骤如下：

① 选定要清除数据的单元格或单元格区域。

② 在"开始"选项卡的"编辑"组中单击"清除"按钮 🗑 清除，在打开的下拉菜单中选定清

除方式,完成清除。

> **说明:** 数据清除和删除是两种不同的操作,前者针对的对象是数据,而后者会将单元格连同其中的数据、格式等一并删除,因此会导致表格中部分单元格位置的变化。常用的删除键【Delete】仅具有清除数据内容的功能。

3. 选择性粘贴

在 Excel 2016 工作表中,使用"选择性粘贴"命令可以有选择地粘贴剪贴板中的数值、格式、公式、批注等内容,使复制和粘贴操作更灵活。

在"开始"选项卡中的"剪贴板"组中单击"粘贴"按钮,打开如图 3-7 所示的"选择性粘贴"组,选择其中的"粘贴方式"按钮,完成粘贴;或者单击"选择性粘贴"命令,打开如图 3-8 所示的"选择性粘贴"对话框,通过对话框来完成粘贴任务。对话框各区域的功能如下:

图 3-7 "选择性粘贴"组　　图 3-8 "选择性粘贴"对话框

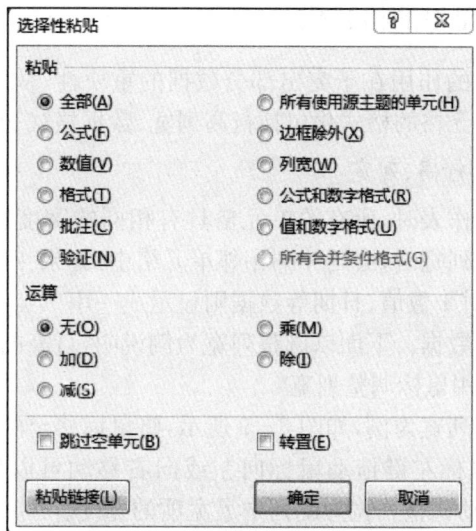

(1)"粘贴"区域

● 全部:包括内容、格式等,其效果相当于直接粘贴。
● 公式:仅粘贴文本和公式,不粘贴单元格格式等其他内容。
● 数值:仅粘贴计算结果。
● 格式:仅粘贴单元格格式,不改变目标单元格的文字内容。
● 批注:把源单元格的批注内容复制过来,不改变目标单元格的内容、格式。
● 验证:将源单元格的数据有效性规则粘贴到目标单元格,其他不变。
● 所有使用源主题的单元:粘贴全部内容,但使用文件源主题中的格式。该选项仅用于从不同的工作簿粘贴信息,此时,工作簿使用不同于活动工作簿的文件主题。
● 边框除外:粘贴除源区域中出现的边框以外的全部内容。
● 列宽:只粘贴列宽信息。
● 公式和数字格式:粘贴所有值、公式和数字格式(但无其他格式)。
● 值和数字格式:粘贴所有值和数字格式,而非公式本身。

（2）"运算"区域

● 无:源单元格不参与运算,按所选择的粘贴方式粘贴。

● 加:把源单元格内的值与目标区域的值相加,得到相加后的结果。

● 减:把源单元格内的值与目标区域的值相减,得到相减后的结果。

● 乘:把源单元格内的值与目标区域的值相乘,得到相乘后的结果。

● 除:把源单元格内的值与目标区域的值相除,得到相除后的结果(源区域的值不可为 0)。

（3）特殊处理区域

● 跳过空单元:当复制的源区域中有空单元格时,粘贴时不会用空单元格替换目标区域中对应单元格的值。

● 转置:将源区域中的数据行列互换。

3.2.5　单元格的格式化

格式化的作用在于突出部分数据的重要性,从而方便观察和分析数据,同时使版面更加美观。单元格的格式化包括行高列宽、数据格式、对齐方式、边框底纹等几个方面。

1. 设置行高、列宽

建立工作表时,所有的单元格具有相同的宽度和高度。在默认情况下,当单元格中的字符串超过列宽时,会延伸到相邻单元格中,如果相邻单元格中已有内容,则超长部分文字被隐去;而对于数值、日期等数据则显示成一串"######",因此需要调整行高和列宽,以便完整显示数据。下面以调整列宽为例说明,行高的设置与列宽类似。

（1）利用鼠标调整列宽

以调整列宽为例,如图3-9所示,将鼠标移至两列号交界处,鼠标形状发生变化,此时,如果按住鼠标左键拖动鼠标向左或向右移动可以任意调整列宽;如果双击鼠标左键,则Excel将自动调整列宽为此列中最宽项的宽度。

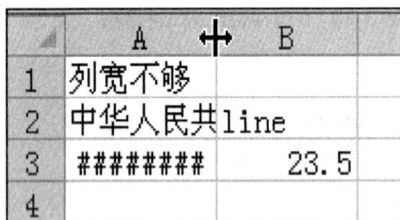

图3-9　改变列宽

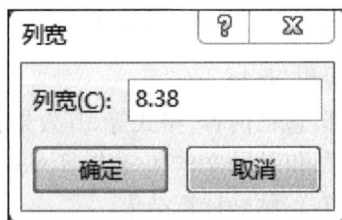

图3-10　"列宽"对话框

（2）利用格式菜单命令调整列宽

首先选中或者将光标定位于需要调整的列,然后在"开始"选项卡的"单元格"组中单击"格式"按钮 图 格式·,在弹出的下拉菜单中选择"列宽"命令,打开"列宽"对话框,如图3-10所示,输入新的列宽值并单击"确定"按钮,完成列宽设置。

如果选择"自动调整列宽"命令,将以选中列中最宽的数据为宽度自动调整。

2. 单元格格式化

设置单元格格式之前,应首先选定要设定格式的单元格或单元格区域,然后打开"单元格格式"对话框进行设置。打开"单元格格式"对话框的方法有多种，常用的有以下3种：

● 在"开始"选项卡中的"单元格"组中单击"格式"按钮，在弹出的下拉菜单中选择"设置单元格格式"命令。

● 右击鼠标，在弹出的快捷菜单中选择"设置单元格格式"命令。

● 单击"开始"选项卡中"字体"组或"数字"组或"对齐方式"组的对话框启动器。

如图 3-11 所示，打开的"设置单元格格式"对话框包括数字、对齐、字体、边框、填充和保护 6 个选项卡。

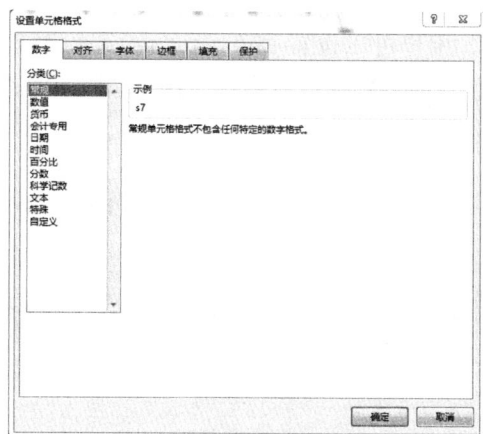

图 3-11　"设置单元格格式"对话框

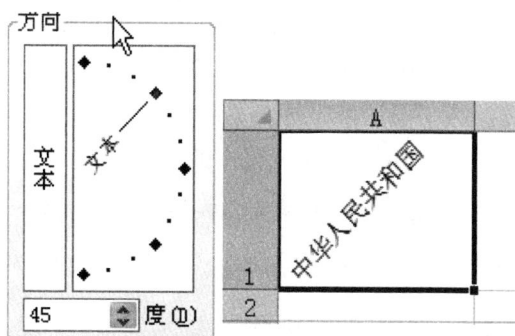

图 3-12　文本旋转角度设置及效果

● "数字"选项卡

用于格式化数据。Excel 2016 提供了大量的数据格式，并将它们分成常规、数值、日期、文本等多种类型。如果不做设置，输入时默认为"常规"格式。

● "对齐"选项卡

用于重新设置对齐方式。在 Excel 中不同类型的数据在单元格中以某种默认的对齐方式对齐。例如，文本左对齐、数值右对齐、逻辑值居中对齐等。如果对默认的对齐方式不满意，可以使用"对齐"选项卡重新设置对齐方式。

"文本对齐方式"控件组用于设置文本在水平方向和垂直方向的对齐方式。"水平对齐"下拉列表框包括常规、靠左、靠右、居中、填充、两端对齐、跨列居中、分散对齐，在靠左、靠右和分散对齐方式下可以设置缩进值；"垂直对齐"下拉列表框包括靠上、居中、靠下、两端对齐、分散对齐。

"文本控制"控件组用于解决单元格数据过长被隐去的现象。其中，"自动换行"使输入的文本根据单元格列宽自动换行；"缩小字体填充"可减小数据字号，使数据宽度与列宽相同；"合并单元格"可将选定的多个相邻的单元格合并成一个单元格，与"水平对齐"下拉列表框的"居中"结合，常用于表格标题的显示。

"方向"控件组用于设置竖排文本，或者设置单元格中水平文本旋转的角度（角度范围是$-90°\sim90°$），如图 3-12 所示为水平旋转 45° 的效果。

● "字体"选项卡

用于对单元格或单元格区域的字体、字形、字号、颜色、下划线、特殊效果（上标、下标、删除线）进行设置。

● "边框"选项卡

用于设置表格的边框线。在默认情况下，工作表中显示的单元格边框线是灰色的，这些灰色线条是打印不出来的。如果要打印边框线，必须重新设置。通过"边框"选项卡，可对单元格的外边框和单元格区域的内、外边框的线条样式、颜色等进行定义。

操作时要注意应先选定单元格或者单元格区域，然后选择好边框的样式和颜色，最后再应用于边框。

● "填充"选项卡

用于对单元格或单元格区域的背景进行设置。用户可以设置底色（背景色）和覆盖其上的图案（图案颜色和样式）或者选择"填充效果"按钮 填充效果(I)，设置水平渐变、垂直渐变等填充效果，并且通过"示例"框预览设置效果。

● "保护"选项卡

用于保护单元格。选中"锁定"复选框，可防止单元格被修改、移动或删除；选中"隐藏"复选框，则可隐藏单元格中的公式。

> **说明：** 通过"开始"选项卡中"字体"组、"对齐方式"组和"数字"组中的工具按钮，同样可以完成字体、对齐方式、数字格式、边框、填充等格式设置。

3.2.6 工作表的操作

对工作表的基本操作包括选择、插入、重命名、移动和复制、删除、打印等。

1. 选择工作表

处理工作表中的数据时，首先要选择该工作表，选择工作表可采用以下方法：

（1）选择单张工作表

用鼠标单击工作表标签即可。

（2）选择多张工作表

若要选择不连续的多张工作表，可先单击其中一张工作表的标签，按住【Ctrl】键，再单击其他工作表标签。

若要选择连续的多张工作表，可先单击第一张工作表的标签，按住【Shift】键，再单击最后一张工作表标签，从而选定这两张工作表之间的所有工作表。

（3）选定所有工作表

用鼠标右击任意工作表标签，在弹出的快捷菜单中选择"选定全部工作表"命令。

> **说明：** 当全部工作表被选中时，只需在其中任一工作表标签上右击鼠标，从弹出的快捷菜单中选择"取消组合工作表"命令可以取消选定。

2. 插入和删除工作表

（1）插入工作表

创建工作簿时默认生成的工作表经常不能满足用户的实际需要，因此在编辑工作簿时，可能要插入新的工作表，增加工作表的数目。插入工作表的方法如下：

● 通过菜单命令插入。在"开始"选项卡的"单元格"组中单击"插入"按钮,从弹出的下拉菜单中选择"插入工作表"命令,即可在当前工作表的左侧插入一张空白工作表。

● 通过快捷菜单插入。在工作表标签中右击,从弹出的快捷菜单中选择"插入单元格"命令,再从弹出的"插入"对话框中选中"工作表"图标,单击"确定"按钮即可。

● 通过"插入工作表"按钮插入。单击"工作表标签"中的"插入工作表"按钮⊕,在该按钮前将插入新工作表,并依次命名为 Sheet 2、Sheet 3 等。

(2) 删除工作表。删除多余的工作表可通过以下两种方法完成:

● 通过菜单命令删除。在"开始"选项卡的"单元格"组中单击"删除"按钮,在下拉菜单中选择"删除工作表"命令,完成删除操作。

● 通过快捷菜单删除。右击要删除的工作表的标签,在弹出的快捷菜单中选择"删除"命令,完成删除操作。

> **注意:**工作表被删除后,将永久消失。工作表删除是 Excel 无法撤销的少数几个操作之一。

3. 重命名工作表

Excel 2016 默认将工作表依次命名为"Sheet 1","Sheet 2"……默认工作表名既不直观又不便于记忆。重命名工作表功能可以为工作表取一个直观且易记的名称。其操作方法如下:

(1) 使用鼠标。双击要重命名的工作表标签,此时标签名呈黑色背景显示,输入新工作表名,按【Enter】键或单击标签外的任何位置,完成重命名操作。

(2) 使用菜单命令。选择要重命名的工作表,在"开始"选项卡的"单元格"组中单击"格式"按钮,在下拉菜单中选择"重命名工作表"命令,进入工作表标签编辑状态,输入新工作表名,按【Enter】键或单击标签外的任何位置,完成重命名操作。

(3) 使用快捷菜单。选中要重命名的工作表标签后右击,从弹出的快捷菜单中选择"重命名"命令,进入工作表标签编辑状态,输入新的工作表名称,按【Enter】键或单击标签外的任何位置,完成重命名操作。

> **注意:**工作表名称最多可以包含 31 个字符,并且可以包含空格。但是不能在名称中使用冒号(:)、斜线(/)、反斜线(\)、方括号([ ])、问号(?)和星号(*)。另外,工作表名称也不宜太长,否则会导致工作表标签过长,从而占用过多屏幕空间。

4. 移动和复制工作表

(1) 移动工作表

移动工作表是指将工作表从一个地方移至另一个地方。在同一个工作簿中移动,只是工作表位置发生变化;若在不同的工作簿间移动,则是将源工作簿中的表移到目标工作簿中,而源工作簿中的表不复存在。移动工作表的操作步骤如下:

① 选定工作表。

② 在"开始"选项卡"单元格"组中单击"格式"按钮,在打开的下拉菜单中选择"移动或复制工作表"命令,或者用鼠标右击工作表标签,在弹出的快捷菜单中单击"移动或复制"命令,打开"移动或复制工作表"对话框,如图 3-13 所示。

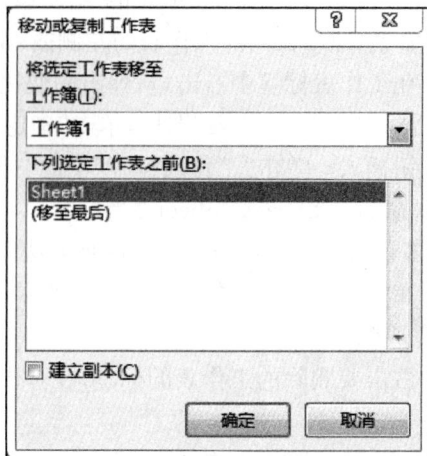

图 3 - 13   "移动或复制工作表"对话框

③ 在"移动或复制工作表"对话框中选择目标工作簿和位置，单击"确定"按钮完成移动。

（2）复制工作表

复制工作表是将工作表从一个地方复制到另一个地方。无论在源工作簿中还是目标工作簿中，工作表都存在。

复制工作表的操作与移动工作表类似，只是在"移动或复制工作表"对话框中选中"建立副本"复选框即可。

5.隐藏工作表

隐藏工作表的方法有以下两种：

（1）鼠标右击要隐藏的工作表标签，在弹出的快捷菜单中选择"隐藏"命令，工作表即被隐藏。

（2）在"开始"选项卡的"单元格"组中单击"格式"按钮，鼠标移至下拉菜单中的"隐藏与取消隐藏"命令，在打开的下级子菜单中选择"隐藏工作表"命令。

若要取消隐藏，相应的也有两种方法，分别如下：

（1）鼠标右击任意工作表标签，在弹出的快捷菜单中选择"取消隐藏"命令，打开"取消隐藏"对话框，在其中选择要取消隐藏的工作表名称，单击"确定"按钮，则该工作表重现。

（2）在"开始"选项卡的"单元格"组中单击"格式"按钮，鼠标移至下拉菜单中的"隐藏与取消隐藏"命令，在打开的下级子菜单中选择"取消隐藏工作表"命令，打开"取消隐藏"对话框，其后操作与（1）相同。

6.打印工作表

工作表做好以后通常需要打印输出，以便审阅、签名、存档等。

（1）打印工作表

在打印工作表之前，要进行一些必要的参数设置，其基本操作步骤如下：

① 打开"页面设置"对话框。在"页面布局"选项卡中，单击"页面设置"组或"调整为合

适大小"或"工作表选项"组的对话框启动器,打开"页面设置"对话框。

说明:依次单击"文件"→"打印",在弹出的"打印面板"中单击"页面设置",也可打开"页面设置"对话框。

② 设置参数。"页面"选项卡、"页边距"选项卡和"页眉/页脚"选项卡的参数设置与 Word 中基本类似,不再赘述。在此着重介绍"工作表"选项卡的参数设置,如图 3-14 所示。

打印区域:用于选定当前工作表中需要打印的区域,实现打印部分内容的功能。例如,需要打印区域 A1:F10 时,可以直接在"打印区域"文本框中输入:＄A＄1:＄F＄10,或者单击其右侧的折叠按钮后,直接用鼠标在工作表中选定该区域。

打印标题:用于设置每一页要打印的标题行和列,这样就不需要在每一页的开头都输入标题行。

网格线:决定是否在工作表中打印水平和垂直方向的网格线。

図 3-14　"工作表"选项卡

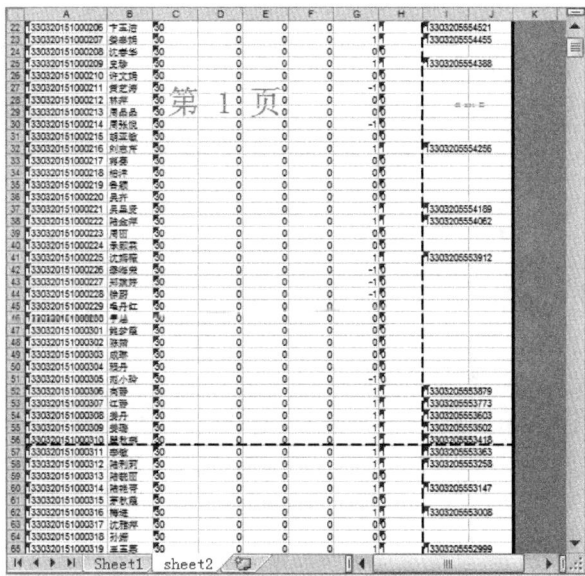

図 3-15　"分页预览"视图

单色打印:如果数据中有彩色的格式,而打印机为黑白打印机,则选择"单色打印";如果是彩色打印机,选择该选项可以减少打印时间。

草稿品质:选中此复选框,则 Excel 将不打印网格线和大多数图表,可以减少打印时间。

行号列标:设置在打印页中是否包括行号和列标。

批注:选择该选项可打印单元格的批注,在其右端还可以设置打印批注的方式。

打印顺序:为超过一页的数据选择打印的顺序,当选择了一种顺序时,可以在预览框中预览打印文档的方式。

说明:通过功能区的"页面布局"选项卡设置相关参数,更加方便快捷。

③ 单击"打印预览"按钮,弹出与 Word 中布局类似的打印面板,可以在右侧面板中查看打印效果,在左侧面板中修改有关参数。

④ 单击"打印"按钮 ，完成工作表的输出打印。

（2）分页打印

在"视图"选项卡的"工作簿视图"组中单击"分页预览"按钮，可以将当前视图切换到如图3-15所示的分页预览模式，用蓝色的虚线或者实线表示分页的位置。通过单击并拖动分页符，可以调整分页的位置。

如果想从某行开始另起一页打印，可以通过人工分页方法完成。设置人工分页的操作方法如下：

① 选取一个单元格或一行作为分页点，例如，要从第42行开始分页，可选取单元格A42或者直接选中第42行。

② 在"页面布局"选项卡的"页面设置"组中单击"分隔符"按钮 ，在弹出的下拉列表中单击"插入分页符"，此时在该行上方出现一个分页符。

在插入人工分页符后，可再拖动分页符调整分页。如果要删除分页符，只需再次选择该行，然后单击"分隔符"按钮，选择"删除分页符"命令即可。

项目一　**考勤信息表的制作**

【微信扫码】
Excel 项目 1 资源

一、内容描述和分析

1. 内容描述

考勤工作是人力资源管理的重要内容,通过考勤一方面规范企事业单位员工的行为,使其遵守劳动纪律,另一方面,了解目前人力资源的配置情况,比如,某部门加班人数和天数长期过多,就说明需要补充员工了。

本项目的任务是制作如图 3-16 所示的考勤信息表。要求:① 运用恰当的方法录入数据信息;② 按照出勤天数对加班、满勤和缺勤人员进行分类显示;③ 对出勤天数超过平均值和请假天数超过 3 天(含 3 天)的数据突出显示;④ 运用页面设置和格式设置功能美化表格,打印输出。

图 3-16　"考勤信息表"样张

2. 涉及知识点

本项目涉及各类数据的输入和编辑,行列的插入和删除,单元格的格式化,工作表的插入、删除、重命名、视图控制以及打印等基本操作,此外还包括条件格式、工作表保护、冻结窗格以及数据有效性等高级操作。

3. 注意点

在编制表格时,一般按照录入数据、处理数据、设置格式的顺序,若需要打印输出,在数据处理结束之后先设置页面参数,再设置其他格式;输入数据时注意选用复制、粘贴、序列填充等方法减少重复工作,通过设置数据有效性减少录入错误。

二、相关知识和技能

1. 条件格式

Excel 2016 除了可以对选定单元格或者单元格区域进行格式设置外，还可以根据单元格内容应用条件格式，即当单元格数据满足某种条件时，单元格显示成与该条件对应的单元格样式，所以条件格式是用于可视化数值型数据的有用工具。Excel 2016 的条件格式功能比较强大，其一，可以通过数据条、色阶、图标集等来标识不同的数据；其二，预置了多种单元格样式供选择；其三，允许设置的规则多达 64 个。

要对单元格或单元格区域应用条件格式，可首先选定这个单元格或者单元格区域，单击"开始"选项卡"样式"组中的"条件格式"按钮，在如图 3-17 所示的下拉菜单中，选择相应的菜单命令设置规则。可以选择的选项如下：

图 3-17 "格式"下拉菜单　　　　　图 3-18 "介于"对话框

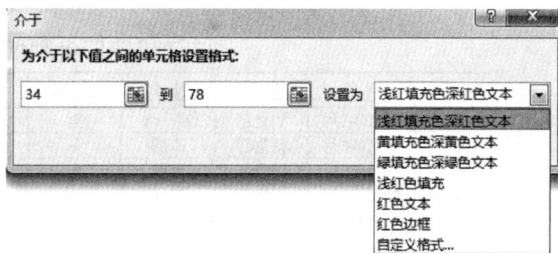

● 突出显示单元格规则：用于指定单元格数据大于、小于、等于某值，或介于某两个值之间，或者包含特定文本字符串、包含某个或者某段日期以及重复值的单元格格式。如图 3-18 所示，Excel 2016 中已经预置了一些格式，但是也可以选择"自定义格式"命令，自行定义单元格格式。

● 项目选取规则：用于指定单元格区域中其值最大的 10 项、最大的 10％项、最小的 10 项、最小的 10％项、高于平均值和低于平均值的单元格格式等。

● 数据条：用数据条的长度表示所选单元格区域的数值大小，长度越长，表示数值越大。子菜单中呈现了系统预置的样式，可以直接选用，也可以自定义规则。

● 色阶：用单元格的背景色表示单元格数值大小，每一个值对应一种颜色。若选择"其他规则"命令重新定义，通常可以定义为双色渐变或者三色渐变。

● 图标集：把数据按照大小分成若干类，每一类用一种图标表示。Excel 2016 预置了许多图标样式，可以直接选用，也可以通过"其他规则"命令进行自定义。

● 新建规则：用于指定其他条件格式规则，包括基于逻辑公式的规则。

● 清除规则：对选定单元格删除所有条件格式规则。

● 管理规则：打开"条件格式规则管理器"窗口，如图 3-19 所示，首先在"显示其格式规则"下拉列表中选择要编辑规则的表或单元格区域,此时在管理器中显示出所有已设定的规则。若要建立新规则,可单击"新建规则"按钮;若要编辑已有规则,可以选中规则,单击"编辑规则"按钮;若要删除规则,可以选中规则,单击"删除规则"按钮,清除规则。

图 3-19　"条件格式规则管理器"对话框

2. 数据验证

在创建数据表时,有些单元格中的数据是有范围的。比如学历、职称等,是由有限个离散数据组成;成绩、工龄等,有各自的取值区间。为了保证数据表中录入的数据都在有效范围之内,可以使用数据验证功能。通过数据验证,可以提示用户在有效范围内输入数据,并且当输入错误数据时给出警告信息。

数据验证功能是通过"数据验证"对话框实现的。单击"数据"选项卡"数据工具"组中的"数据验证"按钮,可以打开"数据验证"对话框。其中:

● "设置"选项卡:用于设置单元格数据必须满足的条件。如图 3-20 所示,有效性条件默认为"任何值";当选择"序列",并设置序列数据来源时,可以在输入数据时产生一个下拉列表,如图 3-21 所示;当选择"自定义"选项时,可以通过公式来规定单元格数据必须满足的条件;当选择"整数"等其他选项时,可以设置具体的取值范围。

图 3-20　"数据验证"对话框中的"设置"选项卡

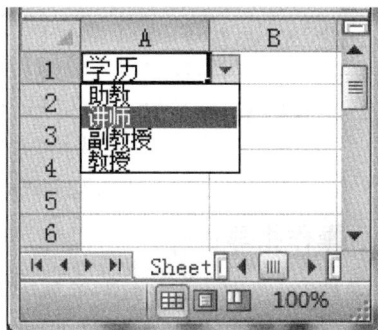

图 3-21　"数据验证"的设置效果

- "输入信息"选项卡：用于设置录入数据时的提示信息。
- "出错警告"选项卡：用于设置输入无效数据后弹出的"警告"对话框的样式和信息。
- "全部清除"按钮：清除"数据验证"对话框的所有设置。

3. 保护工作成果

Excel 与保护相关的功能可分为三类：工作表保护、工作簿保护和 Visual Basic 保护。本章主要介绍前两种。

(1) 工作表保护

当需要防止其他用户意外或有意更改、移动或删除工作表中的公式或者关键数据时，可以通过 Excel 的"保护工作表"功能锁定 Excel 工作表中的单元格，并使用密码来保护工作表。比如，一个文件需要其他团队成员共同完成时，通过使用工作表保护，可以使得团队成员仅可在特定单元格区域中编辑数据，而无法修改工作表中任何其他区域中的数据。

单击"审阅"选项卡"更改"组中的"保护工作表"按钮，Excel 将打开"保护工作表"对话框。其中提供密码的操作是可选操作，如果输入密码，则必须使用该密码才能取消对工作表的保护。如果接受该对话框中的所有默认选项，并且没有锁定任何单元格，则不能对任何单元格进行修改。

如果要取消对受保护工作表的保护，可以单击"审阅"选项卡"更改"组中的"撤销工作表保护"按钮。如果工作表是使用密码保护的，将打开"撤销工作表保护"对话框，提示输入密码。

(2) 工作簿保护

Excel 保护工作簿包括两个方面：① 要求使用密码才能打开工作簿；② 防止用户添加、删除、隐藏和取消隐藏工作表。

在 Excel 中，可以使用密码来保护工作簿，这样必须输入密码才能打开工作簿。其方法是选择"文件"下拉菜单中的"信息"子菜单，在打开的"信息"窗口中，单击"保护工作簿"按钮，在下拉列表中选择"用密码进行加密"，打开"加密文档"对话框，然后输入并确认密码。

图 3 - 22 "保护结构和窗口"
对话框

如果要防止在工作簿中执行某些操作，可以保护工作簿的结构。这样用户就不能对工作表随意操作，包括添加、删除、隐藏和取消隐藏、移动和重命名等。其方法是单击"审阅"选项卡"更改"组中的"保护工作簿"按钮，打开"保护结构和窗口"对话框，如图 3 - 22 所示，在其中选中"结构"复选框即可，同样，输入密码是可选操作。取消保护工作簿结构的方法和取消保护工作表的方法类似，单击"撤销工作簿保护"按钮即可。

三、操作指导

启动 Excel 2016，单击右侧区域中的"空白工作簿"按钮，系统将自动创建一个 Excel 工作簿文件，默认文件名为"工作簿1"，在工作簿文件中依次执行以下操作。操作结果可以参看"Excel 项目 1 资源"中的 PDF 文档"考勤信息表_样张.pdf"。

1. 在工作表 Sheet 1 中输入基础数据

创建的工作簿文件中自动包含一张空白工作表"Sheet 1"。

（1）输入表格列标题

选定单元格 A1，输入"序号"，按【Tab】键，或直接单击 B1，使 B1 成为活动单元格，输入"月份"。按此方法，依次在后续单元格中输入部门、姓名、岗位、出勤天数、请假天数等列标题。

（2）用填充柄输入有变化规律的数据

选定单元格 A2，输入"'01"，然后将光标移至右下角的填充柄，按住鼠标左键向下拖拽至单元格 A15，"序号"列填充完毕。

注意：若和平时一样输入"01"的话，通常只能保留"1"，这是因为在单元格格式为默认的"常规"时，Excel 自动把这个数据作为数值处理，而数值中最左边的 0 是没有意义的，所以系统自动忽略，而通过在数值数据前加单引号（'）的方法可以将数值数据作为文本处理，从而能够保留左侧的 0。

（3）用填充柄输入相同内容的单元格

单击"B2"单元格，输入"2021 年 5 月"，将光标移至右下角的填充柄，按住鼠标左键向下拖拽至单元格 B15，将光标移至智能标记▦▾，单击右侧的下拉箭头，在列表中选择"复制单元格"。使用类似方法，继续录入图 3－23 中的"岗位"和"部门"信息。

	A	B	C	D	E	F	G
1	序号	月份	部门	姓名	岗位	出勤天数	请假天数
2	01	2021年5月	销售部	刘一飞	经理	23	0
3	02	2021年5月	销售部	李娜	销售	22	1
4	03	2021年5月	销售部	孙鹏	销售	23	0
5	04	2021年5月	销售部	蒋林	销售	21	2
6	05	2021年5月	销售部	张云	销售	30	0
7	06	2021年5月	技术部	庄晓云	经理	30	0
8	07	2021年5月	技术部	李逸飞	技术员	20	3
9	08	2021年5月	技术部	钱云云	技术员	23	0
10	09	2021年5月	技术部	丁宁	技术员	30	0
11	10	2021年5月	技术部	董峰	技术员	28	0
12	11	2021年5月	技术部	章宏	技术员	20	3
13	12	2021年5月	办公室	孙俪	主任	23	0
14	13	2021年5月	办公室	林丹	办事员	22	1
15	14	2021年5月	办公室	周毅	办事员	24	0

图 3－23　职工信息数据

（4）如图 3－23 所示，输入"姓名"列中的数据。

说明：① 数值或者日期数据如果超过列宽，会显示成一串"＃＃＃＃＃"，此时增加列宽即可。② 含有数字的文本数据以及日期数据，如 s1001、2021 年 6 月，拖动填充柄，会产生类似于数值数据中的序列数据；普通文本数据或者数值数据，如姓名、籍贯、100 等，拖动填充柄填充的是相同数据。

（5）通过数据验证功能，保证正确输入"出勤天数"信息。

图 3-24 "出勤天数"的数据有效性设置（1）

图 3-25 "出勤天数"的数据有效性设置（2）

一个月的出勤天数是有范围的，只能在 0～31 之间。Excel 2016 提供的数据验证功能可以设置数据有效性，从而防止输入无效数据。具体操作步骤如下：

① 选中 F2:F15 单元格区域，在"数据"选项卡"数据工具"组中单击"数据验证"按钮，打开"数据验证"对话框，如图 3-24 所示，设置允许的数据类型为"小数"，数据介于 0～31之间。

② 单击"输入信息"选项卡，在"标题"栏中输入：数据范围，在"输入信息"栏中输入提示信息"0～31"，如图 3-25 所示。

③ 单击"出错警告"选项卡，在"样式"下拉列表中选择"停止"，在标题栏中输入"警告"，在"错误信息"栏中输入：天数介于 0 和 31 之间。

④ 单击"确定"按钮，关闭对话框。

⑤ 选中 F2 单元格，弹出提示信息"数据范围 0～31"，如图 3-26 所示，输入值 23。

⑥ 选中 F3 单元格，输入值 33，此时将弹出如图 3-27 所示的"警告"对话框，单击"重试"按钮，关闭对话框，并在 F3 单元格中重新输入值 23。

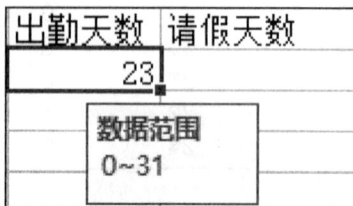

图 3-26 提示信息

图 3-27 "警告"对话框（1）

⑦ 以同样方法输入图 3-23 中的其他出勤天数信息。

（6）录入"请假天数"信息

和"出勤天数"一样，"请假天数"的数值范围也在 0～31 之间。模仿对"出勤天数"一列数据验证的设置，定义数据范围、输入信息和出错警告等内容，并输入如图 3-23 所示请假数据。

（7）录入其他信息

选择单元格 G17，输入"制表人：李林"，选择单元格 G18，输入"制表日期：2021 年 6 月 5 日"。

2. 插入行并输入表格标题

鼠标单击行号"1"，选中第 1 行，然后单击"开始"选项卡"单元格"组的"插入"按钮，在工作表最上端增加一个空行。选中单元格 A1，输入表格标题"临江机床厂考勤信息表"。

3. 插入"性别"列并设置数据有效性

在"岗位"列的左侧插入"性别"列，通过数据验证功能，使该列只能输入"男"或者"女"。具体操作步骤如下：

① 单击列号"E"，选中该列，然后单击"开始"选项卡"单元格"组的"插入"按钮，在该列左边新增一空列，在新增列中输入列标题"性别"。

② 选中单元格区域 E3：E16，单击"数据"选项卡"数据工具"组中的"数据验证"按钮，打开"数据验证"对话框，在"设置"选项卡中设置允许的数据类型为"序列"，数据来源设置为"男，女"。

注意：数据来源可以是某个单元格或者单元格区域，也可以是本例中的具体值，值之间的逗号必须是英文半角符号。

③ 单击"出错警告"选项卡，在"样式"下拉列表中选择"警告"，在标题栏中输入"警告"，在"错误信息"栏中输入"性别只能是男或女"；单击"确定"按钮，关闭对话框。

④ 选中 E3 单元格，单击单元格右侧的下拉箭头，在弹出的列表中选择"男"。

⑤ 选中 E4 单元格，在编辑栏中输入"待定"，按下【Enter】键，此时将弹出如图 3-28 所示的"警告"对话框，单击"是(Y)"按钮，关闭对话框，可见 E3 单元格中的值为"待定"。

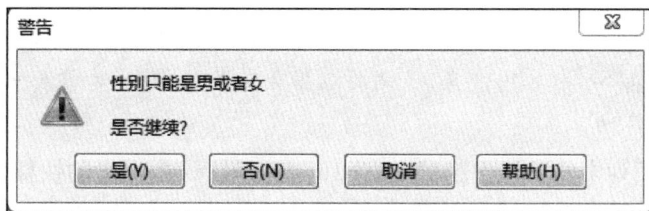

图 3-28 "警告"对话框(2)

注意：在"出错警告"选项卡中，如果没有将样式设置为"停止"，那么，虽然系统会给出提示，但是不符合要求的数据依然可以保留下来。

说明：若要插入多列，如 4 列，可以选中 4 列，单击"插入"按钮，将在选中区域的左侧新增 4 空列；插入多行的方法与此类似，插入的新行在所选行的上方。

⑥ 参照图 3-16 所示，重新选择 E3 单元格以及其他单元格，按照步骤④录入"性别"信息。

4. 参照步骤 3 输入"假类"信息

按规定，企业中的假期一般包括病假、事假、婚假、丧假、探亲假、工伤假等，本题将假期归为三种：病假、事假和公假。要求在表格中增加"假类"列，并参照步骤 3 输入假期类别。

操作步骤如下：

① 选中 I2 单元格，输入列标题"假类"。

② 选中 I3：I16 单元格区域，通过数据验证功能，使该单元格区域只能输入病假、事假或者公假。

③ 参照图 3－16 所示，录入"假类"信息，方法同步骤 3。

5. 将原始数据保存为工作簿文件

单击"自定义工具栏"中的"保存"按钮，或者执行"文件"→"保存"命令，打开"另存为"对话框，保存位置自定，文件名为"考勤信息表"，保存类型为".xlsx"，然后单击窗口右上角的"关闭"按钮，关闭 Excel 2016。

6. 打开已保存的工作簿文件

运行 Excel 2016，在"最近"一栏中选择"考勤信息表.xlsx"，打开该文件。

7. 在工作簿文件中创建新工作表 Sheet 2

单击 Sheet 1 工作表标签右侧的新建工作表按钮⊕，在 Sheet 1 右侧将生成一张新的空白工作表 Sheet 2。

8. 将 Sheet 1 中数据的值复制到 Sheet 2 中

因为仅复制数据的值，所以要使用"选择性粘贴"功能。具体操作步骤如下：

① 在 Sheet 1 工作表中选择单元格区域 A1：I19，单击"开始"选项卡"剪贴板"组中的"复制"按钮，该区域周围出现一圈虚线框，表明该区域已被选中。

② 单击工作表标签 Sheet 2，在工作表 Sheet 2 中，选择单元格 A1，右击鼠标，在快捷菜单中单击"选择性粘贴"，打开"选择性粘贴"对话框，选择粘贴方式为"数值"，单击"确定"按钮，完成单元格复制。

说明：在工作表 Sheet 2 中，"月份"列的数据会变成数值，此时需要重新设置这些数据的单元格格式为"日期"。

③ 选择"月份"列中的单元格区域 B3：B16，右击鼠标，在弹出的快捷菜单中选择"设置单元格格式"菜单命令，打开"设置单元格格式"对话框。

④ 在"设置单元格格式"对话框中，选定"数字"选项卡，在"分类"列表框中选择"日期"，在"类型"列表框中选择"2012 年 3 月"。

⑤ 单击"确定"按钮，关闭对话框。

以下操作均在工作表 Sheet 2 中完成。

9. 设置表格标题格式

表格标题格式为"黑体、字号 18，居中放置"，标题行行高为 35。操作步骤如下：

① 合并单元格。选中单元格区域 A1：I1，单击"开始"选项卡"对齐方式"组中的"合并后居中"按钮，可见选中区域合并为一个单元格，文字居中，并记为单元格 A1。

说明：若要撤销合并单元格，可以在"合并后居中"按钮的下拉菜单中选择执行"取消单元格合并"菜单命令。

②　设置字体。选中单元格 A1,在"开始"选项卡"字体"组中设置字体格式为"黑体、18 号"。

③　设置行高。在"开始"选项卡"单元格"组中单击"格式"按钮,在下拉菜单中选择"行高",打开"行高"对话框,输入 35,单击"确定"按钮,关闭"行高"对话框。

10. 设置数据单元格格式

(1) 设置字体格式

设置字体格式的操作步骤如下:

①　选择列标题所在区域 A2:I2,设置单元格格式为"宋体、加粗、字号 16"。

②　选择其他单元格区域 A3:I19,设置单元格格式为"宋体、字号 12"。

(2) 设置列宽和行高

设置表格行宽和列高的操作步骤如下:

①　选择列标题所在区域 A2:I2,在"开始"选项卡"单元格"组中单击"格式"按钮,在下拉菜单中选择"列宽",打开"列宽"对话框,输入 10。

②　将光标移至列号 B 和 C 的交界处,当光标变成双向箭头时,按下鼠标左键向右拖拽,手动调整列宽为 11.5。

③　选择第 2 行,设置列标题行的行高为 25。

④　选择 A3:I19,设置数据单元格区域的行高为 18。

(3) 在"设置单元格格式"对话框中设置对齐方式和边框

设置对齐方式和边框的操作步骤如下:

①　选中单元格区域 A2:I16,单击"开始"选项卡"对齐方式"组的扩展按钮,打开"设置单元格格式"对话框,选择"对齐"选项卡,设置文本对齐方式为:水平对齐——居中,垂直对齐——居中。

②　单击"边框"选项卡,在"样式"列表中,选择"细实线",然后单击"内部"按钮,设置内部边框;选择"粗实线",然后单击"外边框"按钮,设置外边框,效果如图 3-29 所示。单击"确定"按钮,关闭对话框。

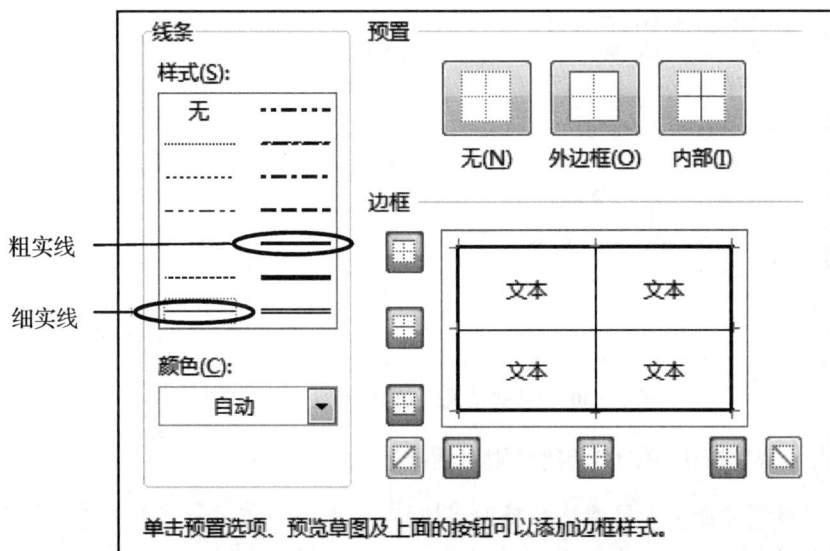

图 3-29　单元格边框格式设置

③ 选择列标题单元格区域 A2：I2，再次打开"设置单元格格式"对话框，选择"边框"选项卡，在"样式"列表中，选择"双线型"，然后单击"下边框"按钮，将列标题单元格的下边框设置为双线型。

注意：① 在设置单元格格式前，要先选择好单元格或单元格区域；② 在"边框"选项卡中一定要先选择线条样式和颜色，再单击要添加边框的部位。

④ 单击"确定"按钮，关闭对话框。

11. 应用条件格式标识满足条件的单元格

（1）用图标标识满勤、加班和缺勤人员

根据工作日历，一月内出勤天数达 23 天为满勤，多于 23 天为加班，少于 23 天为缺勤。操作步骤如下：

① 选中 G3：G16 单元格区域，在"开始"选项卡的"样式"组中单击"条件格式"按钮，在下拉菜单中选择"新建规则"，打开"新建规则"对话框。

② 在"选择规则类型"框中选择"基于各自值设置所有单元格的格式"。

③ 在"格式样式"下拉列表中选择"图标集"。

④ 在"图标样式"下拉列表中选择"三标志"。

⑤ 如图 3-30 所示，设置不同图标对应的数值范围。

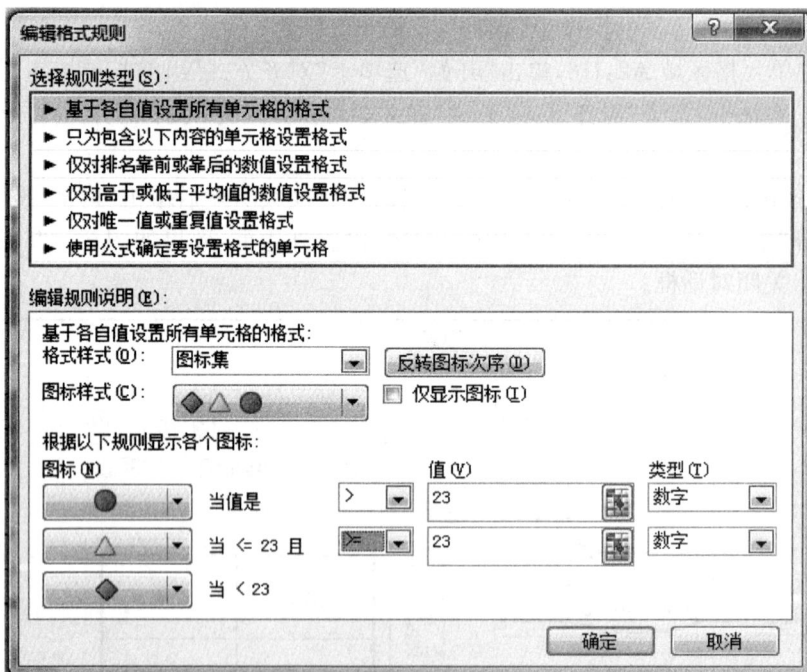

图 3-30 "新建格式规则"对话框——图标集

⑥ 单击"确定"按钮，关闭"新建规则对话框"。

注意：仅给部分满足条件的单元格加图标时，应该将不满足条件的单元格图标设置为"无单元格图标"。

（2）用底纹标识出勤超过平均数的人员

操作步骤如下：

① 再次选中 G3：G16 单元格区域，单击"条件格式"按钮，依次执行"项目选取规则"→"高于平均值"菜单命令，打开"高于平均值"对话框。

② 如图 3-31 所示，在其中的下拉列表框中选择"自定义格式"，单击"确定"按钮，打开"设置单元格格式"对话框。

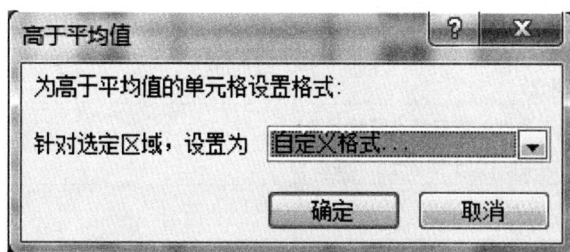

图 3-31　"高于平均值"对话框

③ 单击"填充"选项卡，在背景色调色板中选择如图 3-32 所示的背景色；单击"图案颜色"组合框的下拉箭头，在弹出的"图案颜色"中选择"深蓝，文字 2，淡色 40％"；单击"图案样式"组合框，选择"12.5％灰色"；在"示例"区域查看设置效果。

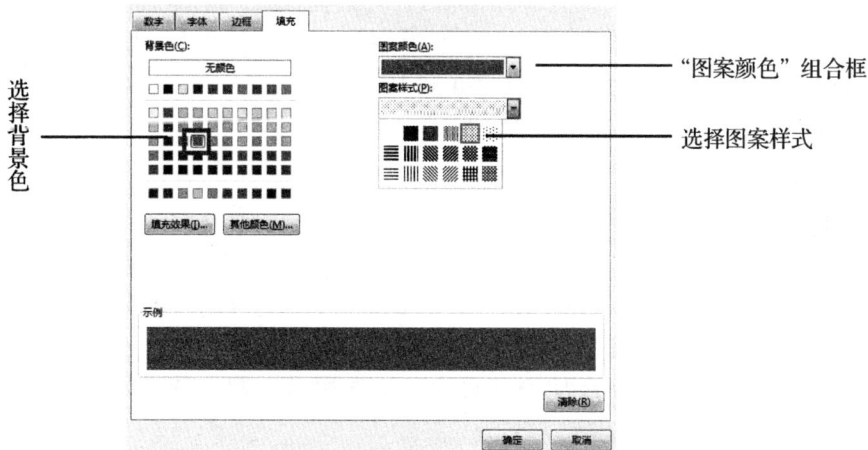

图 3-32　使用"设置单元格格式"对话框设置底纹

④ 单击"确定"按钮，关闭所有对话框。

（3）使用字体格式标识缺勤超过 3 天（含 3 天）的人员

操作步骤如下：

① 选中 H3：H16 单元格区域，单击"条件格式"按钮，依次执行"突出显示单元格规则"→"其他规则"菜单命令，打开"新建格式规则"对话框。

② 在"选择规则类型"列表框中选中"只为包含以下内容的单元格设置格式"，在"编辑规则说明"中设置参数如图 3-33 所示。

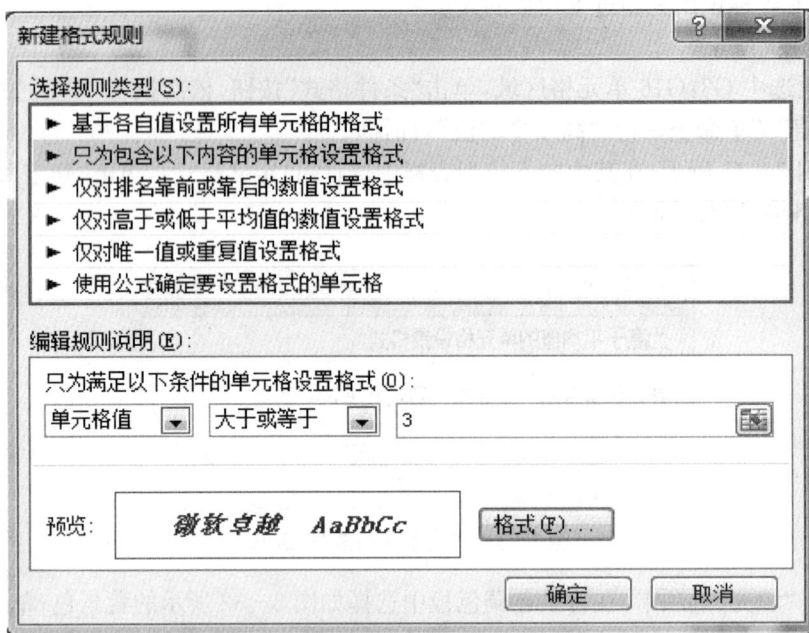

图 3-33　"编辑格式规则"对话框

③ 单击"格式"按钮，打开"设置单元格格式"对话框，选择"字体"选项卡，设置字形为"加粗倾斜"，颜色为"深红"。单击"确定"按钮，返回"新建格式规则"对话框。

④ 再次单击"确定"按钮，关闭"新建格式规则"对话框。

至此数据表制作完毕。效果如图 3-16 所示。

12. 制作考勤工作表副本

（1）复制工作表 Sheet 1

操作步骤如下：

① 将鼠标光标指向工作表标签"Sheet 1"，右击鼠标，在打开的快捷菜单中单击"移动或复制"菜单命令，打开"移动或复制"对话框。

② 设置复制后的工作表位置为"移至最后"，并选中"建立副本"复选框。

③ 单击"确定"按钮。

可见在工作簿窗口中出现复制好的工作表，标签为"Sheet 1(2)"。

> 说明：① 在"移动或复制工作表"对话框中，若选择其他工作簿文件，可以将工作表复制或移动到其他文件中；若不选中"建立副本"复选框，则执行的是移动工作表的操作。
> ② 将鼠标光标指向要移动的工作表标签后，按下鼠标左键并拖动到目标位置，可以方便地移动工作表；若在拖动鼠标的同时按住 Ctrl 键，可以完成复制工作表的任务。

（2）通过"套用表格格式"设置表 Sheet 1(2)中的表格格式

操作步骤如下：

① 选择表格区域 A2:I16，单击"开始"选项卡"样式"组中的"套用表格格式"按钮，在弹出的样式列表中选择"表样式中等深浅 2"。

② 选择表格区域 A1:I1，单击"开始"选项卡"对齐方式"组中的"合并后居中"按钮

合并后居中 ，将表格标题居中放置。

③ 将光标置于表格区域 A2：I16 中，然后单击"排序和筛选"按钮，在打开的下拉菜单中选择"筛选"，以去除表格中的筛选标记。结果如图 3－34 所示。

序号	月份	部门	姓名	性别	岗位	出勤天数	请假天数	假类
\multicolumn{9}{c}{临江机床厂考勤信息表}
01	2021年5月	销售部	刘一飞	男	经理	23	0	
02	2021年5月	销售部	李娜	女	销售	22	1	事假
03	2021年5月	销售部	孙鹏	男	销售	23	0	
04	2021年5月	销售部	蒋林	女	销售	21	2	病假
05	2021年5月	销售部	张云	女	销售	30	0	
06	2021年5月	技术部	庄晓云	男	经理	30	0	
07	2021年5月	技术部	李逸飞	男	技术员	20	3	公假
08	2021年5月	技术部	钱云云	女	技术员	23	0	
09	2021年5月	技术部	丁宁	男	技术员	30	0	
10	2021年5月	技术部	董峰	男	技术员	28	0	
11	2021年5月	技术部	章宏	男	技术员	20	3	病假
12	2021年5月	办公室	孙俪	女	主任	23	0	
13	2021年5月	办公室	林丹	女	办事员	22	1	事假
14	2021年5月	办公室	周毅	男	办事员	24	0	

制表人：李林
制表日期：2021年6月5日

图 3－34　套用表格样式后的工作表

（3）修改工作表标签

操作步骤如下：

① 将鼠标移至本工作表标签"Sheet 1(2)"处，右击鼠标，在打开的快捷菜单中单击"重命名"菜单命令，输入"考勤信息表副本"，并按下【Enter】键。

② 将鼠标移至工作表标签"Sheet 2"处，双击鼠标，表标签进入编辑状态，输入"考勤信息表"。

③ 将鼠标移至工作表标签"Sheet 1"处，将其重命名为"原始数据"。

（4）修饰表标签

操作步骤如下：

① 鼠标右击"考勤信息表副本"底部标签，弹出快捷菜单。

② 将鼠标移至"工作表标签颜色"菜单项，在出现的颜色板中，选择"标准色——红色"，此时，表标签文字下出现一条红色的下划线。

③ 单击其他工作表标签，可见"考勤信息表副本"标签已经设置为红色。

13. 工作表的其他操作

（1）保护工作表

在考勤信息表中，序号、部门、姓名、性别、岗位等列属于基本信息，而月份、出勤天数、请假天数和假类等列是每月需要更改的信息，要求在每次填表时，表中的基本信息不得修改，其他信息可以修改。

上述需求可以通过"取消锁定"和"保护工作表"功能实现。具体步骤如下：

① 选中"考勤信息表"中数据可以更改的区域 G3：I16 以及 G18：G19。

② 右击鼠标，在打开的快捷菜单中选择"设置单元格格式"命令，打开"设置单元格格

式"对话框。

③ 单击"保护"选项卡，单击"锁定"复选框，清除其中的复选标记，然后单击"确定"按钮，如图 3－35 所示。

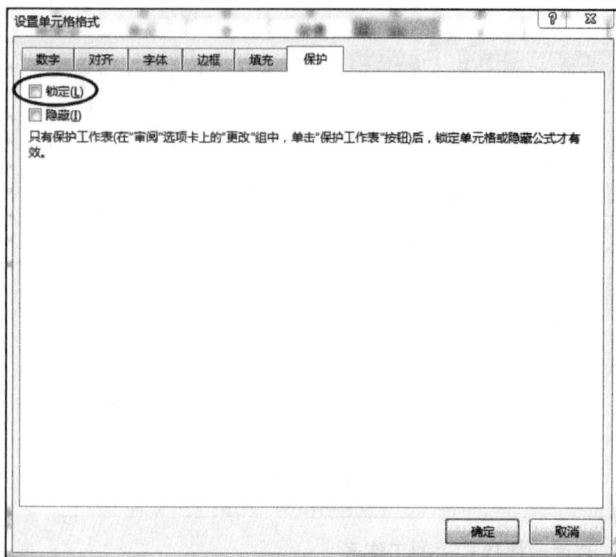

图 3－35 "设置单元格格式"对话框的"保护"选项卡

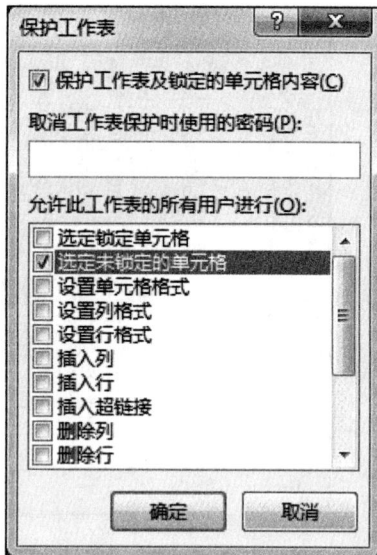

图 3－36 "保护工作表"对话框

说明：每一个单元格都有一个"锁定"属性，该属性用于确定当工作表受保护时，单元格是否可以被更改。在默认情况下，所有单元格都是被锁定的。

④ 单击"审阅"选项卡中"更改"组的"保护工作表"按钮，打开"保护工作表"对话框，单击"选定锁定单元格"复选框，清除其中的复选标记，然后单击"确定"按钮，如图 3－36 所示。

⑤ 分别选择锁定区域中的某个单元格（如 D2）和未锁定区域中的某个单元格（如 H3），并尝试修改，查看操作效果。

（2）取消/恢复显示工作表标签

要求通过设置，取消显示工作表标签，并将活动工作表设为"考勤信息表"，最后恢复显示工作表标签。实现上述需求的操作步骤如下：

① 选择"考勤信息表"，单击"文件"下拉菜单中的"选项"，打开"Excel 选项"对话框。

② 如图 3－37 所示，在"Excel 选项"对话框的左侧窗格中单击"高级"，然后在右侧窗格中清除"显示工作表标签"复选框的复选标记，单击"确定"按钮，此时可见所有工作表标签均已被隐藏，并显示"考勤信息表"。

③ 重复步骤②，恢复"显示工作表标签"复选框的复选标记，单击"确定"按钮，此时可见所有工作表标签重新出现。

（3）打印"考勤信息表"

要求使用 B5 纸，横向打印，表格水平居中放置，每页都要打印列标题和页码。操作步骤如下：

① 选择"考勤信息表"，单击"页面布局"选项卡"页面设置"组的扩展按钮，打开"页面设置"对话框。

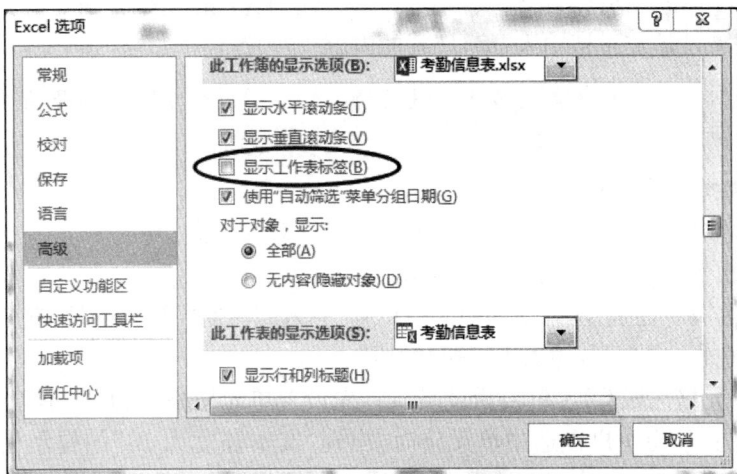

图 3 - 37　"Excel 选项"对话框

② 在"页面"选项卡中,设置"方向—横向,纸张大小—B5"。

③ 单击"页边距"选项卡,设置"居中方式—水平"。

④ 单击"页眉/页脚"选项卡中的"自定义页脚"按钮,打开"页脚"对话框,选择"中",单击"插入页码"按钮▣。单击"确定",结束页脚设置。

⑤ 单击"工作表"选项卡,设置"顶端标题行"为"＄2：＄2"。

> 说明:"顶端标题行"区域的内容在打印稿的每一页顶部都会打印。

⑥ 单击"打印预览"按钮,查看打印效果。

14. 单击"保存"按钮,保存文件。

四、实战练习和提高

运行 Excel 2016,创建工作簿文件,在工作表 Sheet 1 中,按照以下步骤,完成职工信息简表的制作。操作结果可参看"Excel 项目 1 资源"文件夹中的 PDF 文件"职工信息简表_样张.pdf"。

1. 如图 3 - 38 所示,输入基础数据

	A	B	C	D	E	F
1	编号	姓名	性别	科室	出生日期	工资
2	01	李阳	男	科室一	1986/6/21	5680.24
3	02	单同	男	科室一	1976/4/22	7620.65
4	03	林红	女	科室一	1962/7/12	10852.35
5	04	蒋源	男	科室二	1968/9/24	9582.32
6	05	张媛	女	科室二	1984/3/5	6568.65
7	06	李娜	女	科室二	1975/4/20	8423.58
8	07	朱琳	女	科室二	1971/6/12	8536.44
9	08	李刚	男	科室二	1989/9/3	5203.88

图 3 - 38　基础数据表

① 在 A1:F1 单元格区域中输入：编号、姓名、性别、科室、出生日期和工资。

② 使用 Excel 填充手柄输入"编号"列的内容。

> **提示**：先将"编号"列的单元格格式设置为"文本"，或者在输入编号前先输入单引号（英文半角符号），如"'01"。

③ 输入"姓名"列的数据。

④ 采用复制单元格的方法输入"性别""科室"两列的数据。

⑤ 输入"出生日期"和"工资"列的数据。

⑥ 在"姓名"和"性别"两列之间插入空白列，输入列标题"身份证号"，在"科室"和"出生日期"两列之间插入空白列，输入列标题"学历"。

⑦ 选定单元格区域 C2:C9（身份证号），首先设置单元格格式为"文本"，然后通过数据验证功能的设置，使得用户在选中单元格时，出现"文本长度为 18"的提示信息，在输入错误，即身份证号不是 18 位时，出现如图 3-39 所示的"提示"对话框。

图 3-39 "提示"对话框

⑧ 选定单元格区域 F2:F9，然后通过数据验证功能的设置，使得用户在录入"学历"数据时，出现包含"研究生、本科、专科、其他"4 个条目的下拉列表。

⑨ 输入图 3-40 中的"身份证号"列和"学历"列的数据，体会数据验证功能在数据输入时的作用，观察输入错误时的现象。

身份证号	学历
320402198606212354	研究生
320405197604221235	本科
110108196207122325	研究生
110108196809242335	本科
320404198403052222	本科
320404197504204223	研究生
320301197106122543	研究生
320301198909036552	专科

图 3-40 身份证号和学历

⑩ 在第一行上方插入一行，选择单元格 A1，输入表格标题"职工信息简表"。

2. 设置单元格格式

① 字体字号：表格标题—黑体，24 号；列标题—宋体，16 号；数据—宋体，14 号。

② 行高：表格标题行—35，列标题行—25，数据行—20。

③ 列宽：均设置为"自动调整"。

④ "工资"列数据保留 1 位小数,使用人民币数字格式。

⑤ "出生日期"列格式为:××××年×月×日。

⑥ 设置表格标题"合并后居中",其余所有单元格均设置为"水平居中,垂直居中"。

⑦ 给"工资"列设置条件格式为"蓝-白-红色阶"。

⑧ 选中"学历"列,使用条件格式设置学历为"本科"的单元格格式为"加粗倾斜"。

⑨ 给表格标题设置底纹样式如下:背景色—选择较深的蓝色;图案颜色—蓝色,强调文字颜色 1,淡色 80%;图案样式—12.5%,灰色。

⑩ 给表格标题外的其他数据区域加边框,外框线的样式为"略粗实线",内框线的样式为"略细实线",颜色均为"自动"。

3. 页面布局

① 纸张大小—B5,纸张方向—横向。

② 页边距为:上—3 厘米,下—3 厘米,左—1.8 厘米,右—1.8 厘米;页眉边距—1.5 厘米,页脚边距—1.56 厘米;居中方式—水平。

③ 在页眉中居中输入"专业: 班级: 学号: 姓名: "并填入真实信息,在页脚中插入页码,页码居中放置。

④ 设置"顶端标题行"区域,使得每页中均有表格标题和列标题。

⑤ 打印预览。效果如图 3-41 所示。

编号	姓名	身份证号	性别	科室	学历	出生日期	工资
				职工信息简表			
01	李阳	320402198606212354	男	科室一	研究生	1986年6月21日	¥ 5,680.24
02	单同	320405197604221235	男	科室一	*本科*	1976年4月22日	¥ 7,620.65
03	林红	110108196207122325	女	科室一	研究生	1962年7月12日	¥ 10,852.35
04	蒋源	110108196809242335	男	科室一	*本科*	1968年9月24日	¥ 9,582.32
05	张媛	320404198403052222	女	科室二	*本科*	1984年3月5日	¥ 6,568.65
06	李娜	320404197504204223	女	科室二	研究生	1975年4月20日	¥ 8,423.58
07	朱琳	320301197106122543	女	科室二	研究生	1971年6月12日	¥ 8,536.44
08	李刚	320301198909036552	男	科室二	专科	1989年9月3日	¥ 5,203.88

图 3-41 "职工信息简表"样张

4. 工作表的操作

① 将当前工作表标签改为"职工信息简表",设置工作表标签颜色为"蓝色,强调文字颜色 1,深色 25%"。

② 新建工作表 Sheet 2,将表格内容复制到 Sheet 2 中,但是仅保留其值和数字格式。

③ 在 Sheet 2 中选择列标题和数据区域,套用表格格式为"表样式浅色 12"。

④ 设置"职工信息简表"中仅工资数据可以修改。

⑤ 取消显示工作表标签,设置活动工作表名称为"职工信息简表"。

5. 保存工作薄文件,并命名为"职工信息简表"

项目二　学生情况统计表的制作

一、内容描述和分析

1. 内容描述

在"学生情况统计表_原始材料"工作簿文件中，运用 Excel 2016 的公式和函数功能对其中的"学生中考成绩""学生基本情况"和"成绩情况统计"等三张工作表进行补充和完善。

2. 涉及知识点

本项目主要涉及公式和函数方面的知识。具体包括：① 单元格引用和各类运算符的运用；② 插入、复制和删除公式的方法；③ 函数的基本概念以及数值计算、字符数据处理、日期数据处理以及查询等常用函数的用法；④ 插入函数的方法。

3. 注意点

在使用公式和函数的过程中，要注意以下几点：① 正确记忆函数的名称、功能及其参数的作用；② 公式和函数中所有的运算符和标点符号均使用英文半角符号；③ 公式中的文本型数据要加双引号作为定界符；④ 正确使用绝对引用、相对引用和混合引用等单元格引用方式。

二、相关知识和技能

1. 单元格的引用

使用公式时经常会引用单元格，这些单元格可以是当前工作表中的单元格，也可以是同一工作簿其他工作表中的单元格，还可以是其他工作簿文件中的单元格。Excel 中的单元格引用分为相对引用、绝对引用和混合引用。在进行公式复制时，引用方式不同，计算结果也不同。

（1）相对引用

相对引用是 Excel 默认的单元格引用方式，形式是"列号＋行号"，例如 A3，D1：F7 等。在相对引用方式下，当公式被复制到新位置时，公式中的单元格地址会随着目标单元格位置的改变而改变，导致计算结果发生变化。

（2）绝对引用

绝对引用的形式是在单元格的列号和行号之前分别添加"＄"符号，如＄C＄3，＄G＄3。在绝对引用方式下，当公式被复制到新位置时，公式中的单元格地址始终保持不变，因此计算结果不变。

（3）混合引用

混合引用是指在单元格地址中，既有绝对引用又有相对引用。混合引用的形式是在单元格的列号或行号其中之一前加＄符号，例如＄A1，A＄1 等。当公式被复制到新位置时，如果希望行号固定不变,在行号前面加上"＄",如果希望列号固定不变,在列号前面加上"＄"。

(4) 引用其他工作簿和工作表中的单元格

对同一工作簿中其他工作表的单元格或单元格区域进行引用,引用格式是"工作表名!单元格(或区域)的引用地址",例如"Sheet 2! B3"。

在引用其他工作簿中的单元格时,如果要引用的工作簿已经打开,引用格式是"[工作簿名称]工作表名! 单元格(或区域)的引用地址",例如"[Book2]Sheet 2! B3";如果事先没有打开,则必须在公式中的工作簿名称前加入该工作簿的路径,并在路径前和工作表名后加上单引号,即路径、文件名和工作表名要用单引号括起来,例如:'D:\[Book2]Sheet 2'! B3。

> **说明:**在公式中选定单元格地址,使用快捷键【F4】可以对引用类型进行快速切换。例如,选中 A1,多次按下快捷键【F4】,单元格引用将依次转换为＄A＄1、A＄1、＄A1、A1。

2. 公式的概念

公式是 Excel 中进行计算的表达式。公式始终以"＝"开头,然后是算式,算式中可以包含运算符、数值或文本、单元格引用(包括命名单元格和单元格区域)和工作表函数等,如"＝SUM(A2:A4)/＄A＄5"。其中,"＝"是公式的开始标志,SUM( )是函数,A2:A4 是对单元格区域的相对引用,＄A＄5 是对单元格的绝对引用,"/"是除法运算符。公式的计算结果显示在公式所在的单元格中。

3. 公式中的运算符

(1) Excel 公式中的运算符

运算符即代表各种运算的符号。在 Excel 中,公式中的运算符包括算术运算符、比较运算符、文本运算符和引用运算符 4 大类。

● 算术运算符:用来完成基本的数学运算,如加、减、乘、除等。它包括＋(加号)、－(减号)、*(乘号)、/(除号)、%(百分号)和ˆ(乘方)。

● 比较运算符:用于进行两个值的比较,比较运算符有＝(等号)、＞(大于号)、＜(小于号)、＞＝(大于等于号)、＜＝(小于等于号)和＜＞(不等号)。比较运算的结果只有两个,即 TRUE(真)和 FALSE(假)。

● 文本运算符:用于连接两个或更多文本字符串以产生一串文本,用"&"表示。例如,"Basket"&"ball"的结果是"Basketball"。

● 引用运算符:用于将单元格区域合并计算,包括冒号、逗号和空格。区域运算符":(冒号)",用于对两个引用单元格之间、包括两个引用单元格在内的矩形单元格区域的引用,如 B5:B15,表示对从 B5 到 B15 之间所有单元格的引用;联合运算符",(逗号)"用于将多个引用单元格或者单元格区域合并为一个引用,如 B5:B15,D5:D15 表示对单元格区域 B5:B15 和单元格区域 D5:D15 中的所有单元格的引用;交叉运算符"空格"表示对几个单元格区域所共有的单元格的引用,如"B7:D7　C6:C8"表示对这两个单元格区域所共有的单元格 C7 的引用。

(2) 公式中运算符的优先级

当公式中同时出现多个运算符时,Excel 会使用某种规则来确定公式中各个部分的运算顺序,这个规则就是运算符的优先级。如表 3-1 所示。

表 3-1　Excel 公式中的运算符优先级

符号	运算符	优先级
^	乘方	1
*	乘	2
/	除	2
＋	加	3
－	减	3
&	连接	4
＝	等于	5
＜	小于	5
＞	大于	5

说明：① 通过加圆括号可以改变运算的顺序。② 引用运算符作为一类特殊的运算符，优先级高于上述几类。

4. 公式的使用

（1）输入公式

方法一：在存放计算结果的单元格中输入等号"＝"和算式，按下【Enter】键确认。

方法二：选定存放结果的单元格，在编辑栏输入公式，单击编辑栏中的"输入"按钮✓或者按下【Enter】键确认。

（2）修改公式

选定公式所在的单元格，然后在编辑栏中修改，或双击单元格后直接在单元格中修改。

（3）删除公式

选定公式所在的单元格，按【Delete】键即可。

（4）复制公式

复制公式的方法和复制数据一样，最方便的方法是使用填充手柄。

注意：① 如果公式中单元格的引用方式是相对引用或者混合引用，复制后的公式中的单元格地址会发生变化。② 当编辑公式时，Excel 以相同颜色来标记一对匹配的括号。

5. 工作表函数的定义

工作表函数实际上是 Excel 预先编辑好的、具有特定功能的内置公式，这些函数将极大地简化公式。按照功能，这些函数被分为数学和三角函数、统计函数、文本函数、数据库函数、日期和时间函数、工程函数、财务函数、信息函数、逻辑函数、查找和引用函数等，在 Excel 2016 中还新增了 Web 类函数，用于处理 Web 服务等数据。函数可以直接用于 Excel 的公式中，在公式中调用函数的语法格式为：

函数名称(参数 1,参数 2,…)

其中参数是用来执行计算的数值，其值可以是固定的数字、文本等，也可以是元格引用、单元格名称，甚至是其他的函数或者公式，如 SUM(1,2,3)，SUM(A1：A24)，

SQRT(SUM(A1:A24))等。函数执行的结果,称为函数的"返回值"。

> **说明:**① 函数分为有参函数和无参函数,无参函数虽然不带参数,但是函数名后也必须带一组空括号。
> ② 在调用函数时,参数的数据类型必须和函数定义中的要求一致。
> ③ 如果函数要以公式的形式出现,必须在函数名前面输入等号。

6. 函数的输入

输入函数可以采用直接输入、"插入函数"对话框输入和"函数库"组输入三种方式。

(1) 直接输入

如果对所使用的函数名称、参数和作用很熟悉,可以直接在单元格或编辑栏中输入函数,按【Enter】键或单击"编辑栏"左侧的"输入"按钮☑确认即可。

(2) "插入函数"对话框输入

如果要输入比较复杂的函数,或者为了避免在输入过程中产生错误,可以通过"插入函数"对话框输入。操作步骤如下:

① 选定要输入函数的单元格。

② 单击"公式"选项卡中的"插入函数"按钮,打开"插入函数"对话框,如图 3-42 所示。

图 3-42 "插入函数"对话框

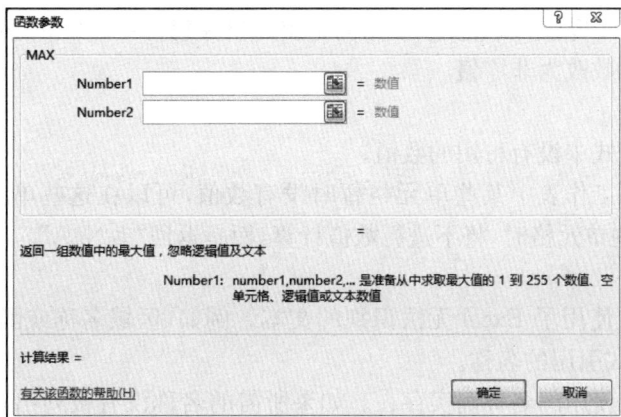

图 3-43 "函数参数"对话框

> **说明:**在"插入函数"对话框的"搜索函数"文本框中输入计算目标,如求和、查找等,然后单击"转到"按钮,"选择函数"列表框中将出现 Excel 自动推荐的函数。

③ 在"或选择类别"组合框中选定需要的函数类别,然后在"选择函数"列表框中选定函数并单击"确定"按钮,打开"函数参数"对话框,如图 3-43 所示。

④ 在"函数参数"对话框中直接输入参数,或者用鼠标直接在工作表中选取。

⑤ 单击"确定"按钮,回到工作表,此时,可见单元格中显示数值,编辑栏中显示公式。

(3)"函数库"组输入

"函数库"组输入方式与"插入函数"对话框输入方式的步骤基本一致,只是在选择函数时有所不同,"函数库"组输入方式是在"公式"选项卡的"函数库"组中选择函数。在 Excel 2016 中,函数被分类放置,如图 3-44 所示,单击某个类别的扩展按钮,在弹出的下拉菜单中即可选择该类别中的所有函数。

图 3-44 "公式"选项卡的"函数库"组

除此之外,Excel 2016 还提供了快捷菜单完成自动计算。鼠标右击状态栏,在弹出的快捷菜单中选择要执行的计算功能,即可对选定区域内的数据进行计算,并将选定的计算结果显示在状态栏里。

7. 使用公式和函数时出现的常见错误与解决方案

(1)＃＃＃＃＃

原因:单元格中所含的数字、日期或时间超过单元格宽度或者单元格的日期时间产生了一个负值,就会出现"＃＃＃＃"。

解决方法:增加单元格列宽、应用不同的数字格式、保证日期与时间公式的正确性。

(2)＃DIV/0!

原因:除数使用了零值,或者使用了指向空单元格及包含零值单元格的单元格引用。

解决方法:将除数改为非零值。

(3)＃N/A

原因:函数或公式中没有可用的数值。

解决方法:如果工作表中某些单元格暂时没有数值,可以在这些单元格中输入"＃N/A",公式在引用这些单元格时,将不进行数值计算,而是返回"＃N/A"。

(4)＃NAME?

原因:在公式中使用了 Excel 无法识别的文本。例如,区域名称或函数名称拼写错误,或者删除了某个公式引用的名称。

解决方法:确定使用的名称确实存在。如果所需的名称没有被列出,添加相应的名称,如果名称存在拼写错误,修改拼写错误。

（5）♯NULL!

原因：试图为两个并不相交的区域指定交叉点，将显示此错误。

解决方法：如果要引用两个不相交的区域，需使用联合运算符（逗号）。

（6）♯NUM!

原因：公式或函数包含无效数值。

解决方法：检查数字是否超出限定区域，确认函数中使用的参数类型是否正确。

（7）♯REF!

原因：单元格引用无效。例如，如果删除了某个公式所引用的单元格，将出现该错误。

解决方法：立即单击撤销按钮以恢复工作表数据，修改公式。

（8）♯VALUE!

原因：公式所包含的单元格有不同的数据类型。例如，如果单元格 A1 包含一个数字，单元格 A2 包含文本，则公式"＝A1＋A2"将返回错误值"♯VALUE"！。

解决方法：确认公式或函数所需的参数或运算符正确，并且公式引用的单元格中包含有效的数值。

三、操作指导

下载压缩文件"Excel 项目 2 资源"并解压缩。打开其中的工作簿文件"学生情况统计表_原始材料.xlsx"，并将文件另存为"学生情况统计表.xlsx"，然后对该工作簿文件做如下操作。操作中注意及时保存，操作结果可参看 PDF 文档"学生情况统计表_样张.pdf"。

1. "学生中考成绩"工作表的完善和使用

在"学生中考成绩"工作表中，计算每个学生的总分和平均分，并统计每门课程的最高分、最低分和达到"优秀"的人数。

选中工作表"学生中考成绩"，依次完成以下操作。

（1）用"函数库"组输入函数，计算总成绩

总成绩是各门课程成绩之和，使用求和函数 SUM，操作步骤如下：

① 在单元格 J1 中输入"总成绩"，然后选中保存总成绩的单元格 J2。

② 单击"公式"选项卡中"函数库"组的"自动求和"扩展按钮 ，在打开的下拉菜单中选择"求和"，此时在单元格 J2 和编辑栏中出现了公式：＝SUM(C2:I2)。

> 说明：也可在单元格 J2 中直接输入公式"＝C2＋D2＋E2＋F2＋G2＋H2＋I2"或者"＝SUM(C2:I2)"。

③ 单击编辑栏的"输入"按钮 ，在单元格 J2 中出现计算结果 629.5。

④ 选定单元格 J2，将鼠标定位至右下角的填充柄，按住左键向下拖至 J19，得到所有学生的总成绩。

> 说明：步骤④ 被称为公式复制。依次选中 J3、J4 等单元格，查看编辑栏中的计算公式，发现在复制公式时，公式中的单元格地址发生了变化，这是因为被复制的公式中单元格区域采用的是相对引用方式。

（2）用直接输入的方法计算平均成绩

求平均值的函数是 AVERAGE，操作步骤如下：

① 在单元格 K1 中输入"平均成绩"，并选中存放平均成绩的单元格 K2。

② 在 K2 单元格中输入公式：＝AVERAGE(C2:I2)，按下【Enter】键或者单击"输入"按钮✓，完成计算。

③ 复制公式得到其他同学的平均成绩。

> **说明**：在公式中，对单元格区域的引用可以直接输入，也可以用鼠标选取，用鼠标直接选取得到的单元格区域的引用方式都是相对引用。

（3）用"插入函数"法计算各门课程的最高分、最低分

求最大值的函数是 MAX，求最小值的函数是 MIN，所以分别用 MAX 和 MIN 函数来计算最高分和最低分。操作步骤如下：

① 选中保存语文成绩最高分的单元格 C20，单击"公式"组的"插入函数"按钮，打开"插入函数"对话框。

② 在"或选择类别"组合框中选择"统计"。

③ 在"选择函数"列表框中选定函数 MAX，并单击"确定"按钮，打开"函数参数"对话框。

> **说明**："选择函数"列表框中的函数按照英文字母顺序排列。

④ 设置参数 Number1 为"C2:C19"，并单击"确定"按钮。

此时，单元格中显示计算结果，编辑栏中出现公式"＝MAX(C2:C19)"。

⑤ 复制公式得到每门课程的最高分。

按照以上操作步骤，使用 MIN 函数求得各门课程的最低分。

（4）计算各门课程等级为"优秀"的人数。

在"学生中考成绩"工作表中，语文、数学和英语三门课程满分为 120 分，105 分（含 105）以上为"优秀"；其余课程满分为 100 分，90 分（含 90）以上为"优秀"。该问题属于按条件计数，在 Excel 2016 中可用函数 COUNTIF 解决。

首先求"语文"考试的优秀人数，操作步骤如下：

① 选中单元格区域 C2:C19，单击"公式"选项卡中"定义的名称"组中的"定义名称"按钮，打开"新建名称"对话框。

② 设置"新建名称"对话框如图 3-45 所示，将单元格区域 C2:C19 命名为"语文"。

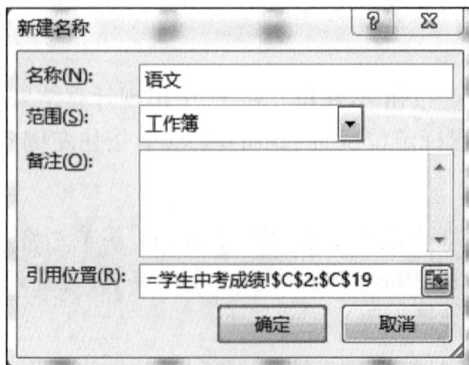

图 3-45 "新建名称"对话框

③ 选中保存计算结果的单元格 C22,在公式栏中输入:＝COUNTIF(语文,"＞＝105")。

然后求"数学"考试的优秀人数,操作步骤如下:

① 选中保存计算结果的单元格 D22,打开"插入函数"对话框,并选择 COUNTIF 函数,单击"确定"按钮。

② 在打开的"函数参数"对话框中设置参数如图 3－46 所示,并单击"确定"按钮。

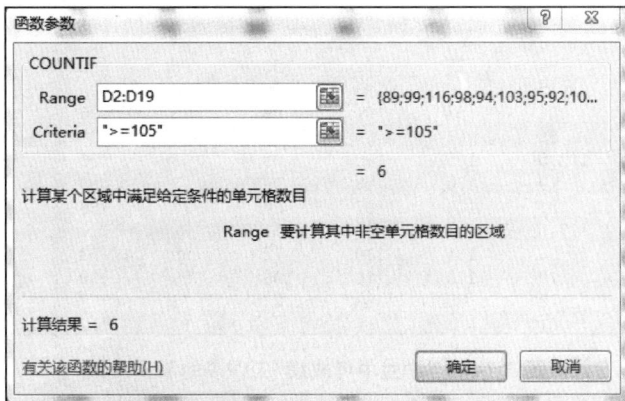

图 3－46　COUNTIF 函数参数对话框

单元格中出现计数结果,在编辑栏中出现公式:＝COUNTIF(D2:D19,"＞＝105")。

最后通过公式复制,求得其他课程等级为"优秀"的人数。

> 说明:① Excel 中可以将单元格或者单元格区域定义为一个名称,并在公式中使用。单击"公式"选项卡中"定义的名称"组中的"名称管理器"按钮,打开"名称管理器"对话框,在其中可以删除名称,也可以新建名称。
>
> ② 如果想了解函数的详细用法,可以单击"函数参数"对话框中的"有关函数的帮助(H)",打开"Excel 帮助"对话框了解详情。

(5) 格式化表格

① 选中单元格区域 J2:K21,单击"开始"选项卡"数字"组中的"减少小数位数"按钮 ，将总成绩和平均成绩两列的数据格式改为整数。

② 选中表格区域,单击"开始"选项卡"数字"组中的"套用表格格式"按钮,选择"表样式中等深浅 16"。

③ 单击"开始"选项卡"编辑"组中的"排序和筛选"按钮,在下拉菜单中单击"筛选"命令,取消列标题行的筛选标记。

操作结果如图 3－47 所示。

(6) 隐藏公式

隐藏公式是工作表保护的一个方面,有时为了避免公式被修改,需要将公式隐藏。具体步骤如下:

① 选定包含公式的单元格区域。选中单元格区域 J2:K21,然后按下【Ctrl】键,同时选定 C20:I22。

② 打开"设置单元格格式"对话框,单击"保护"选项卡,清除"锁定"复选框中的复选标记,并选中"隐藏"复选框,然后单击"确定"按钮,关闭"设置单元格格式"对话框。

	A	B	C	D	E	F	G	H	I	J	K
1	学号	姓名	语文	数学	英语	生物	地理	历史	政治	总成绩	平均成绩
2	210305	萧宇航	91	89	94	92	91	86	86	629	90
3	210203	李杰	93	99	92	86	86	73	92	621	89
4	210104	阎嘉璐	102	116	113	78	88	86	73	656	94
5	210301	章哲红	99	98	101	95	91	95	78	657	94
6	210306	宗荔	101	94	99	90	87	95	93	659	94
7	210206	杭宏	100.5	103	104	88	89	78	90	653	93
8	210302	李云梦	78	95	94	82	90	93	84	616	88
9	210204	于宝茜	95.5	92	96	84	95	91	92	646	92
10	210201	井柏全	93.5	107	96	100	93	92	93	675	96
11	210304	胡沈芳	95	97	102	93	95	92	88	662	95
12	210103	李琳	95	85	99	98	92	92	88	649	93
13	210105	刘汉	88	98	101	89	73	95	91	635	91
14	210202	雷云国	86	107	89	88	92	88	89	639	91
15	210205	江流	103.5	105	105	93	93	90	86	676	97
16	210102	汤穆	110	95	98	99	93	93	92	680	97
17	210303	李志	84	100	97	87	78	89	93	628	90
18	210101	张毅	97.5	106	108	98	99	99	96	704	101
19	210106	赵萍	90	111	116	72	95	93	95	672	96
20	最高分		110	116	116	100	99	99	96	704	101
21	最低分		78	85	89	72	73	73	73	616	88
22	优秀人数		1	6	4	9	12	12	10		

图 3-47 "学生中考成绩"工作表的制作结果

③ 选择单元格区域 C2：I19，再次打开"设置单元格格式"对话框的"保护"选项卡，清除"锁定"复选框中的复选标记，单击"审阅"选项卡"更改"组中的"保护工作表"按钮。

④ 选择包含公式的单元格，查看公式情况；选择包含各科成绩的单元格，并尝试修改。

说明：上述操作使得用户可以在保护公式不变的前提下输入各类基础数据，正确完成计算任务。

（7）锁定工作表中的第一行和左侧两列，使其始终可见。

操作步骤如下：

① 选择第二行和第三列相交的单元格 C2，单击"视图"选项卡"窗口"组中的"冻结窗格"按钮。

② 用鼠标拖拉滚动条，观察冻结效果。

2. "学生基本情况"工作表的完善制作

在"学生基本情况"工作表中，根据已有数据，运用相关函数，获取学生的班级、出生日期、性别、年龄和总分等信息，并根据总分，确定学生的排名和奖学金情况。

单击工作表标签"学生基本情况"，选中该工作表，依次完成以下操作。

（1）根据"班级编号对照"工作表和"学号"列的信息来填充"班级"列

约定学号中的第 3、4 位是班级编号，如学号"210305"，表示学生所在班级编号是"03"，而在"班级编号对照表"中有班级编号和班级名称的对照信息，由此可知，"03"号班级对应的班级名称是"钱学森班"。

要完成此项操作，需要使用 Excel 2016 中的字符串截取函数 MID 和垂直查找函数 VLOOKUP。

● MID 函数

MID 函数返回文本字符串中从指定位置开始的特定数目的字符，该数目由用户指定。所以 MID 函数可以在指定的字符串中截取一串连续的字符。函数语法为：

MID(被截取的文本字符串,要提取的字符串的起始位置,要提取的字符串中包含字符的个数)

说明:
① 函数中第三个参数为可选,如果缺省,默认为从起始位置截取到字符串的最后一个字符。
② 如果要提取的字符串的起始位置大于被截取的字符串的长度,则返回值为空字符串。

如:MID("abcdef",3,2)的结果是"cd";
MID("abcdef",8,2)的结果是空字符串""。

● VLOOKUP 函数

VLOOKUP 函数用于在单元格区域的首列中查找指定的值,并返回该值所在行中指定列的值。函数语法为:

VLOOKUP(要查找的项,包含查找项的单元格区域,要返回的值在单元格区域中的列号,近似匹配(TRUE)或精确匹配(FALSE))。

说明:
① 查找项必须位于单元格区域的首列,例如,若查找项位于 C 列,则单元格区域应该从 C 列开始。
② 如果包含查找项的单元格区域是 C2:D11,返回值在 E 列,则应该将 C 列计为第一列,E 列作为第三列,以此类推。
③ 函数中的第四个参数为可选项,如果需要返回值的近似匹配,可以指定为 TRUE;如果需要返回值的精确匹配,则指定为 FALSE。如果没有指定任何内容,默认值为 TRUE。

本题操作步骤如下:
① 选中 D2 单元格,在编辑栏中输入"=VLOOKUP(MID(A2,3,2),班级编号对照表!$A$2:$B$4,2,FALSE)"。
② 按下【Enter】键或者单击"输入"按钮✓,得到该生的班级名称。
③ 复制公式得到其他同学的班级名称。

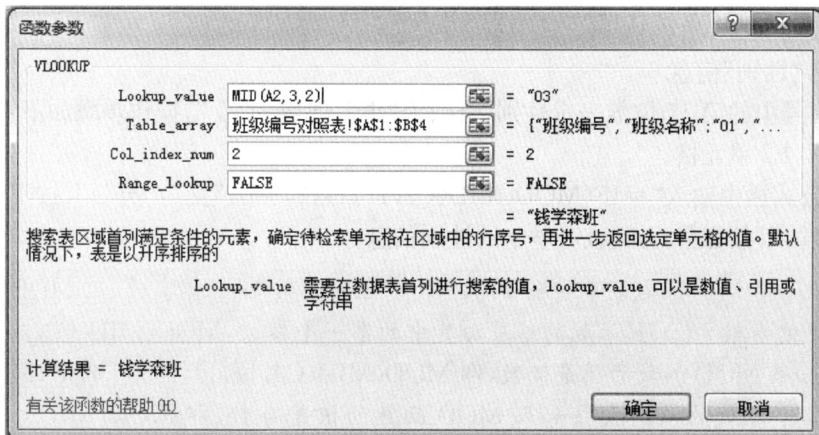

图 3-48 VLOOKUP 函数参数对话框

> 说明：① 在公式中，MID 函数用于获取班级编号，VLOOKUP 函数用于查找，即在班级编号对照表的 $A$1:$B$4 单元格区域的第 1 列（A 列）查找 MID 函数获取的班级编号，找到后，返回第 2 列（B 列）的班级名称。
>
> ② 为了便于公式复制，MID 函数中使用了单元格相对引用，而 VLOOKUP 函数的"查找区域"使用了单元格绝对引用，以保证在公式复制时，查找区域保持不变，参数"FALSE"表示查找的时候要精确匹配。
>
> ③ 单击"插入函数"按钮，在弹出的对话框中选择 VLOOKUP 函数，然后在"函数参数"窗口中设置参数如图 3-48 所示，也可以完成此项操作。

（2）根据身份证号，完善出生日期、性别和年龄信息

根据国家规定，我国居民的身份证号共有 18 位，其中：

第 1～6 位（6 位数字）为地址码，代表身份证所有人的常住户口所在地。

第 7～14 位（8 位数字）为出生日期码，表示出生年份（4 位）、月份（2 位）和日期（2 位）。

第 15～17 位（3 位）为数字顺序码，是为同一地区同年同月同日出生的人编写的顺序号，顺序码是奇数代表男性，是偶数代表女性，所以，身份证号的第 17 位可以用来判断性别。

第 18 位是校验码。校验码是按照特定公式计算出来的，如果是 10 就用 X 来代替。

在此项操作中需要用到 MID、DATE、IF、DATEIF、TODAY、MOD 等函数。

● 完善"出生日期"信息

操作步骤如下：

① 选中 E2 单元格。

② 在编辑栏中输入"＝DATE(MID(C2,7,4),MID(C2,11,2),MID(C2,13,2))"，按下【Enter】键或者单击"输入"按钮☑，得到该名学生的出生日期。

③ 复制公式得到其他同学的出生日期。

> 说明：① DATE 函数用于将三个单独的值合并为一个日期。函数语法是：DATE(year,month,day)，三个参数分别对应年份、月份和日期，可以是数值，也可以是文本类型的数字。详细的使用方法可参看帮助。
>
> ② 本题中，通过 MID 函数得到出生的年份、月份和日期，分别作为 DATE 函数的三个参数，求得对应的出生日期。

● 完善"性别"信息

身份证号中的第 17 位数表示性别，奇数为"男"，偶数为"女"，操作步骤如下：

① 选中 F2 单元格。

② 在公式栏中输入"＝IF(MOD(MID(C2,17,1),2)＝0,"女","男")"，按下【Enter】键或者单击"输入"按钮☑，得到该名学生的性别信息。

> 说明：① 用 MID 函数获取身份证号中表示性别的第 17 位数。② 用 MOD 函数求得该数除以 2 的余数。③ IF 函数的结果由其中的第一个参数：MOD(MID(C2,17,1),2)＝0 来决定，如果 MOD 函数的值是偶数，即 MOD(MID(C2,17,1),2)＝0 的值为 True，则输出其中第二个参数的值："女"；如果 MOD 函数的值是奇数，即 MOD(MID(C2,17,1),2)＝0 值为 False，则输出其中第三个参数的值："男"。

③ 复制公式得到其他同学的性别信息。

● 完善"年龄"信息

年龄用系统当前日期和出生日期之间的年份之差来表示,系统当前日期可由 TODAY() 函数来求,年份之差可由 DATEDIF 函数求得。操作步骤如下:

① 选中 G2 单元格。

② 在编辑栏中输入"=DATEDIF(E2,TODAY(),"Y")",按下【Enter】键或者单击"输入"按钮✓,得到该名学生的年龄信息。

③ 复制公式得到其他同学的年龄信息。

> 说明:① DATEDIF 函数返回两个日期之间的年数、月数或者天数,函数共有 3 个参数,本例中,参数"E2"表示起始日期,参数"TODAY()"表示结束日期,参数"Y"表示求年数之差。如果参数"Y"换成"M",表示求月份之差,换成"D",表示求天数之差。② 本题公式中由于使用函数 TODAY(),所以年龄值会随系统日期的变化而和样张有所不同。

(3) 完善"总分"信息

"总分"值取自"学生中考成绩"表中的"总成绩"列。操作步骤如下:

① 选中 H2 单元格,并在单元格中输入"="。

② 单击"学生中考成绩"工作表标签,在"学生中考成绩"工作表中选中单元格 J2。

③ 按下【Enter】键或者单击"输入"按钮✓,得到该名学生的总分。

④ 复制公式得到其他同学的总分信息。

> 说明:这样操作的好处是当"总成绩"发生变化时,"总分"值会随之改变,而使用选择性粘贴则不行。

(4) 根据总分,完善"名次"和"奖学金"信息

将总分从高到低排序,可以得到每个同学的名次,并且规定,排名第一的同学授予一等奖学金,排名第 2 和第 3 的同学授予二等奖学金,其他同学的奖学金信息为"无"。

这项操作需要用到的函数包括 RANK 和 IF,操作步骤如下:

● 完善"名次"信息

① 选中 I2 单元格,并在编辑栏中输入"=RANK.EQ(H2,$H$2:$H$19,0)"。

② 按下【Enter】键或者单击"输入"按钮✓。得到该名学生的名次。

③ 复制公式得到其他同学的名次。

> 说明:① RANK 函数和 RANK.EQ 函数是按照美国方式进行排序的,如果有两个第 2 名时,它会认为没有第 3 名,而接着显示第 4 名。
> ② RANK.EQ 函数中的第 2 个参数用于指定参与排序的单元格区域,在复制公式时是不能改变的,所以单元格区域采用绝对引用。
> ③ RANK.EQ 函数中的第 3 个参数指定排序方式,可选,默认降序。因为此处是要降序排列,所以该参数值取 0 或者省略;如果要升序排列,参数值应该取 1。

● 完善"奖学金"信息

① 选中 J2 单元格,并在编辑栏中输入"=IF(I2<=1,"一等奖",IF(I2<=3,"二等奖","无"))"。

② 按下【Enter】键或者单击"输入"按钮☑。得到该名学生的奖学金信息。

> 说明：IF 函数最多允许嵌套 64 层，每一层 IF 函数的结果都由其第一个参数，一个"逻辑表达式"决定。本例中，IF 函数的执行过程是：首先判断名次是否小于等于 1，如果是，则输出"一等奖"，否则执行函数 IF(I2<=3,"二等奖","无")，即判断名次是否小于等于 3，如果是，输出"二等奖"，否则，输出"无"。

③ 复制公式得到其他同学的奖学金信息。

（5）格式化表格

选中表格数据区域，套用一种表格格式，并取消列标题行的筛选标记。

操作结果如图 3-49 所示。

	A	B	C	D	E	F	G	H	I	J
1	学号	姓名	身份证号	班级	出生日期	性别	年龄	总分	名次	奖学金
2	210305	萧宇航	342222200208017870	钱学森班	2002/8/1	男	19	629	15	无
3	210203	李杰	530102200205293520	周有光班	2002/5/29	女	19	621	17	无
4	210104	阎嘉璐	512323200501160018	华罗庚班	2005/1/16	男	16	656	9	无
5	210301	章哲红	342222200402017870	钱学森班	2004/2/1	男	17	657	8	无
6	210306	宗荔	650102200405303520	钱学森班	2004/5/30	女	17	659	7	无
7	210206	杭宏	512323200301160018	周有光班	2003/1/16	男	18	652.5	10	无
8	210302	李云梦	342222200402017870	钱学森班	2004/2/1	男	17	616	18	无
9	210204	于宝茜	110102200405293520	周有光班	2004/5/29	女	17	645.5	12	无
10	210201	井柏全	512323200404150018	周有光班	2004/4/15	男	17	674.5	4	无
11	210304	胡沈芳	342222200312017870	钱学森班	2003/12/1	男	18	662	6	无
12	210103	李琳	650102200402213520	华罗庚班	2004/2/21	女	17	649	11	无
13	210105	刘汉	512323200041160018	华罗庚班	2003/5/16	男	18	635	14	无
14	210202	雷云国	342222200311117870	钱学森班	2003/11/11	男	18	639	16	无
15	210205	江漾	650102200405293520	周有光班	2004/5/29	女	17	675.5	3	二等奖
16	210102	汤穆	512323200409160018	华罗庚班	2004/9/16	男	17	680	2	二等奖
17	210303	李志	342222200310017870	钱学森班	2003/10/1	男	18	628	16	无
18	210101	张毅	650102200406293520	华罗庚班	2004/6/29	女	17	703.5	1	一等奖
19	210106	赵萍	320423200410060018	华罗庚班	2004/10/6	男	17	672	5	无

图 3-49　"学生基本情况"表的制作结果

3."成绩情况统计"工作表的完善制作

在"成绩情况统计"工作表中，要求运用相关函数，进行较为复杂的统计运算，完成一份统计报告。

单击工作表标签"成绩情况统计"，选中该工作表，依次完成以下操作。

（1）根据"学生基本情况"表，统计总分介于 650~700 之间的人数

本题中的计数要同时满足两个条件，即总分>=650 和总分<=700，所以选用 COUNTIFS 函数。操作步骤如下：

① 选中 B3 单元格，单击"公式"组中的"插入函数"按钮。

② 在打开的"插入函数"对话框中，选择函数 COUNTIFS，单击"确定"按钮，打开"函数参数"对话框。

③ 在"函数参数"对话框中设置参数如图 3-50 所示，并单击"确定"按钮，求得人数。

此时，在编辑栏中显示公式：=COUNTIFS(学生基本情况! H2:H19,">=650",学生基本情况! H2:H19,"<=700")。

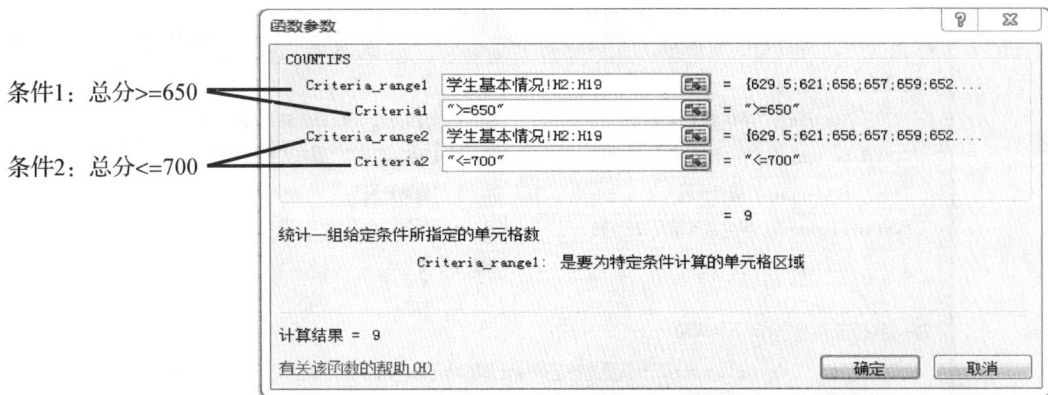

条件1：总分>=650

条件2：总分<=700

图 3-50　COUNTIFS 函数参数对话框

说明：① COUNTIFS 函数用于多条件计数，多个条件必须同时满足。

② COUNTIFS 函数的参数总是成对出现，每对参数由一个单元格区域和一个条件表达式组成，当只有一对参数时，功能等同于 COUNTIF。

④ 写出统计总分介于 650~700 之间的女生人数的公式。

（2）根据"学生基本情况"工作表，求"华罗庚班"总成绩的平均值

本题要求对"总成绩"求均值，但是有一个条件，即班级是"华罗庚班"，所以选用 AVERAGEIF 函数。操作步骤如下：

① 选择 B4 单元格。

② 在编辑栏中输入公式"＝AVERAGEIF(学生基本情况！D2:D19,"华罗庚班",学生基本情况！H2:H19)"。

③ 按下【Enter】键或者单击"输入"按钮✓，得到总成绩的平均值。

说明：① AVERAGEIF 函数用于对符合单个条件的单元格求平均值。

② AVERAGEIF 函数中的第 1 个和第 2 个参数必选，用于指定条件，第 3 个参数可选，用于指定求均值的单元格区域。当该参数缺省时，则对第 1 个参数中指定的单元格区域求均值。所以，本题中函数的功能是：找出"学生基本情况"工作表的"班级"一列中值为"华罗庚班"的单元格，并求其所在行"总分"列的平均值。

（3）根据"学生基本情况"工作表，求"周有光班"女生的总成绩之和

对于条件求和问题，如果只有一个条件，可以用 SUMIF 函数，其用法和 AVERAGEIF 函数类似；如果有多个条件，可以使用 SUMIFS 函数。

本题中有两个条件，一是限定"班级"是"周有光班"，二是限定"性别"是"女"，所以本题使用 SUMIFS 函数。操作步骤如下：

① 选择 B5 单元格，在单元格中输入"＝SUMIFS("，单击"公式"选项卡中的"插入函数"按钮，快速打开 SUMIFS 函数参数对话框。

② 将光标定位在"Sum_range"文本框中，选择"学生基本情况"工作表中用于求和的单元格区域 H2:H19。

③ 将光标定位在"Criteria_range1"文本框中，在"学生基本情况"表中选择第一个条件

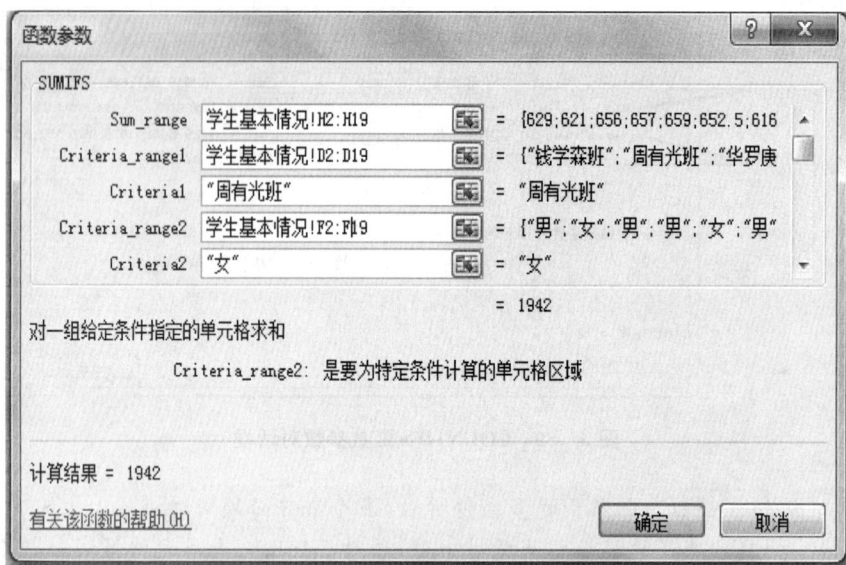

图 3-51　SUMIFS 函数参数对话框

判断区域"D2:D19"；

④ 将光标定位在"Criteria1"中，输入条件值""周有光班""。

⑤ 将光标定位在"Criteria_range2"文本框中，在"学生基本情况"表中选择第二个条件判断区域"F2:F19"。

⑥ 将光标定位在"Criteria2"中，输入条件值""女""，设置结果如图 3-51 所示。

⑦ 单击"确定"按钮，得到计算结果。

观察编辑栏，其中公式为：＝SUMIFS(学生基本情况! H2:H19,学生基本情况! D2:D19,"周有光班",学生基本情况! F2:F19,"女")。

说明：① SUMIFS 函数用于多条件求和，多个条件必须同时满足。

② 函数中的第 1 个参数用于指定待求和的单元格区域，其余参数用于表示条件，一般成对出现。

③ "周有光班"和"女"是文本型数据，所以要加引号。

④ 在引用其他表的单元格区域时，直接选取比输入更加方便。

（4）根据"学生基本情况"表，求 2004 年出生的男生的平均总分

在 Excel 中，对满足条件的单元格求均值有两个函数，即 AVERAGEIF 函数和 AVERAGEIFS 函数，分别用来解决单一条件求均值和多条件求均值的问题。本题中的条件有两个，其一是"2004 年出生"，其二是性别为"男"，因此选用 AVERAGEIFS 函数。

AVERAGEIFS 函数和 SUMIFS 函数用法相同，参照上题的操作步骤，计算 2004 年出生的男生的平均总分，并将计算结果保存在"成绩情况统计"表的 B6 单元格中。

提示："2004 年出生"其实隐含了两个条件，即出生日期＞＝2004/1/1 和出生日期＜＝2004/12/31，再加上性别为"男"，本函数中实际上有三个条件。

（5）根据"学生中考成绩"工作表,求"03"号班级的语文总分。

本题属于条件求和,而且只有一个条件,即班级编号是"03"。因为表中并没有"班级编号"一列,所以无法使用 SUMIF 函数。对于此类求和问题,常使用积和函数 SUMPROCDUCT。

SUMPROCDUCT 函数的语法形式为 SUMPRODUCT（array1，［array2］，［array3］，…）,其中的 array1,array2 是数值型的数组。

函数的功能是对数组的对应元素之积求和,即在给定的几组数组中,将数组间对应的元素相乘,并返回乘积之和。

在 Excel 中,逻辑值具有 TRUE＊1＝1 和 FALSE＊1＝0 的特性,因此可以把需要满足的条件写成值为 TRUE 或者 FALSE 的逻辑表达式,利用此特性,将逻辑值转化为 1 或 0,这样,所有表示条件的数组都可以转化为由 0 和 1 组成的数组,而函数的计算结果就是符合所有条件的元素之和。

在本题中,学号的第 3 和第 4 位为班级编号,则求"03"号班级的语文总分的公式为"＝SUMPRODUCT((MID(学生中考成绩！\$A\$2：\$A\$19,3,2)＝"03")＊1,(学生中考成绩！C2:C19))"

在上述公式中,参数"MID(学生中考成绩！\$A\$2：\$A\$19,3,2)＝"03""表示用 MID 函数截取学号,求得每个学生的班级编号,并和"03"进行等值比较,如果相等,表达式值为 TRUE,否则为 FALSE,因此是一个由 TRUE 和 FALSE 组成的数组。根据 TRUE＊1＝1 和 FALSE＊1＝0,上述数组就转化为一个由 0 和 1 组成的数组,"03"号班级的学生对应的数组元素值为 1,其余为 0。参数"学生中考成绩！C2:C19"是一个由语文成绩组成的数组。这样,根据 SUMPRODUCT 函数的功能,只有"03"号班级的学生的语文成绩才能被计入总分。

选择"成绩情况统计"工作表的 B7 单元格,输入上述公式,得到计算结果。

（6）根据"学生中考成绩"工作表,求"03"号班级"李"姓同学的数学总分。

在本例中,求和条件有两个,其一,班级编号是"03",其二,"李"姓同学。同上题,表中没有班级编号和表示姓氏的列,所以,使用 SUMPROCDUCT 函数进行求和计算。公式如下:

＝SUMPRODUCT((MID(学生中考成绩！\$A\$2：\$A\$19,3,2)＝"03")＊1,(LEFT(学生中考成绩！\$B\$2：\$B\$19,1)＝"李")＊1,(学生中考成绩！D2:D19))

> 说明:本题中的 SUMPRODUCT 函数求三个数组的对应元素之积的和。
>
> ① 参数"(MID(学生中考成绩！\$A\$2：\$A\$19,3,2)＝"03")＊1"和上题一样,是一个由 0 和 1 组成的数组,若班级编号为"03",在数组中的对应元素为 1,否则为 0。
>
> ② 在参数"LEFT(学生中考成绩！\$B\$2：\$B\$19,1)＝"李")＊1"中,LEFT 函数用于从"姓名"中截取其左侧第一个字符,即学生的姓氏,并与"李"进行等值比较,然后由 TRUE＊1＝1 和 FALSE＊1＝0,,得到一个由 0 和 1 组成的数组,如果姓"李",在数组中的对应元素为 1,否则为 0。
>
> ③ 参数"学生中考成绩！D2:D19",是由学生的数学成绩组成的数组。
>
> 上述三个数组的对应元素的乘积之和,即是班级编号为"03"且姓氏为"李"的同学的数学成绩之和。

选择"成绩情况统计"表的 B8 单元格,输入公式并计算。

（7）表格的格式化

① 将表格标题居中放置，并设置字体为"微软雅黑"，字号为"16"；

② 将表格列标题的字体也设置为"微软雅黑"；

③ 调整 A 列宽为自动宽度，B 列宽度为 19；

④ 调整各行行高为 25，并设置所有单元格上下居中、左右居中；

⑤ 选中表格内容区域，套用表格格式为"表样式中等深浅 2"；

⑥ 将"结果"列数据的小数点位数设置为 0。

效果如图 3－52 所示。

统计项目	结果
总分介于650-700之间的人数	9
华罗庚班的总成绩的平均值	666
周有光班的女生总成绩之和	1942
2004年出生的男生的总成绩的平均值	660
"03"号班级的语文总分	548
"03"号班级"李"姓同学的数学总分	195

图 3－52　"成绩情况统计"表的制作结果

（8）保存文件。

四、实战练习和提高

下载压缩文件"Excel 项目 2 资源"并解压缩，打开其中的工作簿文件"项目 2 练习_原始材料.xlsx"，将其另存为"项目 2 练习.xlsx"，在此文件中，按以下步骤完成对某公司的产品销售情况及销售人员信息统计和完善。操作结果可参看 PDF 文档"项目 2 练习_样张.pdf"。

1. 参照"产品基本信息表"，采用直接输入公式或者设置"函数参数"对话框的方法，分别在"一季度销售情况表""二季度销售情况表"中填入各型号产品对应的单价，并保留 2 位小数，使用千位分隔符。

提示：本题需要根据本表中的产品型号在"产品基本信息表"中查找单价，所以选用 VLOOKUP 函数。以"一季度销售统计表"中的 E2 单元格为例，查找项是产品型号，故函数的第一个参数是 B2；"产品基本信息表"中的"产品型号"是 F 列，由于查找区域的首列必须是查找项所在的列，所以查找区域，即函数的第二个参数是"F2：G21"；"单价"列是 G 列，即返回值是该区域中的第 2 列，所以第三个参数是"2"；第四个参数一般为"精确查找"，即 False。

注意：① 通过复制公式可以得到各型号产品对应的单价，但是查找区域对于各型号产品都是不变的，所以，在公式中，查找区域应采用绝对引用。

② 用填充柄复制公式时，通过单击智能标记，打开"自动填充选项"快捷菜单，选择"不带格式填充"，可以保持单元格原来的格式。

2. 在"一季度销售情况表""二季度销售情况表"中计算销售额(销售额＝单价＊销售数量),要求保留 2 位小数,使用千位分隔符。

> **提示:**以求"一季度销量"为例,根据当前的产品型号,在"一季度销售情况表"中,对该产品型号对应的"销售量"单元格求和,属于条件求和,而且只有一个条件,所以选用 SUMIF 函数。
>
> 选中单元格 C2,输入公式"＝SUMIF(一季度销售情况表! \$B\$2:\$B\$44,B2,一季度销售情况表! \$D\$2:\$D\$44)",求得型号为"P-01"的产品的一季度销量;然后,通过公式复制得到其他型号产品的一季度销量。
>
> 同理,可求得各型号产品的二季度销量以及一、二季度的销售额。

> **注意:**只有选择合适的地址引用方式,才能在复制公式时得到正确的结果。

3. 在"产品销售汇总表"中,按照产品型号统计产品一季度、二季度的销量和销售额,要求"销售额"列小数位数为 0,并使用千位分隔符。

4. 在"产品销售汇总表"中,根据一季度和二季度的销量和销售额,求出一、二季度的销售总量和销售总额。

5. 在"产品销售汇总表"中,根据总销售额从高到低进行排名,并把排名结果填入"总销售额排名"列。要求将排名在前 3 位和后 3 位的产品名次分别采用"红色,加粗倾斜"和"蓝色,加粗倾斜"的格式标出。

> **提示:**① 排名可用 RANK 函数实现。② 对"总销售额排名"的格式设置,可以单击"条件格式"按钮,在下拉菜单中选择"项目选取规则|值最大的 10 项"来设置排名在后三位的单元格格式,然后重复上述操作,选择"值最小的 10 项"来设置排名在前三位的单元格格式。

6. 锁定"产品销售汇总表"的首行和首列,使之始终可见。

7. 隐藏"产品销售汇总表"中"排名"列中的公式。

图 3-53 是制作完成的"产品销售汇总表"中的部分数据。

	A	B	C	D	E	F	G	H	I
1	产品类别代码	产品型号	一季度销量	一季度销售额	二季度销量	二季度销售额	一二季度销售总量	一二季度销售总额	总销售额排名
2	A1	P-01	508	840,232.00	428	707,912.00	936	1,548,144.00	*3*
3	A1	P-02	570	448,020.00	383	301,038.00	953	749,058.00	8
4	A1	P-03	378	1,642,410.00	411	1,785,795.00	789	3,428,205.00	*1*
5	A1	P-04	166	355,738.00	186	398,598.00	352	754,336.00	7
6	A1	P-05	437	371,013.00	254	215,646.00	691	586,659.00	11
7	B3	T-01	577	357,163.00	116	71,804.00	693	428,967.00	15
8	B3	T-02	488	291,824.00	309	184,782.00	797	476,606.00	14
9	B3	T-03	101	93,728.00	553	513,184.00	654	606,912.00	10
10	B3	T-04	373	286,837.00	667	512,923.00	1040	799,760.00	6

图 3-53　"产品销售汇总表"中的部分数据

8. 在"销售人员基本情况表"中,根据身份证号求出出生日期、性别、年龄信息,并填入相关列中,要求将"出生日期"列的格式设置为"年/月/日"。

9. 在"销售人员基本情况表"中,根据入职时间求得工龄信息,填入"工龄"列。工龄的计算方法和年龄类似，是系统当前日期和入职时间之间的年份之差。

> 提示：函数选用可参照本项目中"操作指导"→"学生情况表的完善制作"→"(2)根据身份证号，完善出生日期、性别和年龄信息"中的内容。

10. 在"销售人员基本情况表"中，"工号"中的第 3 位代表部门编号，要求根据"工号"和"部门信息表"求得所在部门名称，并填入"部门"列。

11. 保存文件。

项目三　销售统计图表的制作

【微信扫码】
Excel 项目 3 资源

一、内容描述和分析

1. 内容描述

本项目的任务是制作完成某公司的产品销量统计表和销售情况分析表,要求运用所学知识完成数据计算以及表格的美化,并且根据不同要求,选用合适的图表类型,形象展示数据的变化规律和特征,使销售现状和变化趋势一目了然,为决策工作提供依据。

2. 涉及知识点

本项目除涉及数据录入、函数和公式、格式设置等前期已经介绍过的知识点外,主要学习图表的插入和编辑、迷你图以及图片、艺术字在 Excel 中的应用,此外还涉及外部数据导入等知识。

3. 注意点

Excel 提供了多种常用图形及其子类型,不同图形用法不同,在选用图形时一定要结合制作图表的目的。

二、相关知识和技能

1. 图表简介

图表是对数值的可视化表示,特别适用于概括一系列数字和这些数字之间的相互关系,从而帮助我们发现某些在其他情况下容易被忽视的趋势和模式。

图表是动态的,因为图表系列是和工作表中的数据相连的,如果这些数据发生变化,那么图表会自动更新,反映出这些变化。此外,在创建一个图表后,还可以更改其类型和格式、添加或删除特定元素、更改现有的数据系列等。

图表可以嵌入到工作表中,也可以显示在单独的工作表图表中。前者被称为嵌入式图表,它一般与数据源一起出现,可以和其他绘图对象一样,调整大小、比例、移动位置,后者则与数据源分离,单独占用一张工作表。

2. 图表类型

创建图表的目的是为了表达一种观点,或传达特定的信息,选择正确的图表类型是提高信息表达效果的关键因素。在 Excel 2016 中,除了原有的柱形图、条形图、饼图等 11 大类,还提供了直方图、排列图、瀑布图、旭日图、箱形图和树状图等 6 种新的图表类型。表 3-2中列出了部分图表类型的用法。

表 3-2　Excel 中的图表类型及其常规用法

图表类型	常规用法
柱形图	用于对各系列数据进行直观比较,通常横坐标表示类型,纵坐标表示数值
条形图	用法与柱形图类似,只是横坐标表示数值,纵坐标表示类型
折线图	用于直观描述在相等时间间隔下,数据系列的变化趋势
面积图	用面积来表示数值的大小,可以表示一个数据系列的变化幅度,也可以显示部分与整体的关系
饼图	用于描述一个数据系列中的每一个数据的占比情况
散点图	用于衡量两变量之间的关系,也常用于矩阵关联分析
股价图	用于显示股价的波动,也用于表示其他科学数据
直方图	用于显示数据在几个离散的数据范围内的数量,比如学生在几个分数段中的人数
瀑布图	用于显示一系列数字的累积效果,这些数字可以是正数也可以是负数,比如商场每个月的利润

3. 图表的组成

如图 3-54 所示,一张图表主要由以下部分组成。

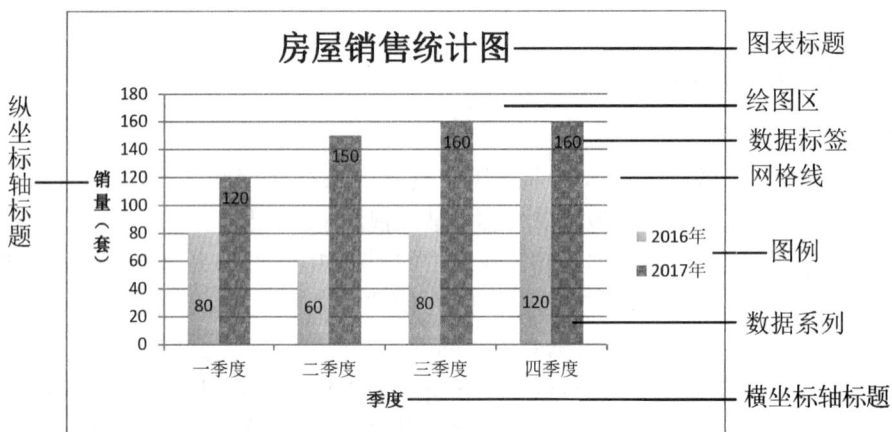

图 3-54　Excel 图表的组成

图表标题:描述图表名称,一般位于图表顶端,可以省略。

坐标轴与坐标轴标题:坐标轴分成横坐标轴和纵坐标轴,坐标轴标题是对坐标轴的说明性文本。

图例:标识图标中各数据系列的颜色和名称。

绘图区:以坐标轴为界的区域,包括数据系列、分类名称、刻度、网格线和坐标轴标题等。

数据系列:一个数据系列对应表中的一行或一列数据,用同种颜色或者图案表示,与图例一致。

网格线:从坐标轴延伸出来并贯穿整个绘图区的线条系列,可以省略。

数据标签:标识数据系列中数据的详细信息,源于数据表中的值。

4. 图表的一般操作

(1) 创建图表

创建图表一般通过"插入"选项卡的"图表"组来完成,创建时可以选择图表类型,具体步骤如下:

① 选择需要创建图表的单元格区域。

② 在"插入"选项卡的"图表"组中选择一种图表类型,然后在其下拉列表中选择该类型的子类型。

> **说明**:单击"图表"组的扩展按钮,可打开"插入图表"对话框选择图表类型。

(2) 选择图表元素

对于一个已经创建好的图表可以进行编辑,在编辑之前首先需要选择图表元素,Excel 提供了三种用于选定特定图表元素的方法,即使用键盘、使用鼠标以及使用图表元素控件。前两种比较简单,在此主要介绍第三种方法。

在"图表工具|格式"选项卡的"当前所选内容"组中,有一个"图表元素"控件。该控件会显示当前选定的图表元素的名称,也可以在它的下拉列表中选择当前图表的某个特定元素。"图表元素"控件也显示在浮动工具栏中,当鼠标右击某个图表元素时,将显示相应的浮动工具栏。

(3) 编辑图表元素

用于处理图表元素的方式主要有四种:"设置格式"任务窗格、图表自定义按钮、功能区和浮动工具栏。

● 使用"设置格式"任务窗格

每个图表元素都有自己唯一的"设置格式"任务窗格,其中包含了特定于该元素的控件,打开任务窗格的常用方法包括以下三种:

① 双击图表元素。

② 右击图表元素,并在快捷菜单中选择"设置 xxxx 格式"命令(xxxx 是元素的名称)。

③ 选择图表元素,在"图表工具|格式"选项卡的"当前所选内容"组中,单击"设置所选内容格式"按钮 。

● 使用图表自定义按钮

当选择图表后,在图表右侧会出现三个按钮:"图表元素"按钮、"图表样式"按钮和"图表筛选器"按钮(有些图表类型不显示该按钮)。

使用"图表元素"按钮,可以隐藏或显示图表中的特定元素;使用"图表样式"按钮可以在预置的样式中进行选择,或者更改图表的配色方案;使用"图表筛选器"可以隐藏或显示数据系列和数据系列中的特定点,也可隐藏或显示类别。

● 使用功能区

当选择一个图表元素时,可以使用功能区上的各个命令来改变图表元素的格式。例如,要更改柱形图中条形的颜色,可以使用"图表工具|格式"选项卡中的"形状样式"组中的命令。

● 使用浮动工具栏

当使用鼠标右击一个图表元素时，Excel 会弹出一个快捷菜单和一个浮动工具栏。浮动工具栏中包含一些图标（样式、填充、轮廓），单击这些图标将显示一些格式选项。

5. 迷你图

迷你图是绘制在单元格中的微型图表，用于直观反映数据系列的变化趋势，在打印工作表时，迷你图会与数据一起打印。迷你图看上去像小型的图表，但其实它们完全不同。例如，图表放置在工作表上的绘图层中，并且单个图表可以显示多个数据系列，而迷你图则显示在单元格中，并且只显示一个数据系列。

Excel 2016 提供了三种形式的迷你图，即折线迷你图、柱形迷你图和盈亏迷你图。

（1）创建迷你图

创建迷你图的步骤如下：

① 选中要存放迷你图的单元格。

② 在"插入"选项卡的"迷你图"组中选择需要的迷你图类型，打开"创建迷你图"对话框，设置数据范围和位置范围，单击"确定"按钮。

（2）改变迷你图类型

选中已经创建的迷你图，通过"迷你图工具 | 设计"选项卡中的相关组可以更改迷你图的数据源、类型、样式等。

（3）突出显示数据点

由"迷你图工具 | 设计"选项卡的"显示"组可突出显示数据中的最大值和最小值、首点、尾点、负值以及每一个数据。

三、操作指导

1. 销量统计表的制作

销量统计表的基础数据是每个分公司各季度的产品销售数量。要求根据这些数据汇总各分公司的年度销量和公司的总销量，并求出各个季度销量的占比情况；同时，插入合适的图表以形象地展现表中的数据。例如，选用柱形图比较每个分公司各季度的销售情况，选用折线图展示各分公司在一年中的销量变化，选用饼图展示每个季度的销量在总销量中的占比情况。

下载压缩文件"Excel 项目 3 资源"并解压缩。打开其中的工作簿文件"销售数据统计分析表_原始材料"，文件另存为"销售数据统计分析表"，然后对该工作簿文件做如下操作。操作中注意及时保存，操作结果可参看 PDF 文档"销售数据统计分析表_样张.pdf"。

（1）选择工作表 Sheet 1，输入表格列标题并设置格式

表格列标题及格式设置效果如图 3 - 55 所示，具体操作步骤如下：

① 选择单元格 A2，单击"开始"选项卡"单元格"组中的"格式"按钮，在弹出的下拉菜单中选择"行高"菜单命令，打开"行高"对话框，输入行高 43.5；同样，打开"列宽"对话框，设置列宽为 17.75。

② 单击"开始"选项卡中"字体"组的对话框启动器，打开"设置单元格格式"对话框，选择"边框"选项卡；在"边框"选项卡中选择线条样式为"细实线"，然后单击"斜线"按钮，继续单击"确定"按钮，关闭对话框，可见斜线绘制完成。

	A	B	C	D	E	F
1	禾赛公司光谱分析仪销量统计表					
2	季度 分公司	一季度	二季度	三季度	四季度	销量趋势
3	东北分公司	140	100	180	250	
4	华北分公司	120	200	150	300	
5	华南分公司	130	180	220	270	
6	华东分公司	150	200	190	280	
7	西南分公司	100	80	200	180	
8	合计	640	760	940	1280	
9	总销量	3620				
10	占比例	17.68%	20.99%	25.97%	35.36%	

图 3－55　禾赛公司光谱分析仪销量统计表

说明：单击“插入”选项卡中“插图”组的“形状”按钮，选择“直线”╲，也可以绘制斜线。

③ 在“插入”选项卡的“文本”组中单击“文本框”按钮，在单元格 A2 中的斜线上方插入文本框，并输入“季度”。

④ 选定“季度”文本框，进行格式设置。在“开始”选项卡“字体”组中设置字体为“宋体，16 号”；在“绘图工具|格式”选项卡的“形状样式”组中单击“形状填充”按钮，在下拉列表中选择“无填充颜色”，单击“形状轮廓”按钮，在下拉列表中选择“无轮廓”。

⑤ 在单元格 A2 中的斜线下方插入文本框，并输入“分公司”，设置字体和文本框格式同④。

⑥ 设置其他列标题格式为“宋体、20 号、水平居中、垂直居中”。

⑦ 选中 B～F 列，设置列宽为 17.75。

(2) 数据单元格区域的格式设置

选择单元格区域 A3：E10，设置行高为 25.5，单元格格式为“宋体、16 号、水平居中”。

(3) 计算总销量以及每个季度的销量合计及占比情况

● 计算合计

选择单元格区域 B3：E8，单击“公式”选项卡“函数库”组中的“自动求和”按钮 Σ，计算出每个季度的销量合计。

● 计算总销量

双击单元格 B9，在单元格中输入公式“＝SUM(B8：E8)”，并按下回车键【Enter】，得到年度总销量；选中单元格区域 B9：E9，单击“开始”选项卡中的“合并后居中”按钮，合并单元格。

● 计算占比情况

单击单元格 B10，在编辑栏中输入公式“＝ B8/＄B＄9”，计算出一季度销量占全年的比例；拖动填充手柄至 E10 单元格，通过公式复制计算出其他各季度的占比情况。

● 格式设置

选中单元格区域 B10:E10，单击"开始"选项卡中"数字"组的"百分比样式"按钮 % 和 "增加小数位数"按钮 .68，将单元格格式设置为带有两位小数的百分比样式。

（4）插入和修改迷你图

具体操作步骤如下：

① 选择单元格 F3，单击"插入"选项卡"迷你图"组中的"折线图"按钮，打开"创建迷你图"对话框，设置参数如图 3-56 所示，然后单击"确定"按钮，完成迷你图的插入。

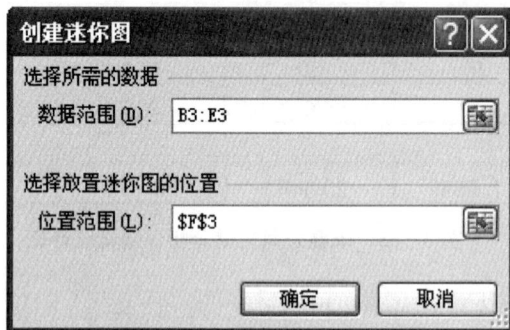

图 3-56　"创建迷你图"对话框

② 单击"迷你图工具|设计"选项卡，选中"标记"复选框，单击"迷你图颜色"按钮，设置迷你图颜色为"黑色"，粗细为"1.5 磅"，单击"标记颜色"按钮，设置"高点"为"红色"，"低点"为"深蓝色"。

③ 选中 F3 单元格，拖动填充柄至 F8，在其他单元格中也插入迷你图。

说明：选中单元格，然后单击"迷你图工具|设计"选项卡，在"分组"组中单击"清除"按钮 清除，可以删除其中的迷你图。

（5）设置表格的底纹和边框

操作步骤如下：

① 选中单元格区域 A2:F2，打开"设置单元格格式"对话框，选择"填充"选项卡，单击"图案颜色"列表框，在下拉列表中选择"红色，个性色 2，淡色 60%"；单击"图案样式"列表框，在下拉列表中选择"75%，灰色"；单击"确定"按钮，关闭对话框。

② 选中表格区域 A2:F10，在"开始"选项卡的"字体"组中单击"边框"按钮，在下拉列表中选择"其他边框"，打开"设置单元格格式"对话框的"边框"选项卡，设置外框线为"粗实线、深蓝"，内框线为"双线、蓝色"。

③ 单击"确定"按钮，关闭"设置单元格格式"对话框。

（6）插入艺术字

操作步骤如下：

① 设置第 1 行行高为 76.5。

② 单击"插入"选项卡"文本"组中的"艺术字"按钮，在打开的"艺术字样式"列表中选择任意样式，出现"请在此放置您的文字"的艺术字编辑框。

③ 删除原有文字,输入"禾赛公司光谱分析仪销量统计表"。

④ 选中艺术字编辑框,在"艺术字样式"组中设置"文本填充—蓝色,文本轮廓—黑色文字 1,文本效果—阴影(外部,向下偏移),转换(弯曲,双波形 2)"。

⑤ 将艺术字移至第 1 行,靠左放置,并参照图 3-55 调整艺术字区域。

(7) 插入图片

在"插入"选项卡的"插图"组中单击"图片"按钮 ,打开"插入图片"对话框,选择文件"项目 3 图片素材.png",并调整至合适大小,放置在插入的艺术字右侧。

(8) 制作簇状柱形图展示每个季度中各公司的销量

制作簇状柱形图分成两步,首先创建图表,然后美化图表。

● 创建图表

操作步骤如下:

① 选择数据单元格区域 A2:E7。

② 在"插入"选项卡的"图表"组中,单击"柱形图"按钮 ,在"三维柱形图"组中选择"三维簇状柱形图" 。此时,在工作表中生成相应的三维簇状柱形图,同时,功能区"图表工具|设计"选项卡被激活。

③ 单击"数据"组的"切换行/列"按钮,比较四个季度中各分公司的销量。

④ 将光标移至图表区,当光标变成 时,按下鼠标左键,拖动图表到数据区域下方;将光标移至图表区右下角的控制点上,当光标变成 时,按住鼠标左键向右下方拖动,完成图表大小的设置。

● 美化图表

操作步骤如下:

① 在"图表工具|设计"选项卡中,单击"图表布局"组中的"快速布局"按钮,在下拉列表中选择"布局 9",此时,图表区中新增 1 个"图例"区域和 2 个"坐标轴标题"区域。

说明:使用出现在图表右侧的图表自定义按钮可以对图表进行个性化的设计,比如增减图表元素、设置图表样式、更改数据源;也可以使用浮动工具栏或者"图表工具|格式"选项卡中的"当前所选内容"组,对当前对象进行详细设置。

② 选定"图表标题"区域,在其中输入"光谱分析仪销量统计图",设置标题格式为"隶书、24 号、红色、加粗";选定垂直轴左侧的"坐标轴标题"区域,输入"销量",单击"开始"选项卡中"对齐方式"组的"方向"按钮 ,选择"竖排文字"菜单命令,将垂直轴标题设置为竖排文字,并设置格式为"楷体、20 号、加粗、深蓝";选定水平轴下方的"坐标轴标题"区域,输入"季度",文字格式设置与垂直轴标题相同。

③ 选定"图表"区域,单击"图表工具|格式"选项卡,在"形状"组中单击"形状轮廓"按钮,设置形状轮廓为"2.25 磅,实线";单击"形状效果"按钮,设置形状效果为"阴影、外部、向右偏移"。制作结果如图 3-57 所示,该图体现出每个季度中各分公司的销量大小。

(9) 制作折线图展示各分公司的年度销量变化

折线图可以在三维簇状柱形图的基础上制作,具体操作步骤如下:

① 选择图表区,在该图表区的下方复制得到一张新的图表。

② 选中新图表,单击"图表工具|设计"选项卡,在"类型"组中单击"更改图表类型"按

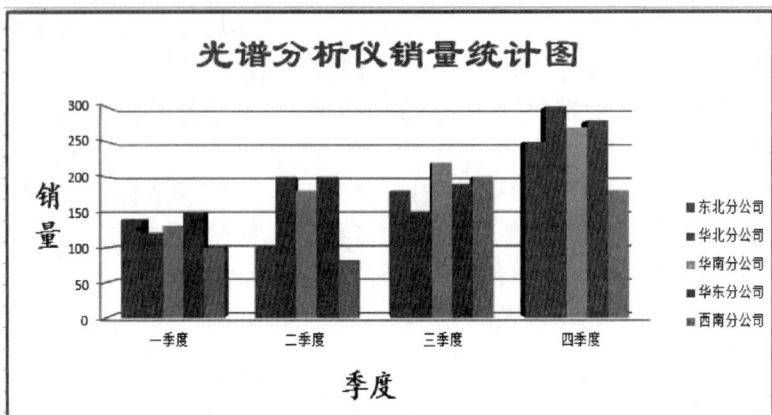

图 3-57　光谱分析仪销量统计柱形图

钮，打开"更改图表类型"对话框，选择"折线图"，如图 3-58 所示，单击"确定"按钮，图表变成折线图样式，每根折线代表一个分公司在一年中的销量变化。

③ 单击"图表工具|格式"选项卡，在"当前所选内容"组中的"图表元素"列表框中选择"绘图区"，并单击"设置所选内容格式"按钮，打开"设置绘图区格式"窗格，单击"填充"按钮，如图 3-59 所示，选择"图片或纹理填充"，单击"纹理"按钮，打开"纹理样式"列表，选择"再生纸"，如图 3-60 所示。

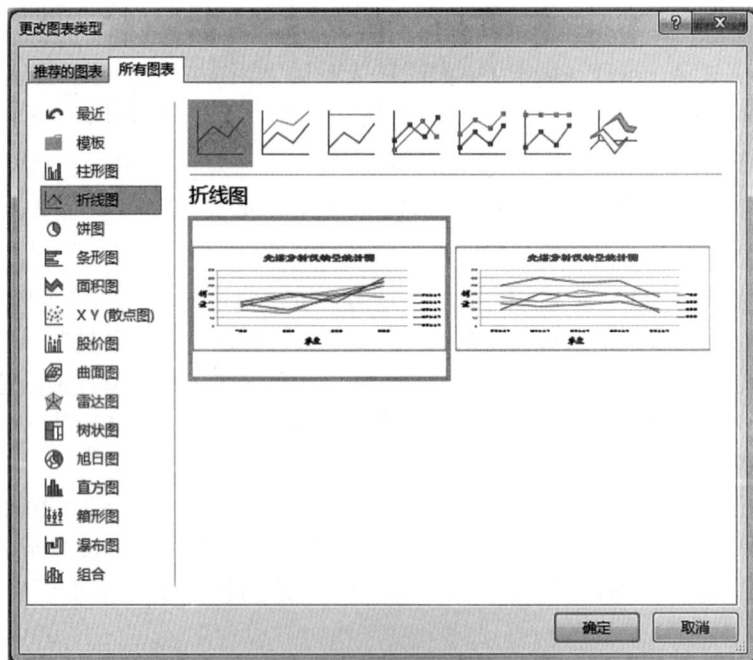

图 3-58　"更改图表类型"对话框

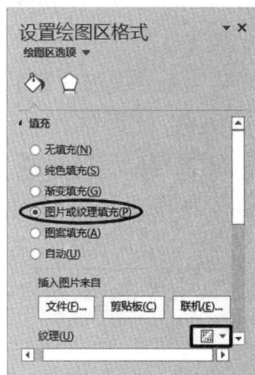

图 3-59 "设置绘图区格式"对话框

图 3-60 纹理样式列表

说明： 在打开图表的某一个设置格式任务窗格后，如果用鼠标选择图表的其他元素，任务窗格会发生相应的变化。如上例中，选中"图表区"后，任务窗格从"设置绘图区格式"转换成"设置图表区格式"。

④ 在"图表工具|布局"选项卡的"当前所选内容"组中，单击列表框的下拉箭头，选择"图表区"，此时，"设置绘图区格式"任务窗格转换成"设置图表区格式"任务窗格。单击"边框"按钮，选中"圆角"复选框，效果如图 3-61 所示。

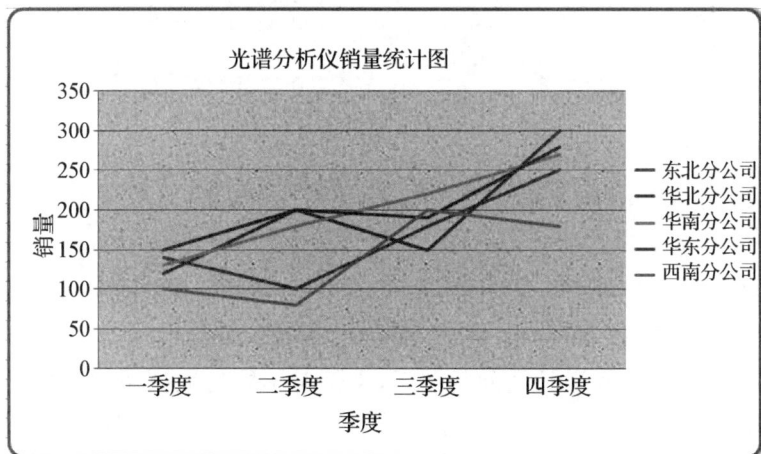

图 3-61 光谱分析仪销量统计折线图

（10）制作饼图展示每个季度的销量在年度总销量中的占比情况

制作饼图的操作步骤如下：

① 选取单元格区域 B2：E2，按住【Ctrl】键，再选取单元格区域 B10：E10（或者 B8：E8）。

② 单击"插入"选项卡，在"图表"组中单击"饼图"按钮 ，选择"三维饼图"，在工作表中生成一张默认样式的饼图。

③ 在"图表工具|设计"选项卡的"图表样式"列表中单击"样式 3"按钮，可见饼图样式发生变化。

④ 单击"图表标题"，在标题区中输入"各季度占总销量的比例"，并合理设置字体和字

号；双击"图例"区域，打开"设置图例格式"任务窗格，单击"图例选项"按钮📊，选择图例位置为"靠上"。

⑤ 在饼图上面单击，或者在"图表工具|格式"选项卡的"当前所选内容"组中选择"系列1"，打开"设置数据系列格式"任务窗格，单击"系列选项"按钮📊，设置"第一扇区起始角度"为30，"饼图分离程度"为25%；单击某一个数据标签，或者在"图表工具|格式"选项卡的"当前所选内容"组中选择"系列1数据标签"，打开"设置数据标签格式"任务窗格，单击"标签选项"按钮📊，设置标签位置为"数据标签外"。

⑥ 单击"图表区"，打开"设置图表区格式"任务窗格，在其中单击"填充与线条"按钮🖌，设置边框为"实线"，边框线宽度为"2磅"，形状为"圆角"，继续单击"边框颜色"按钮🖊，设置颜色为"红色"。效果如图3-62所示。

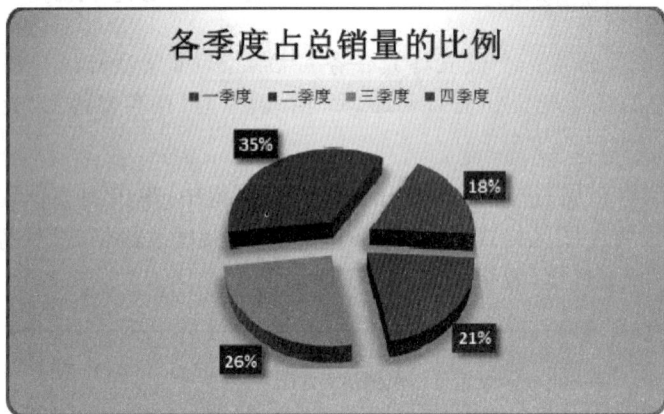

图3-62 光谱分析仪销量统计饼图

（11）更改工作表Sheet 1的标签为"销量统计表"，并单击"保存"按钮。

2. 制作销售数据分析表

销售数据分析表中的基础数据是2016～2020年间每年的产品销量及其在国内市场和国际市场销量的占比值，要求在一张图表中展示销量和国内外占比情况的变化趋势。

为了更好地展现数据和数据之间的关系，本例对不同的数据系列采用不同的图表类型，"销量"用柱形图表示，"国内市场占比"和"国际市场占比"用折线图表示；此外，由于"销量"和"国内市场占比""国际市场占比"之间的数值差距巨大，无法在一个坐标系中描述，因此在图表中引入次坐标轴。

在工作簿文件"销售数据统计分析表.xlsx"中，选择工作表Sheet 2，按序完成以下操作。

（1）输入表格标题并格式化表格

格式化之后的效果如图3-63所示，具体操作步骤如下：

① 在第1行上方插入一新行，然后在A1单元格中输入表格标题"2016～2020销售数据分析表"。

② 选中单元格区域A1:D1，在"开始"选项卡的"对齐方式"组中，选择"合并后居中"，使表格标题居中放置。

③ 选中单元格区域A2:D7，单击"开始"选项卡"样式"组中的"套用表格格式"按钮，选

	A	B	C	D
1	2016～2020销售数据分析表			
2	年份	销量（台）	国内市场占比（%）	国际市场占比（%）
3	2016年	890	22	5.6
4	2017年	1255	31.5	6.5
5	2018年	1668	35.2	7.3
6	2019年	2630	42.3	10.2
7	2020年	3620	51.6	13.5

图 3-63　2016～2020 销售数据分析表

择"表样式浅色9"。

④ 在打开的"表格工具|设计"选项卡的"表格样式选项"组中单击"筛选按钮",取消其中的筛选标记,从而去除表格中的筛选标记。

⑤ 选中表格区域 A1:D7,单击"单元格"组中的"格式"按钮,在下拉列表中选择"行高",并在打开的"行高"对话框中设置行高为15。

⑥ 依次单击"对齐方式"组中"居中"按钮和"垂直居中"按钮,使表格中的文字或数字均居中放置。

（2）绘制图表

绘制图表的操作步骤如下：

① 选中表格区域 A2:D7。

② 在"插入"选项卡"图表"组中单击"柱形图"按钮,选择"二维簇状柱形图",并单击"确定"按钮,结果如图 3-64 所示。

（3）给图表添加次坐标轴

添加次坐标轴的操作步骤如下：

① 先单击图 3-64 中的"图例"区,然后单击"国内市场占比（%）"项,右击鼠标,在快捷菜单中单击"设置数据系列格式",打开"设置数据系列格式"任务窗格,如图 3-65 所示,设置"系列绘制在"选项为"次坐标轴",单击"关闭"按钮。

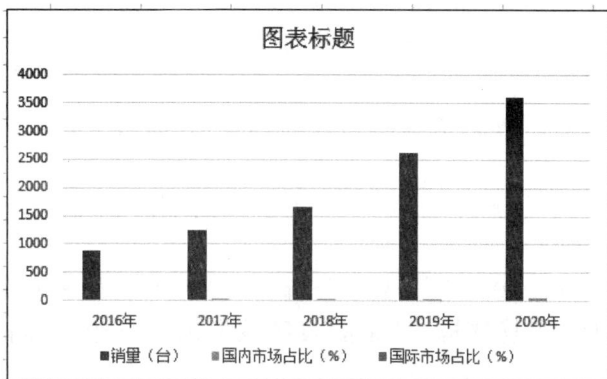

图 3-64　2016～2020 销售数据分析柱形图　　图 3-65　"设置数据系列格式"任务窗格

此时，图表中添加了最大值为60的次坐标轴。

② 选中"图例"区的"国际市场占比（％）"项，按步骤①同样设置"系列绘制在"选项为"次坐标轴"。结果如图3-66所示。

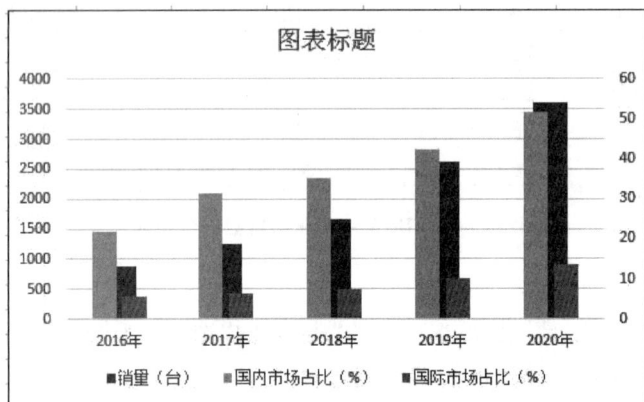

图3-66 添加次坐标轴后的2016～2020销售数据分析柱形图

（4）优化图表

优化图表的操作步骤如下：

① 选择图表中"国内市场占比（％）"数据系列，右击鼠标，选择"更改系列图表类型"命令，打开"更改图表类型"对话框，将"国际市场占比（％）"和"国内市场占比（％）"对应的图表类型设置为"折线图"，如图3-67所示，然后单击"确定"按钮。

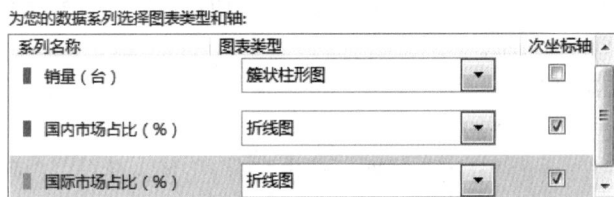

图3-67 更改图表类型

② 选择"国内市场占比（％）"数据系列，单击图表区右侧的"图表元素"按钮，在图表元素列表中选中"数据标签"，然后继续单击其右侧的箭头，在打开的列表中选择"上方"，可见在折线上方添加了数据标签。

用同样的方法给"国际市场占比（％）"数据系列添加数据标签，并放置在靠右的位置。

③ 选定"图例"区域，在"设置图例格式"任务窗格中，单击"填充与线条"按钮，设置边框为"实线，深蓝色"。

④ 选中图表标题，并输入文字"2016～2020销量数据分析表"，然后单击图表右侧的"图表元素"按钮 ⊞，选择"坐标轴标题"复选框，可见图表区域增加了三个坐标轴标题。

⑤ 选中图表左侧的主坐标轴标题，在任务窗格中单击"标题选项"中的"大小和属性"按钮 ▤，设置"对齐方式"组中的文字方向为"横排"，并输入标题"（台）"；选中图表右侧的次坐

标轴标题,重复上述步骤,输入标题"(%)"。

⑥ 将两个标题分别移至主次坐标轴上方,删除图表下方的横坐标轴标题。

⑦ 将光标移至图表区,右击鼠标,在快捷菜单中选择"设置图表区格式",打开"设置图表区"任务窗格,设置边框为"实线,深蓝色",边框宽度为"1.25 磅",并选中"圆角"复选框。

绘制效果如图 3-68 所示,该图形象展示了 5 年间的产品销量变化以及国内、国际市场占比情况。

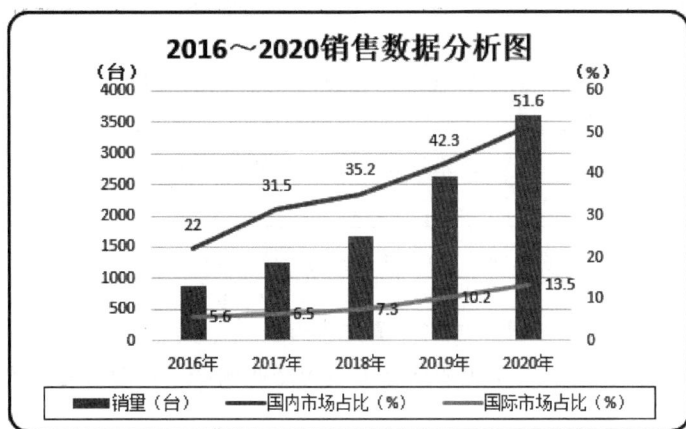

图 3-68　2016~2020 销售数据分析图

(5) 更改 Sheet 2 的工作表标签为"销售数据分析表",并单击"保存"按钮,保存工作簿文件。

四、实战练习和提高

打开"Excel 项目 3 资源"文件夹中的工作簿文件"项目 3 练习_原始材料.xlsx"(源自国家统计局官方网站),按如下步骤对数据表进行完善,并生成相应的图表,操作结果可参看 PDF 文件"项目 3 练习_样张.pdf"。

1. 完善表格

① 选择工作表 Sheet 1,在第一行上方插入 2 个空行,在 A1 单元格内输入"2020 年度国内生产总值情况表",在 F2 单元格中输入"单位:亿元"。

② 用公式或者函数计算"总产值"和"总产值增速"列的值。

总产值为三大产业产值之和,即总产值=第一产业+第二产业+第三产业。

总产值增速=(当年度总产值-上一年度总产值)/上一年度总产值

说明:2019 年第四季度国内生产总值为 276 798 亿元。

③ 在 B8:F8 单元格中插入迷你图,反映三大产业产值以及总产值、总产值增速一年来的变化趋势。要求图表类型为"折线图",样式为"迷你图样式着色 2,深色 50%",并在图中显示所有数据标记。

2. 格式化表格

① 将表格标题居中放置,并设置格式为"黑体,18 号"。

② 将其余单元格格式设置为“宋体，14 号”。

③ 设置表格样式为“表样式浅色 10”，给表格加边框线和底纹。

④ 设置单元格内容水平居中、垂直居中，并调整行高、列宽，使表格美观大方，结果如图 3－69 所示。

2020年度国内生产总值情况表					
					单位：亿元
季度	第一产业	第二产业	第三产业	总产值	总产值增速
一季度	10185.1	72533.4	123008.5	205727	-26%
二季度	15866.8	97699.4	135418.9	248985.1	21%
三季度	22072	100082.6	142821.7	264976.3	6%
四季度	29630.2	113939.9	152727.6	296297.7	12%

图 3－69　2020 年度国内生产总值情况表

3. 在表中插入“2020 年度国内生产总值变化图”

要求在图中能展示 2020 年度四个季度中三大产业的产值情况以及总产值的增速情况。操作步骤如下：

提示：由于产值数据和增速数据不在一个数量级上，所以用一个坐标系同时表示这两类数据效果不佳，所以需要添加次坐标轴。

① 选择 A3:D7 和 F3:F7 两个单元格区域，插入“二维簇状柱形图”。

② 在“图例”区中，选中“总产值增速”，添加“次坐标轴”，设置“次坐标轴”的数字格式为“百分比，小数位数为 0”；设置主坐标轴的主要单位为 30000.0，垂直轴主要网格线格式为“实线，0.75 磅”。

提示：次坐标轴的添加可以通过快捷菜单中“设置数据系列格式”命令完成，数字格式可以通过“设置坐标轴格式”任务窗格完成。主坐标轴的单位在“设置坐标轴格式”任务窗格的“坐标轴选项”中设定。

③ 将“总产值增速”数据系列对应的图表类型改为“折线图”，并加上数据标签，同样设置“数据标签”的数字格式为“百分比，小数位数为 0”，字体格式为“宋体，12 号”。

④ 将图表标题修改为“2020 年度国内生产总值变化图”，并给图表增加“坐标轴标题”元素，设置主垂直轴标题为“总产值（亿元）”和次垂直轴标题为“总产值增速”，水平轴标题为“季度”，并合理设置字体、字号，调整图表区和绘图区大小，使图表中各元素比例协调。

⑤ 给绘图区设置填充色为“白色，背景 1，深色 15%”。

⑥ 给图表区加一实线边框，边框颜色为“黑色，文字 1，淡色 50%”，边框宽度为 2 磅，样式为圆角，并将图例区位置设置为“靠右”。效果如图 3－70 所示。

⑦ 将该图表移至新工作表“Chart 1”中。

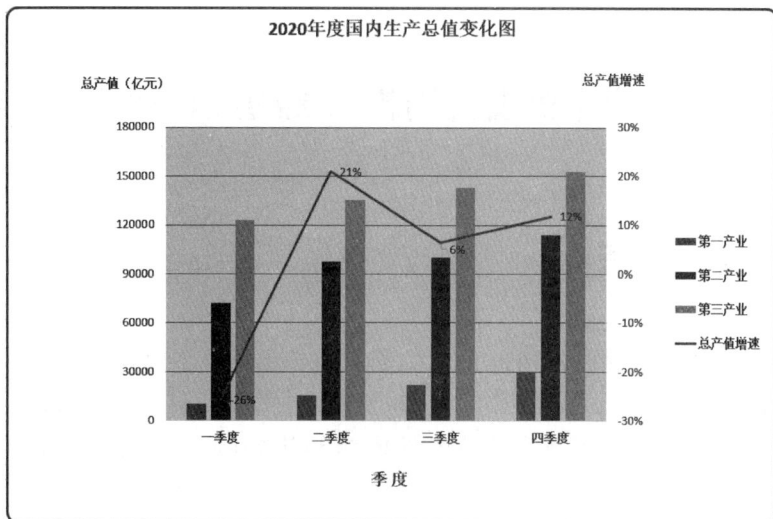

图 3-70　2020 年度国内生产总值变化图

4. 在表中插入饼图"四季度三大产业占比情况"

要求饼图类型为"三维饼图",饼图分离程度为 25%,且在数据系列上显示数据标签。操作步骤如下:

① 选定单元格区域 B3:D3 和 B7:D7,插入"三维饼图"。

② 单击"切换行/列"按钮。

③ 选中数据系列,设置饼图分离程度为 25%,效果为"二维格式|顶部棱台"中的"凸起",如图 3-71 所示。

④ 设置图表区边框线为 2.25 磅的红色实线,圆角。

⑤ 添加数据标签和图表标题等图表元素,并将图例移至图表右侧。

设置效果如图 3-72 所示。

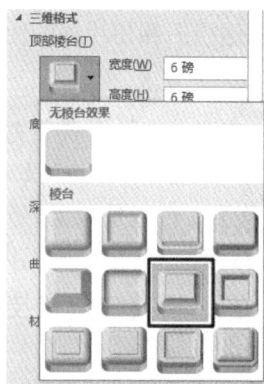

图 3-71　数据系列"三维格式"的设定

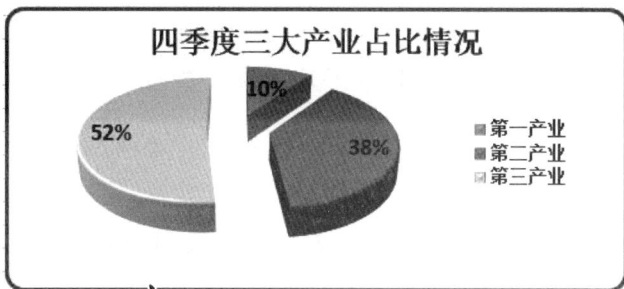

图 3-72　四季度三大产业占比情况

5. 单击"保存"按钮,将文件另存为"项目 3 练习.xlsx"。

项目四　计算机设备销售情况的统计和分析

【微信扫码】
Excel 项目 4 资源

一、内容描述和分析

1. 内容描述

某计算机设备销售公司常年销售笔记本、台式机等整机设备以及鼠标、键盘、打印机等外围设备，所有数据存于 Access 数据库中。现要求将数据库文件中的数据导入 Excel，通过排序、筛选、分类汇总等操作了解产品销售情况，并运用数据透视表、切片器等分析工具分析销售数据。

2. 涉及知识点

本项目主要涉及外部数据导入，数据清单的排序、筛选和分类汇总，以及数据透视表、数据透视图和切片器的使用等。

3. 注意点

排序、筛选、分类汇总、数据透视表、数据透视图和切片器等功能都必须在数据清单中操作。数据清单具有以下特性：① 第一行是标题行，由字段名组成，字段名不可重名。② 从第二行起是数据部分，数据部分不允许出现空行和空列，而且每一列的数据是同一类型的数据。③ 在一个工作表中最好只存放一个数据清单，且放置在工作表的左上角。

二、相关知识和技能

1. 数据排序

数据排序是指按照数据清单中某个字段或者某几个字段的数据大小重新排列整个数据表中各记录的先后顺序，由此可以将原本杂乱无章的数据表整理成为条理清楚、结构明晰的数据表。

（1）排序规则

排序方式有升序和降序两种，根据单元格中的数据类型的不同，排序规则有所不同。

● 数值型数据

按照数值大小进行排序。

● 英文字母

英文字母默认不区分大小写，从 A 到 Z 依次增大。如果要区分字母的大小写，可在"数据"选项卡中单击"排序"按钮，在"选项"中选中区分大小写字母，则次序为 a、A、b、B……依次类推。

● 汉字

在默认情况下，汉字的排序方式是"按字母排序"，即按照拼音顺序依次增大，也可以根据需要选择"按笔画排序"或"按自定义序列排序"。

● 其他情况下的排序

日期：按照日期先后进行排序，越晚的日期值越大。

逻辑值：逻辑值 FALSE 被认作数字 0，逻辑值 TRUE 被认作数字 1，所以 FALSE< TRUE。

空单元格：无论按照升序排列还是降序排列，空白单元格总是排在最后。

（2）排序方式

排序仅适用于数据清单，可以按照其中一个字段排序，也可以按照多个字段排序。

● 按照单个字段进行排序

操作方法：选中要排序的列中的任意一个单元格，然后单击"数据"选项卡"排序和筛选"组中"升序"按钮或者"降序"按钮。

● 按照多个字段进行排序

操作方法：先选中要排序的列中的任意一个单元格，然后单击"数据"选项卡"排序和筛选"组中的"排序"按钮，打开"排序"对话框进行排序。

2. 数据筛选

数据筛选用于从数千条记录中快速找到符合条件的记录，和排序一样，要求在数据清单上操作。Excel 2016 提供了自动筛选和高级筛选两种功能，来实现各种筛选效果。

（1）自动筛选

自动筛选允许在一个或者多个字段设置筛选条件。如果在一个字段设置筛选条件，将显示符合这个条件的记录；如果在多个字段设置筛选条件，则显示同时满足多个字段条件的记录。

操作方法：先选中数据清单区域中的任意一个单元格，然后单击"数据"选项卡"排序和筛选"组中的"筛选"按钮，此时，在每个字段名右侧出现一个按钮，该按钮用于设置筛选条件。再次单击"筛选"按钮，将恢复数据。

自动筛选有三种筛选方式：按文本筛选、按数字筛选和按颜色筛选。

（2）高级筛选

当要筛选的多个条件之间是"或"的关系，或者需要将筛选结果在新的位置显示出来时，必须使用高级筛选。

高级筛选的实现方法：首先建立条件区，然后选中数据清单中的任意一个单元格，单击"数据"选项卡"排序和筛选"组中的"高级"按钮，打开"高级筛选"对话框，设置"列表区域"和"条件区域"，如果要复制筛选结果，还要设置存放筛选结果的区域。

条件区域的设置是实现高级筛选的关键，条件区域由标题和条件两部分组成，如果条件是"与"的关系，将条件放在同一行，如果条件是"或"的关系，则放在不同行。如图 3-73 所示，条件区域 A1:B2 表示"语文高于 80 分且数学高于 90 分"，条件区域 D1:E3 表示"语文高于 80 分或者数学高于 90 分"，前者要求两个条件必须同时满足，后者只要求满足条件之一即可。

▲	A	B	C	D	E
1	语文	数学		语文	数学
2	>80	>90		>80	
3					>90

图 3-73 条件区域的设置

3. 分类汇总

分类汇总用于将数据清单中的记录按照某个字段或者某几个字段分类,再分别对每一类数据进行汇总计算。

（1）汇总前的整理工作

汇总前的整理工作包括以下两个方面:

① 数据区域符合数据清单的格式要求。

② 所有数据按照分类字段进行排序。比如,商场要汇总"鞋帽""服装""家电"等各类商品的销售总额,就需要将数据按照"商品类别"进行排序;如果要汇总某类商品某个季度的销售总额,就需要先按"商品类别"排序,再按"季度"进行排序。

（2）分类汇总的方式

分类汇总的方式不仅包括求和、求均值、计数、求最大值、求最小值等基本运算,还包括求方差、求标准偏差等统计运算。

（3）分类汇总的结果

分类汇总的结果可以直接显示在原数据清单的下方,可以覆盖原有的分类汇总,还可以将数据按类分页存放。

（4）创建和删除分类汇总

创建分类汇总的方法:首先选择数据清单中的任意一个单元格,然后单击"数据"选项卡"分级显示"组中的"分类汇总"按钮,打开"分类汇总"对话框,设置分类字段、汇总方式、汇总项以及汇总结果的去向,最后单击"确定"按钮,结束分类汇总操作。

删除分类汇总的方法:首先选择表中包含分类汇总的单元格,然后打开"分类汇总"对话框,单击"全部删除"按钮,可以取消分类汇总。

4. 数据透视表

数据透视表是 Excel 提供的一种可以快速汇总、分析大量数据的交互式分析工具。使用它可以查看数据表不同层面的汇总信息、分析结果和摘要数据,从而帮助用户发现关键数据,并做出相应的决策。

（1）创建数据透视表

创建数据透视表的方法:将光标置于表格数据源的任一单元格中,单击"插入"选项卡"表格"组中的"数据透视表"按钮,打开"设置数据透视表数据源"对话框,设置数据源的单元格区域和放置数据透视表的位置,完成后单击"确定"按钮,Excel 2016 将自动创建一个空的数据透视表,并打开"数据透视表字段"窗格。

（2）"数据透视表字段"窗格的设置

"数据透视表字段列表"窗格包括以下几部分:

① 选择要添加到报表的字段:在其中选择需要添加到数据透视表的字段。数值型的字段会自动添加到"数值"区域中,其他字段会全部自动添加到"行标签"区域。

② 行标签:在"行标签"区域中出现的字段会按行显示。如图 3 - 74 所示,每个店铺和商品名称都自成一行。

③ 列标签:在"列标签"区域中出现的字段会按列显示。如图 3 - 74 所示,每个季度都自成一列。

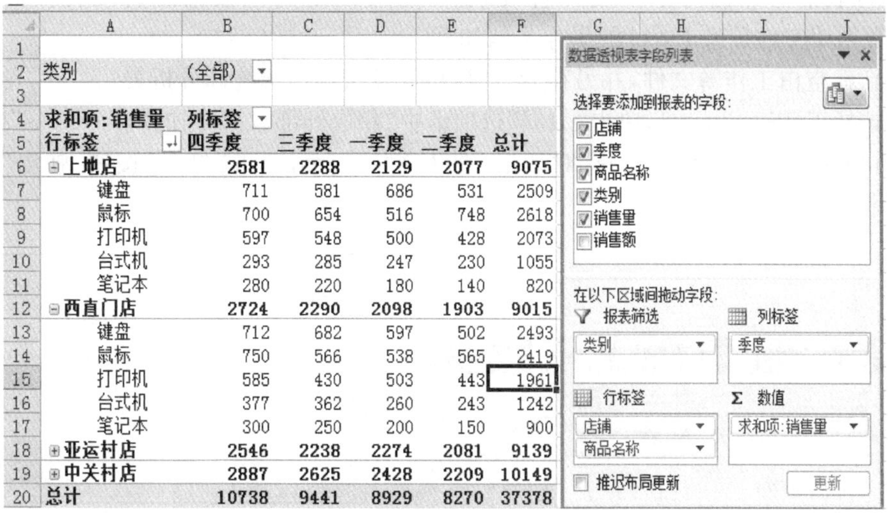

类别	(全部)				
求和项:销售量	列标签				
行标签	四季度	三季度	一季度	二季度	总计
⊟上地店	2581	2288	2129	2077	9075
键盘	711	581	686	531	2509
鼠标	700	654	516	748	2618
打印机	597	548	500	428	2073
台式机	293	285	247	230	1055
笔记本	280	220	180	140	820
⊟西直门店	2724	2290	2098	1903	9015
键盘	712	682	597	502	2493
鼠标	750	566	538	565	2419
打印机	585	430	503	443	1961
台式机	377	362	260	243	1242
笔记本	300	250	200	150	900
⊞亚运村店	2546	2238	2274	2081	9139
⊞中关村店	2887	2625	2428	2209	10149
总计	10738	9441	8929	8270	37378

图 3－74 “数据透视表字段列表”窗格的设置效果

④ 报表筛选:根据“报表筛选”区域中出现的字段可以对数据透视表中的数据进行筛选,如图 3－74 所示,可以选择某个类别的商品进行分析汇总。

⑤ 数值:Excel 2016 会对“数值”区域出现的字段进行汇总计算,汇总方式包括求和、计数、平均值、方差、标准偏差等 11 种,默认方式为“求和”。

(3) 数据透视表的编辑

数据透视表的编辑包括字段的添加、删除和重命名,这些操作通过在“数据透视表字段列表”窗格中单击要编辑的字段,选择相应的菜单命令可直接实现;要改变数据汇总方式,则要选择“值字段设置”命令,打开“值字段设置”对话框进行更改。

5. 数据透视图

数据透视图为关联数据透视表中的数据提供其图形表示形式,关联数据透视表中的布局和数据的更改将立即体现在数据透视图的布局和数据中,反之亦然。

(1) 数据透视图的创建和编辑

在数据透视表中单击任意区域,即可在“数据透视表|选项”选项卡的“工具”组中找到“数据透视图”按钮,单击该按钮可以插入数据透视图。

在数据透视图中单击任意区域,功能区中出现“数据透视表工具”的“设计”“布局”“格式”“分析”四个选项卡,由此对数据透视图进行格式修改,方法与普通图表相同。

(2) 数据透视图的删除

选中数据透视图,然后按下【Delete】键即可删除图表。不过删除数据透视图不会删除与之关联的数据透视表;删除数据透视表后,与之关联的数据透视图会变成普通图表,并从源数据区域中取值。

三、操作指导

下载压缩文件“Excel 项目 4 资源”并解压缩,然后按照如下步骤操作。

1. 制作“销售统计分析表”

(1) 将 Access 数据库文件 sales 中的数据导入 Excel

Excel 表中的数据可以由用户直接录入，也可以由其他数据源直接转换而来。将 Access 数据库文件导入 Excel 的操作步骤如下：

① 新建空白工作簿文件，并另存为"计算机设备全年销售统计分析表"。

② 选择工作表 Sheet 1，单击"数据"选项卡中"获取外部数据"组的"自 Access"按钮，如图 3-75 所示，打开"选取数据源"对话框，选择文件 sales，单击"打开"按钮，弹出"选择表格"对话框，如图 3-76 所示。

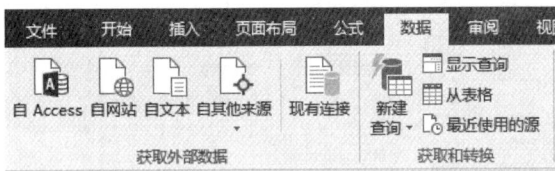

图 3-75 "数据"选项卡的"获取外部数据"组

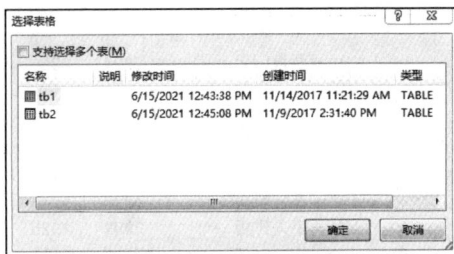

图 3-76 "选择表格"对话框

③ 在对话框中选择"tb1"，并单击"确定"按钮，打开"导入数据"对话框，设置如图 3-77 所示，完成导入。

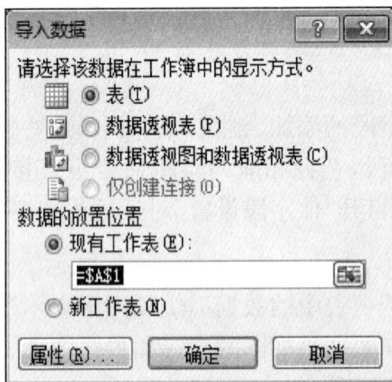

图 3-77 "导入数据"对话框

④ 单击"开始"选项卡"编辑"组中的"筛选"按钮，取消筛选。

⑤ 新建工作表 Sheet 2，重复上述步骤，导入表 tb2 中的数据。

说明：在图 3-76 中，如果选中"支持选中多个表"复选框，"名称"左侧将会出现复选框，选中后，可以同时导入多张表。

（2）计算销售额

操作步骤如下：

① 在工作表 Sheet 1 的 F1 单元格中输入列标题"销售额"。

② 在 F2 单元格中输入计算公式，完成销售额计算。

提示：销售额的计算公式为：销售额＝销售量＊平均单价，平均单价可用 VLOOKUP 函数从表 Sheet 2 中查得，在使用 VLOOKUP 函数时注意单元格引用方式。

③ 复制公式,求得其他商品的销售额。

④ 选择"销售额"列,在"设置单元格格式"对话框中设置小数位数为 0,并使用千分位。

⑤ 将工作表 Sheet 1 重命名为"销售统计分析表",工作表 Sheet 2 重命名为"平均单价表"。

制作而成的"销售统计分析表"如图 3-78 所示,或参看 PDF 文件"销售统计分析表_样张.pdf"。

	A	B	C	D	E	F
1	店铺	季度	类别	商品名称	销售量	销售额
2	中关村店	四季度	配件	鼠标	733	80,297
3	上地店	四季度	配件	鼠标	700	76,682
4	亚运村店	三季度	配件	键盘	650	114,009
5	西直门店	一季度	其他设备	打印机	503	578,684
6	上地店	二季度	计算机	台式机	230	888,082
7	中关村店	一季度	计算机	笔记本	230	1,047,032
8	亚运村店	二季度	配件	鼠标	619	67,809
9	西直门店	一季度	计算机	笔记本	200	910,462
10	亚运村店	一季度	其他设备	打印机	406	467,089
11	西直门店	二季度	计算机	笔记本	150	682,847
12	上地店	三季度	配件	鼠标	654	71,643
13	上地店	一季度	配件	鼠标	516	56,526
14	亚运村店	四季度	计算机	台式机	377	1,455,682
15	西直门店	四季度	配件	鼠标	750	82,160

销售统计分析表　平均单价表　Sheet

图 3-78　销售统计分析表

2. 运用"排序"功能查看各分店商品销售情况

要实现上述目标,将表中的数据按照"店铺"升序排列即可,但是如果能按照店铺、季度、类别、商品名称依次排序,各店铺商品的销售情况会看起来更清楚。

操作步骤如下:

① 将"销售统计分析表"复制到所有表的最后,并重命名为"销售统计分析排序表",以下操作均在该表中完成。

② 将光标置于"店铺"列任一单元格中,单击"数据"选项卡"排序和筛选"组中"升序[24]"按钮,可见表中数据按照"上地店、西直门店、亚运村店、中关村店"顺序排列。

③ 单击"数据"选项卡中"排序和筛选"组的"排序"按钮,打开"排序"对话框。

④ 在"排序"对话框中单击"选项"按钮,打开"排序选项"对话框,设置排序方法为"笔划排序",单击"确定"按钮,关闭"排序选项"对话框。

⑤ 在"排序"对话框中,单击"添加条件"按钮,依次添加次要关键字,设置排序依据和次序。"排序"对话框和"排序选项"对话框的参数设置如图 3-79 所示。

⑥ 单击"确定"按钮,关闭"排序"对话框。

可见表中数据按照店铺、季度、类别、商品名称依次排序,如 PDF 文件"销售统计分析排序表_样张.pdf"中所示。

图 3 - 79　"排序选项"对话框和"排序"对话框

3. 运用"自动筛选"功能查看商品销售情况

创建新工作表，重命名为"销售统计分析筛选表"，并将"销售统计分析排序表"中的数据复制到该表中。在粘贴时，执行"选择性粘贴"命令，并在"选择性粘贴"对话框中选择"值和数字格式"。以下操作均在"销售统计分析筛选表"中完成，操作结果参看 PDF 文件"筛选结果表_样张"。

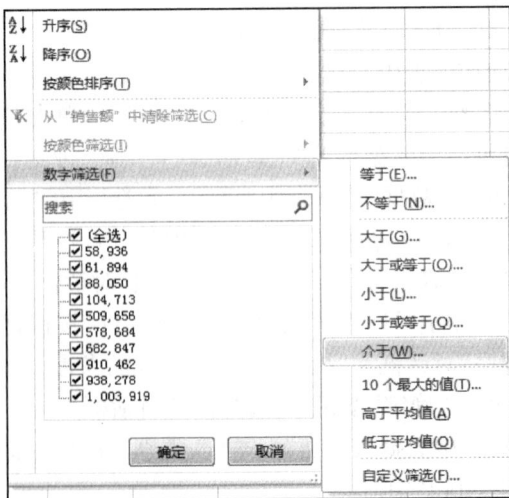

（1）查看西直门店上半年销售额介于 10 万～20 万之间的记录

本题包含三个筛选条件：季度、店铺和销售额，且必须同时满足。

操作步骤如下：

① 选中数据清单区域中的任一单元格，单击"数据"选项卡"排序和筛选"组中的"筛选"按钮，此时，在每个字段名右侧出现一个按钮 。

② 单击"季度"字段右侧的按钮 ，如图 3 - 80 所示，选中"一季度"和"二季度"，单击"确定"按钮，完成对季度的筛选。

说明：在图 3 - 80 中的"搜索"框中输入内容，按下回车键后，可以显示出所有包含该内容的数据行。

③ 单击"店铺"字段右侧的按钮 ，选择"西直门店"，完成店铺筛选。

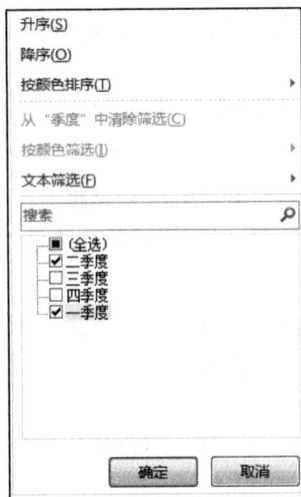

图 3 - 80　筛选上半年的记录　　图 3 - 81　筛选销售额介于 10 万～20 万之间的记录

④ 单击"销售额"字段右侧的按钮，如图 3-81 所示，选择"数字筛选|介于"，打开"自定义自动筛选方式"对话框，在其中分别输入 10 万和 20 万。

⑤ 单击"确定"按钮，得到筛选结果。

⑥ 新建工作表并命名为"筛选结果"，将筛选数据复制到"筛选结果"表中。

⑦ 单击"筛选"按钮，取消筛选。

(2) 自行练习筛选配件类商品销量排名前三的记录，并将结果复制到筛选结果表中。（提示：使用"数字筛选|10 个最大的值"命令）

4. 运用"高级筛选"功能查看商品销售情况

筛选操作在"销售统计分析筛选表"中完成，并将筛选条件和结果区域单元格复制到"筛选结果表"中。操作结果参看 PDF 文件"筛选结果表_样张.pdf"。

(1) 筛选销售量大于 760 或者销售额高于 160 万的数据。

筛选条件表达式为：销售量＞760 OR 销售额＞160 万

操作步骤如下：

① 设置条件区域。由于两个条件"销售量＞760"和"销售额＞160 万"是"或"的关系，故如图 3-82 所示，在单元格区域 H1:I3 中输入相应条件。

图 3-82　题 4/(1)条件区域　　　图 3-83　题 4/(1)"高级筛选"对话框

说明：如果几个条件必须同时满足，即并且(AND)的关系，将条件表达式放在同一行；如果是满足其一即可，即或(OR)的关系，则放在不同行。

② 将光标置于数据区域中，单击"数据"选项卡"排序和筛选"组中的"高级"按钮，打开"高级筛选"对话框，如图 3-83 所示，选择"将筛选结果复制到其他位置"，然后将光标定位于"列表区域"，选取整个数据区域，用同样的方法确定"条件区域"和"复制到"区域的内容。

③ 单击"确定"按钮，得到筛选结果如图 3-84 所示。

店铺	季度	类别	商品名称	销售量	销售额
中关村店	三季度	配件	键盘	768	134,706
中关村店	四季度	计算机	台式机	416	1,606,270
中关村店	四季度	配件	键盘	798	139,968
亚运村店	四季度	配件	键盘	766	134,355

图 3-84　题 4/(1)筛选结果

（2）筛选四季度笔记本销量高于 300 或者打印机销量高于 580 的记录，仅显示店铺、商品名称和销售量。

筛选条件表达式为：（季度＝"四季度" and 商品名称＝"笔记本" and 销售量＞300）OR（季度＝"四季度" and 商品名称＝"打印机" and 销售量＞580）。

操作步骤如下：

① 设置条件区域 H7：J9，如图 3-85 所示。

季度	商品名称	销售量
四季度	笔记本	>300
四季度	打印机	>580

图 3-85　题 4/(2)条件区域

店铺	商品名称	销售量
上地店	打印机	597
中关村店	笔记本	350
中关村店	打印机	590
亚运村店	笔记本	320
西直门店	打印机	585

图 3-86　题 4/(2)筛选结果

② 从数据表中将要显示的字段名称复制到要显示的位置 L7：N7。

③ 如上题所述，打开"高级筛选"对话框，依次设置"列表区域"为 $A$1：$F$81、"条件区域"为 $H$7：$J$9、"复制到"为 $L$7：$N$7。

④ 单击"确定"按钮，得到如图 3-86 所示的筛选结果。

（3）模仿题 2 自行完成筛选笔记本销售额高于 120 万或者低于 70 万的记录，仅显示店铺、商品名称、季度和销售额。

筛选条件表达式为：商品名称＝"笔记本" AND 销售额＞120 万 OR 商品名称＝"笔记本" AND 销售额＜70 万。

（4）使用公式作为筛选条件，筛选出销量超过平均值的打印机销售记录。

在条件区域中，除了使用字符串、逻辑表达式外，还可以使用公式作为条件。

打印机销售量平均值的计算公式是：AVERAGEIF（$D$2：$D$81,"打印机",$E$2：$E$81）

因此，在本例中，筛选条件表达式为：商品名称＝"打印机" and 销售量＞AVERAGEIF（$D$2：$D$81,"打印机",$E$2：$E$81）。

操作步骤如下：

① 设置条件区域。在空白单元格 H24 中输入公式"＝D2＝"打印机""，在空白单元格 I24 中输入公式"＝E2＞（AVERAGEIF（$D$2：$D$81,"打印机",$E$2：$E$81））"。

> **说明**：输入公式后，单元格 H24 和 I24 中的显示结果都是 FALSE。这是因为单元格 D2 和 E2 的值都不能满足公式中设置的条件。

② 将光标置于数据区域中，打开"高级筛选"对话框，在对话框中选中"将筛选结果复制到其他位置"，并设置"列表区域""条件区域"和"复制到"区域的内容，如图 3-87 所示。

③ 单击"确定"按钮，得到筛选结果如图 3-88 所示。

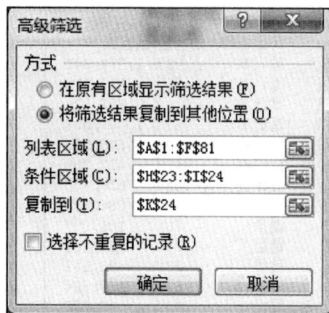

图 3-87　题 4/(4)“高级筛选”对话框

店铺	季度	类别	商品名称	销售量	销售额
上地店	三季度	其他设备	打印机	548	630,455
上地店	四季度	其他设备	打印机	597	686,828
中关村店	一季度	其他设备	打印机	597	686,828
中关村店	三季度	其他设备	打印机	585	673,022
中关村店	四季度	其他设备	打印机	590	678,775
亚运村店	四季度	其他设备	打印机	577	663,818
西直门店	四季度	其他设备	打印机	585	673,022

图 3-88　题 4/(4)筛选结果

注意：使用公式作为筛选条件时，条件区域要在公式上方多选一行，即 $H$23:$I$24。

(5) 模仿题 4 筛选超过计算机类商品平均售价的笔记本的销售记录。结果如图 3-89 所示。

店铺	季度	类别	商品名称	销售量	销售额
上地店	四季度	计算机	笔记本	280	1,274,647
中关村店	三季度	计算机	笔记本	290	1,320,170
中关村店	四季度	计算机	笔记本	350	1,593,309
亚运村店	三季度	计算机	笔记本	260	1,183,601
亚运村店	四季度	计算机	笔记本	320	1,456,740
西直门店	四季度	计算机	笔记本	300	1,365,693

图 3-89　题 4/(5)筛选结果

5. 运用“分类汇总”功能统计各分店各商品的年销售额和销售量

在工作簿中新建工作表，并重命名为“销售统计分析分类汇总表”，然后将“销售统计分析排序表”中的数据复制到该表中。在粘贴时，执行“选择性粘贴”命令，并在“选择性粘贴”对话框中选择“值和数字格式”。

以下操作均在“销售统计分析分类汇总表”中完成，操作结果可参看“分类汇总表_样张.pdf”。

(1) 准备工作——将表中数据按照“店铺”和“商品名称”两个字段排序

操作步骤如下：

① 将光标置于数据表的数据区域中，单击“数据”选项卡“排序和筛选”组中的“排序”按钮，打开“排序”对话框。

② 在“排序”对话框中设置主要关键字为“店铺”，次要关键字为“商品名称”。

③ 单击“确定”按钮，关闭“排序”对话框，完成排序任务。

(2) 分类汇总——先按“店铺”字段汇总

操作步骤如下：

① 将光标置于数据区域中，单击“数据”选项卡“分级显示”组中的“分类汇总”按钮。

② 在“分类汇总”对话框中，设置“分类字段”为“店铺”，“汇总方式”为“求和”，在“选定汇总项”中选定“销售量”和“销售额”，如图 3-90 所示。

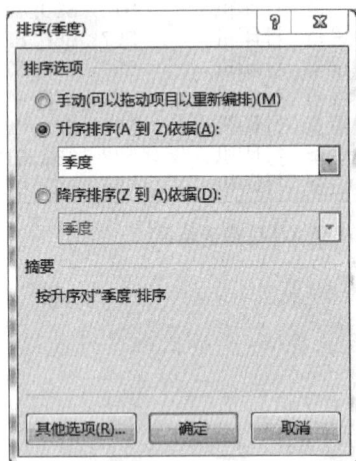

图 3-90　"分类汇总"对话框

图 3-91　按"店铺"分类汇总的结果（部分）

③ 单击"确定"按钮，得到如图 3-91 所示的汇总结果。

（3）分类汇总——再按"商品名称"字段汇总

操作步骤如下：

① 再次打开"分类汇总"对话框，设置"分类字段"为"商品名称"，"汇总方式"和"选定汇总项"不变，同时取消"替换当前分类汇总"复选框中的复选标记。

注意：第二次分类汇总时，一定要清除"替换当前分类汇总"复选框中的复选标记，否则表格中的数据会按照"商品名称"字段重新进行分类汇总。

② 单击"确定"按钮，得到如图 3-92 所示的最终汇总结果。

图 3-92　按"店铺"和"商品名称"分类汇总的结果（部分）

（4）将分类汇总结果复制到数据表的空白区域中

操作步骤如下：

① 单击数据区域左侧代表汇总级别的数字"3"，并选择所有数据。

说明：因为本题要查看的是各店铺各商品的销售情况，所以单击数字"3"，如果仅查看各店铺的销售情况，单击数字"2"即可。

② 单击"开始"选项卡"编辑"组中的"查找和选择"按钮，在弹出的下拉菜单中单击"定位条件"命令，打开"定位条件"对话框。

③ 在"定位条件"对话框中选择"可见单元格"，如图 3-93 所示。

108	店铺	季度	类别	商品名称	销售量	销售额
109				笔记本 汇总	820	3,732,895
110				打印机 汇总	2073	2,384,915
111				键盘 汇总	2509	440,075
112				鼠标 汇总	2618	286,792
113				台式机 汇总	1055	4,073,593
114	上地店 汇总				9075	10,918,269
115				笔记本 汇总	900	4,097,080
116				打印机 汇总	1961	2,256,062
117				键盘 汇总	2493	437,269
118				鼠标 汇总	2419	264,992
119				台式机 汇总	1242	4,795,642
120	西直门店 汇总				9015	11,851,045
121				笔记本 汇总	960	4,370,219
122				打印机 汇总	1869	2,150,220
123				键盘 汇总	2643	463,579
124				鼠标 汇总	2282	249,984
125				台式机 汇总	1385	5,347,797
126	亚运村店 汇总				9139	12,581,798
127				笔记本 汇总	1050	4,779,927
128				打印机 汇总	2282	2,625,362
129				键盘 汇总	2847	499,360
130				鼠标 汇总	2544	278,685
131				台式机 汇总	1426	5,506,107
132	中关村店 汇总				10149	13,689,441
133	总计				37378	49,040,554

图 3-93　"定位条件"对话框　　　　图 3-94　"分类汇总"的复制效果

④ 单击"确定"按钮，关闭对话框。

⑤ 复制所选内容，并选择数据区域下方一空白单元格完成粘贴，结果如图 3-94 所示。

说明：对于分类汇总的结果，如果直接执行"复制"和"粘贴"，会连细节数据一并复制。

6. 应用数据透视表和数据透视图汇总分析销售业绩

将"销售统计分析表"中的数据复制到新工作表中，保留值和数据格式，并将新工作表命名为"销售统计分析数据透视表"。以下所有操作均在该工作表中完成。

（1）创建数据透视表查看各店铺中商品的销售情况

操作步骤如下：

① 将光标置于数据区域中，单击"插入"选项卡"表格"组中的"数据透视表"按钮，打开"创建数据透视表"对话框。

② 在对话框中，保持"请选择要分析的数据"设置不变，选中"现有工作表"并设置位置为"H2"单元格，如图 3-95 所示。

③ 单击"确定"按钮，打开"数据透视表字段"窗格，在其中选择"店铺""商品名称"和"销售量"三个字段。

图 3-95 "创建数据透视表"对话框

注意： 数值型的字段将被自动添加到"值"区域中，默认计算方式为"求和"，其他类型字段则被添加到"行标签"区域。

④ 选中"行标签"区域中的"商品名称"字段，将其拖至"列"区域，操作结果如图 3-96 所示。注意比较"商品名称"字段拖动前后的数据透视表的变化。

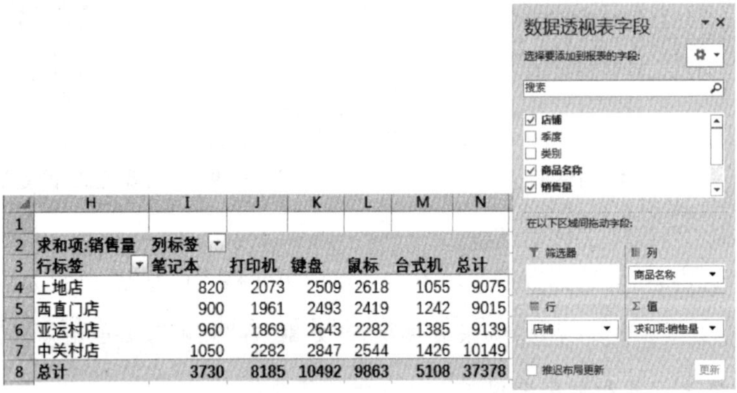

图 3-96 "数据透视表字段"窗格设置以及透视效果

（2）在数据透视表中添加"季度"字段，查看每个店铺各季度的商品销量，并按季度升序排列

① 在上题的"数据透视表字段列表"选项卡中，继续选中"季度"字段，则在"行"区域中出现"季度"字段，表中内容也随之变化。

说明： 当需要删除字段时，可以在拖动字段区域中单击该字段，在弹出的菜单中执行"删除字段"命令即可。

② 单击"数据透视表|设计"选项卡中的"报表布局"按钮，在打开的下拉列表中选择"以表格形式显示"，此时表格中出现独立的"季度"列。

　　说明：系统默认的报表布局为"压缩形式"，在"压缩形式"下，多个行字段会压缩在一列中，而且无法显示字段标题，所以"表格形式"和"大纲形式"成为更加常用的形式。

　　③ 选择"季度"列标签，单击"开始"选项卡"排序和筛选"列表中的"自定义排序"命令，打开"排序（季度）"对话框，如图 3 - 97 所示，选中"升序排序"，并单击"其他选项"按钮。

　　④ 在打开的"其他排序选项（季度）"对话框中设置"方法"为"笔划排序"。

　　⑤ 单击"确定"按钮，依次关闭所有对话框。操作结果如图 3 - 98 所示。

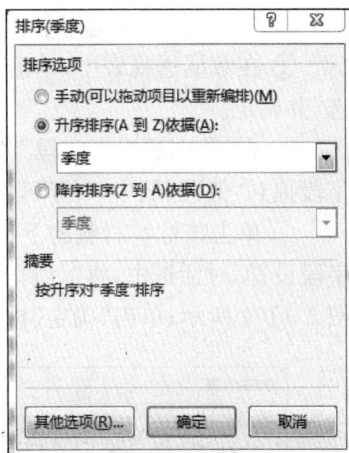

图 3 - 97　"排序（季度）"对话框

求和项:销售量		商品名称					
店铺	季度	笔记本	打印机	键盘	鼠标	台式机	总计
⊟上地店	一季度	180	500	686	516	247	2129
	二季度	140	428	531	748	230	2077
	三季度	220	548	581	654	285	2288
	四季度	280	597	711	700	293	2581
上地店 汇总		820	2073	2509	2618	1055	9075
⊟西直门店	一季度	200	503	597	538	260	2098
	二季度	150	443	502	565	243	1903
	三季度	250	430	682	566	362	2290
	四季度	300	585	712	750	377	2724
西直门店 汇总		900	1961	2493	2419	1242	9015
⊟亚运村店	一季度	210	406	674	648	336	2274
	二季度	170	424	553	619	315	2081
	三季度	260	462	650	509	357	2238
	四季度	320	577	766	606	377	2546
亚运村店 汇总		960	1869	2643	2282	1385	9139
⊟中关村店	一季度	230	597	754	586	261	2428
	二季度	180	510	527	643	349	2209
	三季度	290	585	768	582	400	2625
	四季度	350	590	798	733	416	2887
中关村店 汇总		1050	2282	2847	2544	1426	10149
总计		3730	8185	10492	9863	5108	37378

图 3 - 98　显示每个店铺各季度的商品销量并按季度升序排列的数据透视表

　　说明：在图 3 - 98 中，单击"店铺""季度"和"商品名称"右侧的下拉箭头，可以选择任意一个或者多个店铺、季度以及商品查看其销售总量。

　　（3）查看上地店和中关村店上半年笔记本和台式机的销售总量

　　① 在数据透视表中，通过单击"店铺""季度"和"商品名称"右侧的按钮，选择相应的店铺、季度和商品，然后单击店铺左侧的折叠按钮 即可。操作结果如图 3 - 99 所示。

　　② 在"数据透视表字段"窗格中，将"行"区域中的字段"季度"拖至"筛选器"区域中，得到如图 3 - 100 所示的操作结果，显示效果更好。

求和项:销售量		商品名称		
店铺	季度	笔记本	台式机	总计
⊞上地店		320	477	797
⊞中关村店		410	610	1020
总计		730	1087	1817

图 3 - 99　题 6/(3)步骤①操作结果

季度		（多项）		
求和项:销售量		商品名称		
店铺		笔记本	台式机	总计
上地店		320	477	797
中关村店		410	610	1020
总计		730	1087	1817

图 3 - 100　题 6/(3)步骤②操作结果

（4）查看各店铺笔记本和台式机的销量占比情况以及年度平均销量

① 在数据透视表中，单击"店铺"和"季度"右侧的按钮，在打开的下拉列表中选择"全选"并确定。

② 在"数据透视表字段"窗格中，再次将"选择要添加到报表的字段"区域中的"销售量"字段拖到"值"区域中，"值"区域中出现标签"求和项：销售量2"。

③ 单击该标签右侧的下拉箭头，在弹出的菜单中选择"值字段设置"命令，在打开的"值字段设置"对话框中，将"计算类型"设置为"平均值"，将"自定义名称"改为"平均销量"，如图3-101所示；单击"确定"按钮，关闭对话框。

图3-101　值字段设置-值汇总方式　　　图3-102　值字段设置-值显示方式

④ 单击标签"求和项：销售量"右侧的下拉箭头，用同样的方法打开"值字段设置"对话框，将"自定义名称"改为"销售总量"，并单击"值显示方式"选项卡，如图3-102所示，在"值显示方式"下拉列表中选择"列汇总的百分比"；单击"数字格式"按钮，设置格式为"百分比"，小数位数为0。单击"确定"按钮，关闭对话框。

操作结果如图3-103所示。

季度	(全部)					
	商品名称 值					
	笔记本		台式机		销售总量汇总	平均销量汇总
店铺	销售总量	平均销量	销售总量	平均销量		
上地店	22%	205	21%	263.75	21%	234.375
西直门店	24%	225	24%	310.5	24%	267.75
亚运村店	26%	240	27%	346.25	27%	293.125
中关村店	28%	262.5	28%	356.5	28%	309.5
总计	100%	233.125	100%	319.25	100%	276.1875

图3-103　题6/(4)操作结果

⑤ 右击数据透视表，在弹出的快捷菜单中选择"数据透视表选项"命令，打开"数据透视表选项"对话框，选择"汇总和筛选"选项卡，如图3-104所示，在"总计"区域取消勾选"显示行总计"复选框，可见原表中的两列汇总列消失。

图 3 - 104　"数据透视表选项"对话框

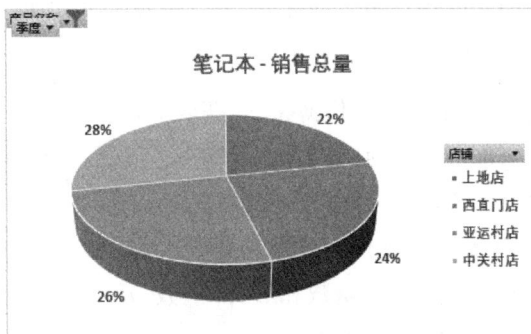

图 3 - 105　数据透视图——笔记本销量占比

（5）制作数据透视图查看销量情况

操作步骤如下：

① 光标定位于数据透视表中的任一单元格，选择"数据透视表工具|分析"选项卡，单击"工具"组中的"数据透视图"按钮，打开"插入图表"对话框，选择"三维饼图"，单击"确定"按钮，关闭对话框。

② 选择图表，单击右侧的"图表元素"按钮，选中"标签"，并设置数据标签位置为"数据标签外"，操作结果如图 3 - 105 所示，显示四家店铺笔记本销量的占比情况。

③ 在数据透视图中，单击"商品名称"按钮，选择"台式机"，单击"季度"按钮，选择"三季度"，可见数据透视图和数据透视表随之变化，显示了在三季度各店铺台式机销量的占比情况，如图 3 - 106 所示。

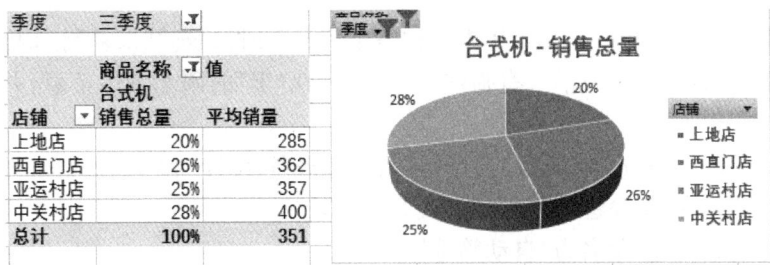

图 3 - 106　三季度各店铺台式机销量的占比情况

④ 单击"店铺""季度"和"商品名称"按钮，选择不同的店铺、季度和商品，观察数据透视表和数据透视图的变化。

> 说明：数据透视图和数据透视表是相关联的，改变其中之一，另一个也会发生相应改变。如果删除数据透视表，数据透视图会成为普通的图表，并从源区域中取值。

⑤ 保存文件。

四、实战练习和提高

新建 Excel 工作簿文件，打开"Excel 项目 4 资源"文件夹中的文本文件"报名信息.txt"，将报名信息导入到表 Sheet 1 中，并将文件另存为"项目 4 练习.xlsx"。在"项目 4 练习.xlsx"中完成相关操作，操作结果可看 PDF 文件"项目 4 练习_样张.pdf"。

1. 数据准备

（1）新建空白工作簿文件，在表 Sheet 1 中导入文本文件"报名信息.txt"中的数据。

提示：在导入时选择"分隔符号"为空格，"编号"和"联系电话"两列的数据格式为文本，"出生日期"列的数据格式为日期。

（2）在右侧添加"电话类型"列，如果"联系电话"是 11 位，电话类型是手机，否则是固话。（提示：使用 IF 函数和 LEN 函数。）

2. 排序操作练习

（1）将表 Sheet 1 中数据按照"出生日期"升序排列，然后新建表 Sheet 2，并将排序结果复制到表 Sheet 2 中。

提示：在复制数据时，如果出现"########"或者类似"1.535E＋10"的形式，通过增加列宽即可解决。

（2）将表 Sheet 1 中数据先按"专业"升序排列，再按"出生日期"降序排列，并将排序结果复制到表 Sheet 2 中。

（3）将表 Sheet 1 中数据先按"学历"升序排列，即"本科，硕士，博士"，再按"报考职位"降序排列，并将排序结果复制到表 Sheet 2 中。

提示：按"学历"排序时，要打开"排序选项"对话框，设置排序方法为"笔划排序"。

（4）将表 Sheet 2 重命名为"排序"。

3. 自动筛选操作练习

（1）在表 Sheet 1 中筛选 1976 年出生的考生信息，并将筛选结果复制到表 Sheet 3 中。

（2）在表 Sheet 1 中先取消原有筛选，重新筛选姓"李"的硕士考生信息，并将筛选结果复制到表 Sheet 3 中。

（3）在表 Sheet 1 中先取消原有筛选，重新筛选报考"统计"和"法律顾问"职位且学历不是博士的考生信息，并将筛选结果复制到表 Sheet 3 中。

（4）将表 Sheet 3 重命名为"自动筛选"。

4. 高级筛选操作练习

新建工作表，将该表重命名为"高级筛选"，并将表 Sheet 1 中的数据复制到该表中，以下操作均在该表中完成。

（1）筛选学历是"硕士"的女性考生，筛选结果保存在本表。

（2）筛选专业是"会计"，或者报考职位是"会计"的考生，筛选结果保存在本表。

5. 分类汇总

新建工作表，将该表重命名为"分类汇总"，并将表 Sheet 1 中的数据复制到该表中，汇总不同学历男性和女性的报考情况。

提示:先按"学历"汇总,再按"性别"汇总,并注意在分类汇总前先排序。

6. 创建如图 3 - 107 所示的数据透视表和数据透视图

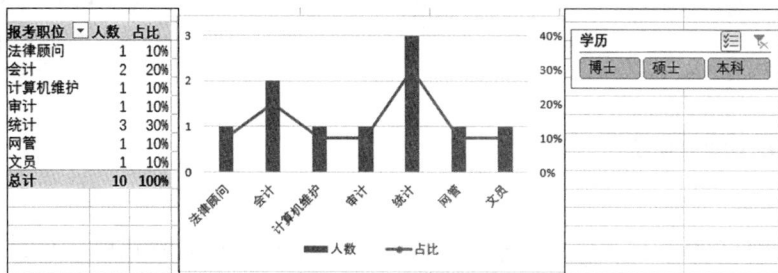

图 3 - 107　效果图

新建工作表,将该表重命名为"数据透视表图",并将表 Sheet 1 中的数据部分复制到该表中。

(1)建立数据透视表,统计每个职位的报考人数和占比,占比保留整数。

(2)按照图 3 - 107 所示,修改数据透视表的列标题名称。

(3)创建数据透视图,按照图 3 - 107 所示选择图表类型,设置网格线和坐标轴,隐藏所有字段按钮,并将图例置于底部。

(4)按照图 3 - 107 所示,在数据透视图右侧为"学历"字段插入切片器,显示为 3 列 1 行,按照"博士、硕士、本科"的顺序显示。

提示:① 在"切片器|选项"选项卡的"按钮"组中设置列为"3"即可。② 要按照"博士、硕士、本科"的顺序显示,必须在"文件|选项|高级|常规"中单击"编辑自定义列表"按钮,事先自定义序列"本科、硕士、博士"。③ 在"切片器|选项"选项卡中单击"切片器设置"按钮,打开对话框,设置"项目排序和筛选"为"降序",并选中"排序时使用自定义列表"复选框。

7. 保存文件

项目五　公务员笔试结果通知单的制作

一、内容描述和分析

1. 内容描述

江州市近期举办了公务员录用考试公共科目的笔试，其中教育局财务科科员的岗位共有 10 人报考，现需要制作考试结果通知函，告知考生各门课程的成绩、总分以及名次，并根据名次通知考生有无面试资格。

2. 涉及知识点

本项目需要综合运用 Word 和 Excel 两大办公软件，主要涉及 Excel 的合并计算以及函数、公式等知识点，此外，还要用到 Word 的邮件合并功能。

3. 注意点

邮件合并功能中的数据源可以是 Excel 工作簿也可以是 Access 数据库、Query 文件等，可以是本地的，也可以是远程的。需要注意的是：① 在使用 Excel 工作簿时，必须保证数据源符合数据清单的要求；② 合并前后，数据源和 Word 文档不要移动位置，否则需要重新链接。

二、相关知识和技能

1. Word 的邮件合并功能

邮件合并主要是指在主文档的固定内容中，合并与发送信息相关的一组数据资料，从而批量生成需要的邮件文档。例如，制作一批邀请函，所有邀请函中的主要内容都是固定不变的，而邀请对象的姓名是变化的部分，每一张邀请函都不同。使用"邮件合并"功能可以轻松地批量生成不同对象的邀请函。

邮件合并的基本过程包括以下三个步骤：

（1）创建主文档

主文档是指邮件合并内容的固定不变的部分，如邀请函中的通用部分、信封上的落款等。建立主文档的过程和平时新建一个 Word 文档相同，在进行邮件合并之前它只是一个普通的文档。唯一不同的是，在制作一个主文档时需要考虑，在合适的位置留下数据填充的空间。

（2）准备数据源

数据源实际上是一个数据列表，其中包含了用户希望合并到输出文档的数据。数据源可以是 Excel 表格、Outlook 联系人、Access 数据库、Word 中的表格、HTML 文件等。如果没有现成的，还可以重新建立一个数据源。

（3）邮件合并的最终文档

邮件合并就是将数据源合并到主文档中，得到最终的目标文档。合并完成的文件份数取决于数据表中记录的条数。邮件合并功能除了可以批量处理信函、信封与邮件相关的文档外，还可以轻松地批量制作标签、工资条、成绩单等。

2. Excel 2016 的合并计算

Excel 2016 的“合并计算”可以对一个或者多个工作表中的数据进行汇总，汇总方式可以是求和，也可以是求均值、计数等。主要有以下几种情况：

（1）待合并计算的区域布局相同

如图 3－108 所示，三个待合并区域行标签、列标签完全一致，“合并计算”将对相应区域的数据进行汇总计算。

	A	B	C	D	E	F	G	H
1	一月份空调销量			二月份空调销量			三月份空调销量	
2	地区	空调		地区	空调		地区	空调
3	华东	45600		华东	37600		华东	35680
4	华西	43808		华西	33808		华西	38808
5	华南	57507		华南	47507		华南	47897
6	华北	38409		华北	32409		华北	32467

Sheet1　Sheet2

	空调
华东	118880
华西	116424
华南	152911
华北	103285

图 3－108　数据区域布局相同

说明：① 本例中上述情形下的合并计算的汇总方式均选择“求和”。② 参与合并计算的数据可以来自同一个数据表，也可以来自不同的数据表。

（2）待合并计算的区域布局不同

如图 3－109 所示，待合并区域行标签不同而列标签相同，“合并计算”则对相应区域的数据进行分类汇总，将行标签相同的数据进行汇总计算。

	A	B	C	D	E	F	G	H
1	一月份空调销量			二月份空调销量			三月份空调销量	
2	地区	空调		地区	空调		地区	空调
3	华东	45600		*东北*	*37600*		华东	35680
4	华西	43808		华西	33808		华西	38808
5	华南	57507		华南	47507		华南	47897
6	华北	38409		华北	32409		华北	32467

Sheet1　Sheet2

	空调
华东	81280
东北	*37600*
华西	116424
华南	152911
华北	103285

图 3－109　数据区域列标签相同行标签不同

如图 3－110 所示，待合并的三个区域行标签相同而列标签不同，“合并计算”仅将相应区域的数据合并到一张表中，而不会进行汇总计算。

	A	B	C	D	E	F	G	H
1	一月份空调销量			一月份冰箱销量			一月份洗衣机销量	
2	地区	空调		地区	冰箱		地区	洗衣机
3	华东	45600		华东	37600		华东	35680
4	华西	43808		华西	33808		华西	38808
5	华南	57507		华南	47507		华南	47897
6	华北	38409		华北	32409		华北	32467

Sheet1　Sheet2

	空调	冰箱	洗衣机
华东	45600	37600	35680
华西	43808	33808	38808
华南	57507	47507	47897
华北	38409	32409	32467

图 3－110　数据区域行标签相同列标签不同

三、操作指导

下载压缩文件"Excel 项目 5 资源"并解压缩,打开 Excel 工作簿文件"笔试成绩单源数据.xlsx",然后按照如下步骤操作。操作中注意及时保存,操作结果可参看 PDF 文档"江州市公务员考试笔试结果通知单.pdf"。

1. 通过"合并计算"生成"笔试成绩表"

在 Excel 工作簿文件"笔试成绩单源数据.xlsx"中有"公共基础知识""行政职业能力"和"专业知识"三张工作表,分别存储公务员考试的三门课程成绩,由此生成邮件合并所需要的数据源。操作步骤如下:

① 新建工作表并重命名为"笔试成绩表"。

② 在"数据"选项卡的"数据工具"组中单击"合并计算"按钮,打开"合并计算"对话框。

③ 在"合并计算"对话框中,单击"引用位置"文本框右侧的按钮![img],在"公共基础知识"表中选中单元格区域 A1:B11,再次单击按钮![img],恢复显示"合并计算"对话框。

④ 在"合并计算"对话框中,单击"添加"按钮,将所选数据区域添加到"所有引用位置"列表框中。

⑤ 用同样的方法,将"行政职业能力"表和"专业基础知识"表中的数据区域添加到"所有引用位置"列表框中。

⑥ 设置"函数"为"求和",并选中"首行"复选框和"最左列"复选框,结果如图 3 - 111 所示。

	A	B	C	D
1		公共基础知识	行政职业能力	专业知识考核
2	刘洪	78	74	78
3	李林	81	70	66
4	杨帆	78	88	86
5	蒋云剑	66	76	64
6	程小雨	90	80	90
7	刘新宇	87	85	68
8	杨红	82	67	75
9	李倩	72	74	68
10	张伟东	85	81	88
11	赵云逸	72	70	84

图 3 - 111 "合并计算"对话框   图 3 - 112 "合并计算"结果图

⑦ 单击"确定"按钮,完成合并计算。

操作结果如图 3 - 112 所示。

2. 编辑"笔试成绩表"

操作步骤如下:

① 在 A 列左侧插入一空列,并在 A1 单元格中输入"编号",在 B1 单元格中输入"姓名",在 F1 单元格中输入"笔试成绩",在 G1 单元格中输入"名次"。

② 在"编号"列依次填入数字序列"01,02,……"。

③ 计算每个考生的笔试成绩,并填入"笔试成绩"列。

根据招考规则,笔试成绩的计算公式是:

笔试成绩＝公共基础知识×40％＋行政职业能力×30％＋专业基础知识×30％

④ 根据笔试成绩确定每个考生的名次，并填入"名次"列。

提示：① 使用函数 Rank.EQ。② 注意函数 Rank.EQ 中单元格区域的引用方式。

⑤ 单击"保存"按钮，保存当前文件。

编辑完成后的"笔试成绩表"工作表如图 3－113 所示。

	A	B	C	D	E	F	G
1	编号	姓名	公共基础知识	行政职业能力	专业基础知识	笔试成绩	名次
2	01	刘洪	78	74	78	76.8	5
3	02	李林	81	70	66	73.2	8
4	03	杨帆	78	88	86	83.4	3
5	04	蒋云剑	66	76	64	68.4	10
6	05	程小雨	90	80	90	87	1
7	06	刘新宇	87	85	68	80.7	4
8	07	杨红	82	67	75	75.4	6
9	08	李倩	72	74	68	71.4	9
10	09	张伟东	85	81	88	84.7	2
11	10	赵云逸	72	70	84	75	7

图 3－113　编辑完成后的笔试成绩表

3. 制作邮件合并的主文档

操作步骤如下：

① 新建 Word 文档，设置纸张大小为"32 开"，纸张方向为"横向"，上下左右的页边距均为"2 cm"。

② 在文档中输入如图 3－114 所示的文字和表格。标题部分字体格式为"黑体，小三"，其余部分字体格式为"宋体，小四"；表格部分外框线格式为"0.75 磅，双线"，内框线格式为"0.75 磅，单线"。

江州市公务员考试笔试结果通知单

同志，您好！

您在本次考试中的各单项成绩、总成绩以及在报考同一岗位的考生中的排名情况如下：

编号	姓名	公共基础知识	行政职业能力	专业基础知识	总成绩	名次

笔试总成绩位列前三可以参加面试，

江州市人力资源与社会保障厅
2021.5.16

图 3－114　主文档的内容

③ 将文档另存为"公务员考试笔试结果通知单主文档"。

4. 将数据源合并到主文档中

操作步骤如下：

① 在主文档中，将光标定位在"同志"前，然后单击"邮件"选项卡，在"开始邮件合并"组

中,单击"开始邮件合并"按钮,在弹出的下拉列表中选择"邮件合并分布向导"命令,打开"邮件合并"任务窗格。

② 在"邮件合并"任务窗格"选择文档类型"中,保持默认设置"信函",然后单击"下一步:开始文档"。

③ 在"邮件合并"任务窗格"选择开始文档"中,保持默认设置"使用当前文档",然后单击"下一步:选择收件人"。

④ 在"邮件合并"任务窗格"选择收件人"中,保持默认设置"使用现有列表",单击"浏览"按钮,在打开的"选取数据源"对话框中选择"笔试成绩单源数据.xlsx",单击"打开"按钮,弹出"选择表格"对话框,如图3-115所示,选择"笔试成绩表",单击"确定"按钮。

图3-115 选择数据表

⑤ 在打开的"邮件合并收件人"对话框中,如图3-116所示,保持默认设置,然后单击"确定"按钮,关闭对话框。

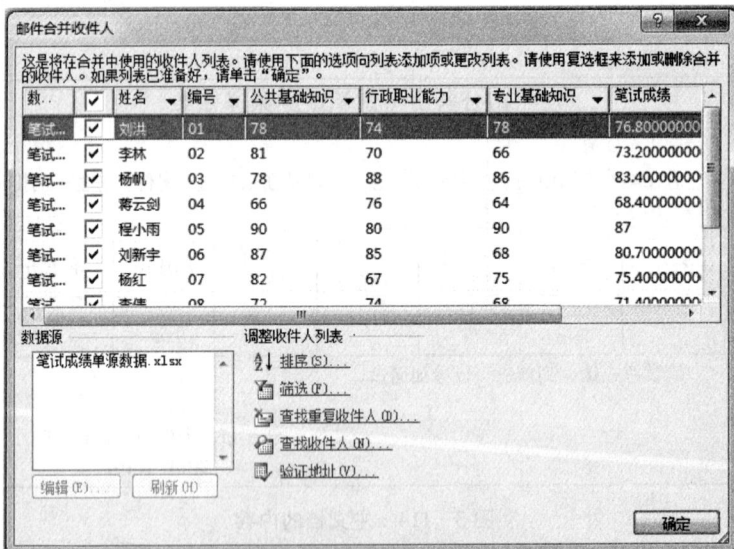

图3-116 设置邮件合并收件人信息

⑥ 在"邮件合并"任务窗格"选择收件人"中,继续单击"下一步:撰写信函"。

说明: 在"设置邮件合并收件人"对话框中,可以筛选出部分记录进行合并,也可以在合并的同时对记录排序。单击字段名右侧的箭头可以进行快速排序。

⑦ 在"邮件合并"任务窗格"撰写信函"中,单击"其他项目",打开"插入合并域"对话框,如图 3-117 所示,选择"姓名",单击"插入"按钮,然后单击"关闭"按钮,可见光标所在位置插入了"姓名"域。继续将光标定位在表格中的其他位置,重复上述操作,插入"编号"等其他域。

说明: 本步骤通过"编写和插入域"组中的"插入合并域"按钮 实现更加方便。

图 3-117 "插入合并域"对话框　　　　图 3-118 "插入 Word 域:IF"对话框

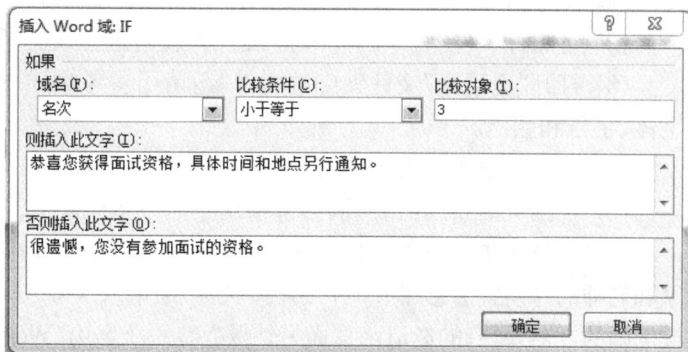

⑧ 将光标定位在主文档末尾"参加面试,"后,单击"编写和插入域"组中的"规则"按钮,选择"如果…那么…否则…"菜单命令,打开"插入 Word 域:IF"对话框,设置如图 3-118 所示。对于名次在前三位的考生,显示文字"恭喜您获得面试资格,具体时间和地点另行通知。",否则显示"很遗憾,您没有参加面试的资格。",单击"确定"按钮。

⑨ 在"邮件合并"任务窗格"撰写信函"中,单击"下一步:预览信函",此时可通过"邮件合并"选项卡的"预览结果"组中的按钮逐一浏览合成后的文档内容。

说明: ① 选择"如果…那么…否则…"菜单命令,可以根据需要,由一个主文档和一个数据源合成内容不同的邮件。

② 对于数值,如果想保留两位小数,可以选中该域,右击鼠标,选择"切换域代码"菜单命令,在已经存在的域代码尾部输入"\ # "0.00""(注意是在大括号内),然后继续右击鼠标,选择"更新域"菜单命令。如果只想保留一位小数,则输入"\ # "0.0""。

⑩ 在"邮件合并"任务窗格"预览信函"中,单击"下一步:完成合并",再继续单击"编辑单个信函",打开"合并到新文档"对话框,如图 3-119 所示,选中"全部"单选按钮,单击"确定",此时 Word 将 Excel 表中信息合并到正文中,并合并生成一个新文档,新文档中包含了 10 个考生的考试结果通知单。最后将该文档另存为 Word 文件"江州市公务员考试笔试结果通知单.docx"。

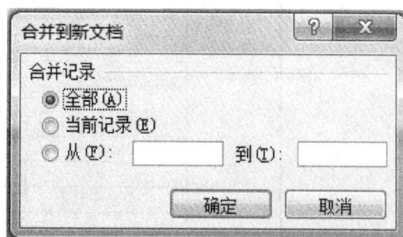

图 3-119 "合并到新文档"对话

四、实战练习和提高

1. 邀请函的制作

某高校在不久前结束的全国“互联网＋”大学生创新创业大赛中取得佳绩，为了总结经验，在未来的大赛中取得更多、更好成绩，拟举办一场经验交流会，邀请部分专家和老师给在校学生作报告，因此，校学生会外联部需制作一批邀请函，并分别递送给相关的专家和老师。

请按如下要求，完成邀请函的制作。

（1）打开“邀请函”文件夹中的文件“邀请函主文档.docx”，调整文档版面，设置页面高度18厘米、宽度30厘米，上、下页边距2厘米，左、右页边距3厘米。

（2）将图片文件“背景图片.jpg”设置为邀请函背景。

（3）打开“邀请函”文件夹中的文件“邀请函参考样式.docx”，调整邀请函中内容文字的字体、字号和颜色。

（4）调整邀请函中内容文字段落对齐方式。

（5）根据页面布局需要，调整邀请函中的段落间距。

（6）在“尊敬的”和“（老师）”两组文字之间，插入拟邀请的专家和老师的姓名，拟邀请的专家和老师的“姓名”信息在Excel工作簿文件“通讯录.xlsx”中。每页请函中只能包含1位专家或老师的姓名，所有的邀请函页面另外保存在一个名为“Word邀请函”的PDF文件中。

（7）邀请函文档制作完成后，保存“邀请函主文档.docx”文件。

2. 工资单的制作和发送

工资在任何企业都是非常敏感的话题，所以为了保密和避免不必要的麻烦，工资信息一定不能群发，只能单独发放。按照以下步骤，制作合成每个员工的工资单，并发送到他们的邮箱中。

（1）打开“工资单”文件夹中的Word文档“工资明细通知单主文档.docx”。

（2）启动“邮件合并分布向导”，按照向导的指导，以工作簿文件“工资单源数据.xlsx”中“工资明细”工作表为数据源，在主文档中插入Word域，结果如图3-120所示。

工资明细通知单

亲爱的 «姓名»：您好！

感谢您一直以来的辛勤付出！以下为2018年1月工资明细，工资已经于2018年2月5日发放至您指定的银行账户。请查收！

员工信息			
姓名	«姓名»		
部门	«部门»		
应发项目		代扣项目	
岗位工资	«岗位工资»	医疗保险	«医疗保险»
薪级工资	«薪级工资»	失业保险	«失业保险»
岗位津贴	«岗位津贴»	养老保险	«养老保险»
生活补贴	«生活补贴»	职业年金	«职业年金»
绩效津贴	«绩效津贴»	会费	«会费»
		公积金	«公积金»
		其他代扣	«其他代扣»
应发合计	«应发工资»	代扣合计	«代扣合计»
实发项目			
实发工资		«实发工资»	

备注：

实发工资=应发合计-代扣合计

图3-120　插入Word域后的主文档

（3）继续单击"下一步 完成合并"，打开"邮件合并—完成合并"对话框，如图 3 - 121 所示。在其中，单击"电子邮件"，打开"合并到电子邮件"对话框。

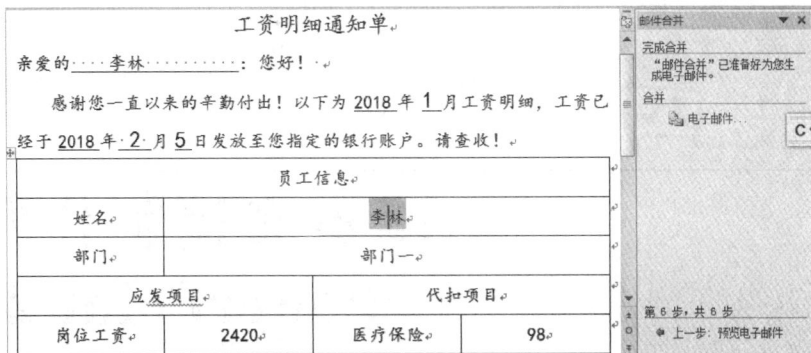

图 3 - 121　"邮件合并—完成合并"对话框

说明： 如果在"邮件"选项卡的"完成"组中，单击"完成并合并"按钮，选择"编辑单个文档"，可以如项目 5 操作指导步骤⑩所示，将邮件合并为一个新的 Word 文档。

（4）在"合并到电子邮件"对话框中，设置"收件人"为"电子邮箱"，在"主题行"中输入"2018 年 2 月份工资单"，设置"邮件格式"为"HTML"，如图 3 - 122 所示。单击"确定"按钮，系统将自动启动 Outlook 并开始后台自动发送。

图 3 - 122　"合并到电子邮件"对话框

在完成上述操作后，如果"工资单源数据.xlsx"中"电子邮箱"列存储的是有效邮箱地址，则可以登录邮箱查看发送结果。

提示： 如果在"邮件格式"下拉列表中选择"附件"，工资单将以附件形式发至每个员工的指定邮箱。

模块四

演示文稿制作软件 PowerPoint 2016

PowerPoint 2016 是微软公司推出的 Microsoft Office 办公套件中的一个组件,是一个功能很强的演示文稿制作和播放工具。它主要用于制作出生动活泼、富有感染力的幻灯片,适合于制作课件、报告和演讲稿等各种文档,其作品广泛用于各种会议、产品演示、学校教学及广告宣传等场合。

一个演示文稿就是一个 PowerPoint 文件,扩展名为.pptx。演示文稿由若干张幻灯片组成,每张幻灯片页面中允许包含文字、表格、图片、图形、动画、声音、影片、Flash 动画和动作按钮等元素,共同阐述一个演示主题。此外,PowerPoint 2016 还提供了多种不同的放映方式,用户可根据需要自行设置幻灯片放映方式。

4.1 PowerPoint 2016 新特性

相比较于之前的 PowerPoint 版本,PowerPoint 2016 又新增了以下功能:

1. 增加智能搜索框

在功能区上有一个搜索框"告诉我您想要做什么",可以快速获得想要使用的功能和操作,还可以获取相关的帮助,更人性化、智能化。

2. 新增 6 个图表类型

添加了 6 个新图表,用于帮助创建一些常用的数据可视化的财务或层次结构的信息,展示统计数据中的属性。

3. 智能查找

当选择某个字词或短语时,鼠标右击并选择"智能查找",窗格将打开定义,定义来源于维基百科及网络相关搜索。

4. 墨迹公式

通过插入公式中的墨迹公式,可以输入任何复杂的数学公式。如果计算机配有触摸设备,可以使用触摸手写方式手写数学公式,PowerPoint 会将其转换为文本。

5. 屏幕录制

在"插入"选项卡中，单击"屏幕录制"按钮，可以录制屏幕和相关音频，并将录制的内容插入到幻灯片中。

6. 简单共享

通过单击功能区最右面的"共享"选项卡，可以选择与他人共享演示文稿。

7. 更好的冲突解决方法

当与他人协作的演示文稿出现多个用户更改冲突时，可以看到相互冲突的更改幻灯片的并排比较，可以轻松选择想要保留的版本。

8. Office 主题的更多选择

通过"文件"选项卡下的"账户"选项，在 Office 主题下拉列表中可以选择设置应用于幻灯片的 Office 主题：彩色、深灰色和白色。

4.2　PowerPoint 2016 使用基础

4.2.1　PowerPoint 2016 的应用程序窗口

启动 PowerPoint 2016 后，应用程序窗口如图 4-1 所示。应用程序窗口风格与 Word、Excel 等其他 Office 软件窗口类似，主要由标题栏、快速访问工具栏、"文件"按钮、选项卡、功能区、"大纲"和"幻灯片"窗格、幻灯片编辑窗格、"备注"窗格和状态栏等部分组成。

图 4-1　PowerPoint 2016 的窗口组成

1."文件"按钮

单击"文件"按钮（选项卡），可以在打开的菜单中，针对演示文稿进行新建、打开、保存、打印等操作。

2. 选项卡

根据不同的功能，分为 9 个选项卡，即"文件""开始""插入""设计""切换""动画""幻灯片放映""审阅"和"视图"选项卡，都是针对演示文稿内容操作的。单击不同的选项卡，可以打开相应的功能区，得到不同的操作设置选项。

3. 功能区

包含对幻灯片进行编辑和设置格式要使用的各种工具。单击某个选项卡可以打开相应的功能区，将显示不同选项卡中包含的操作命令组。例如上图中，"开始"选项卡中主要包括剪贴板、幻灯片、字体、段落、绘图、编辑等功能区。

每个组中又包含了几种命令，有的命令直接单击可以产生效果，有的则会弹出下拉列表，如单击"开始"选项卡"编辑"组中"选择"下三角按钮，会弹出下拉列表。

有的功能区操作命令组右下角带有"↘"标记的按钮，表示有命令设置对话框，单击它会弹出相应的设置对话框。

如果用户在演示文稿中插入图片、艺术字或视频等内容，系统会自动在功能区显示与插入内容对应的选项卡，如在演示文稿中插入了一张图片，在功能区就会添加"格式"选项卡。

4."大纲"和"幻灯片"窗格

位于"幻灯片编辑"窗格的左侧，在不同的大纲/普通视图，显示幻灯片大纲文本或幻灯片缩略图。幻灯片模式下幻灯片以序号的形式进行排列，方便用户预览幻灯片的整体效果，而大纲模式下可以方便用户组织和编辑幻灯片内容。

5. 幻灯片编辑窗格

这是 PowerPoint 2016 中最大也是最重要的部分，关于幻灯片编辑的所有操作都在该窗格中完成。当幻灯片出现多张时，可以通过拖动滚动条来显示其他的幻灯片内容。

6."备注"窗格

位于"幻灯片编辑"窗格的下部，在编辑演示文稿时对幻灯片添加注释和说明，供演讲者编辑和查阅该幻灯片的相关信息。

7. 状态栏

位于工作界面的最下方，主要用于提供系统的状态信息，其内容随着操作的不同而有所不同。状态栏的左边显示了当前幻灯片的序号以及总幻灯片数，右边显示了视图切换按钮和显示比例。

4.2.2 演示文稿的创建

在 PowerPoint 中创建新演示文稿的常用方法有创建空白演示文稿、根据"模板"创建等，用户可以根据实际情况选择创建方法。

启动 PowerPoint 2016 后，系统会自动创建一个文件名为"演示文稿 1"的空白演示文稿，用户也可以手动创建新的演示文稿。

1.使用"空白演示文稿"创建演示文稿

这种方法是直接创建一个什么内容都没有的新演示文稿,需要创建者添加所有演示文稿内容和设置格式。

单击"文件"按钮,在菜单中选择"新建"命令,在窗口右侧显示的"模板和主题"图标中选择"空白演示文稿"图标,如图 4-2 所示。

图 4-2　"新建演示文稿"窗口

单击该图标,PowerPoint 2016 会打开一个没有任何设计方案和示例,只有默认版式(标题幻灯片)的空白幻灯片。后期,用户可以根据实际需要进一步选择版式、输入内容、设计背景等,不断添加新的幻灯片。

2.使用模板创建演示文稿

PowerPoint 2016 提供了很多模板,其样式、风格,包括幻灯片的背景、装饰图案、版面布局和颜色搭配等都已经设置好,允许用户从开始就为演示文稿选择主题和配色方案。

单击"文件"按钮,在菜单中选择"新建"命令,在右侧窗口中浏览模板效果图列表,单击某个效果图,在弹出的对话框中单击"创建"按钮,就可以按所选的模板创建演示文稿,如图 4-3 所示。

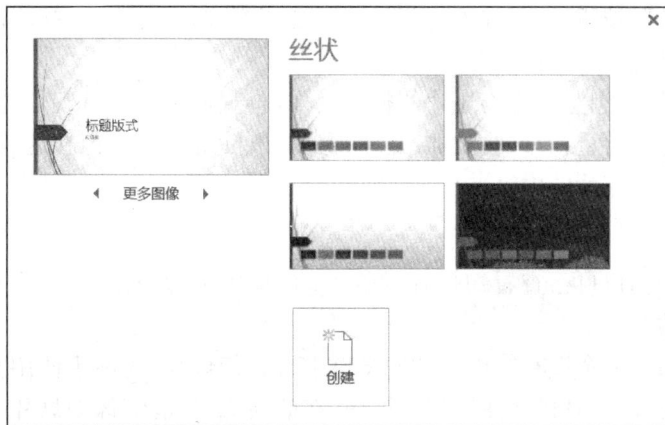

图 4-3　使用模板新建演示文稿

4.2.3　演示文稿的视图

为了在不同的情况下建立、编辑、浏览和放映幻灯片，PowerPoint 2016 提供了多种不同的视图。除备注页视图外，各视图模式可以通过状态栏右侧的视图切换按钮进行互相切换，也可以通过"视图"选项卡中"演示文稿视图"组中，选择相应的视图模式命令进行切换，如图 4-4 所示。

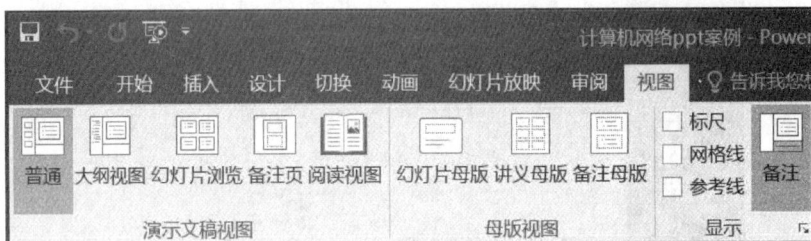

图 4-4　"视图"选项卡

1. 普通视图/大纲视图

普通视图/大纲视图是主要的编辑视图，用于设计演示文稿。这两种视图布局类似，有 3 个工作区域：

左侧：普通视图下显示幻灯片缩略图，大纲视图下显示幻灯片的大纲文字。在此窗格中可以对幻灯片进行简单的操作，如选择、移动、复制幻灯片等。

右侧上部：幻灯片编辑窗格。此窗格用来显示当前幻灯片的一个大视图，可以对幻灯片进行编辑。

右侧下部：备注窗格。在此窗格中可以对幻灯片添加备注。

普通视图是默认的视图，在此视图模式下，不但可以处理文本和图形，还可以处理声音、动画及其他特殊效果。此外，在普通视图下，可以通过拖动窗格边框来调整不同窗格的大小。

2. 幻灯片浏览视图

在状态栏中，单击"幻灯片浏览"按钮，或在"视图"选项卡下的"演示文稿视图"功能区中单击"幻灯片浏览"按钮，即可进入幻灯片浏览视图模式。该模式以缩略图的形式显示幻灯片，可以同时显示多张幻灯片。

在此模式下，可以浏览所有幻灯片的整体效果，直观地了解所有幻灯片的搭配情况，可以方便地对幻灯片进行重新排列、添加、复制、移动、删除等操作。但在这种视图模式下，不能直接编辑和修改幻灯片的内容。

3. 阅读视图

阅读视图用于用户自己查看幻灯片的效果，而非受众（如通过大屏幕）放映幻灯片，加强幻灯片的阅读体验。

如果用户希望在一个设有简单控件的窗口中查看幻灯片，而不想使用全屏的幻灯片放映视图，可以在自己的计算机上使用阅读视图，在此模式下，能够像幻灯片放映一样查看幻灯片。

4.备注页视图

备注页视图是用于给幻灯片添加备注的视图模式。在"视图"选项卡的"演示文稿视图"功能区中单击"备注页"按钮,即可进入备注页视图模式,如图4-5所示。

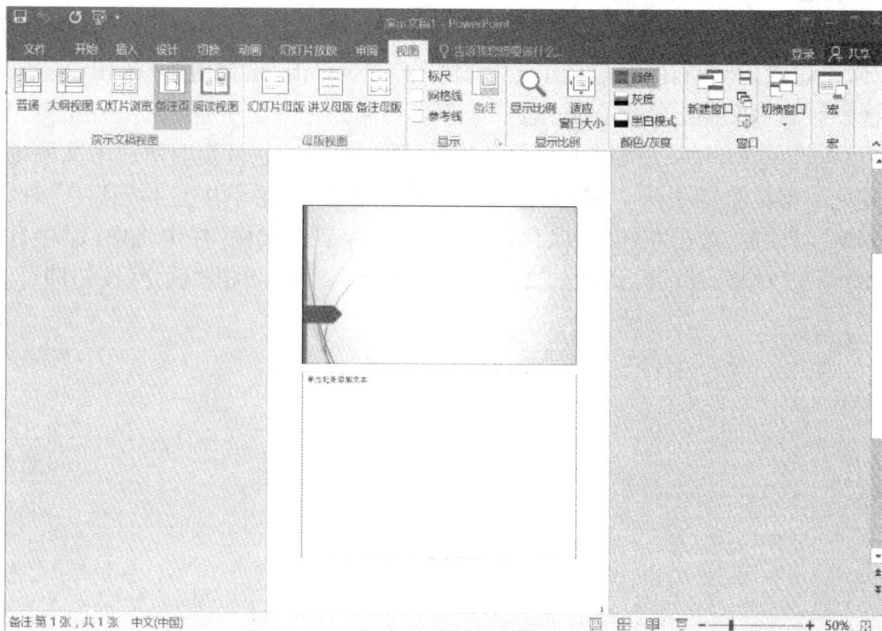

图4-5 备注页视图

该模式中有上下两部分内容:

上半部分是该页幻灯片的缩略图,可以选中并删除。注意,这里的删除并不是删除该幻灯片,而是将它从备注页中移除,不在其中显示,以腾出更多的空间编辑备注信息。

下半部分是备注信息编辑文本区,用以在其中输入文字信息,可通过拖动编辑文本框四周的控制点来放大或缩小该区域。

备注页的备注部分可以与演示文稿的配色方案彼此独立,打印演示文稿时可以选择只打印备注页。

5.幻灯片放映视图

在状态栏中,单击"幻灯片放映"按钮,或者在"幻灯片放映"选项卡的"开始放映幻灯片"功能区中单击"从头开始"或"从当前幻灯片开始"按钮,即可进入幻灯片放映视图模式。

幻灯片放映是以最大化方式显示演示文稿中的每张幻灯片,每张幻灯片均占据整个屏幕,在这种全屏视图模式中,可以看到文字、图形、影片、动画元素以及切换效果。

按Esc键将退出演示状态,也可单击鼠标右键,在快捷菜单中选择"结束放映"命令。

4.2.4 保存演示文稿

保存当前PowerPoint 2016演示文稿的方法有如下3种:

(1)对于新建的演示文稿,可以单击"文件"按钮,在打开的菜单中选择"保存"命令。或者单击快速访问工具栏上"保存"按钮(窗口标题栏左侧),将在文件菜单右侧出现"另存为"

窗口，在窗口中单击"浏览"按钮，弹出"另存为"对话框，在"另存为"对话框中依次选择文件保存的位置、输入文件名、选择保存类型，最后单击"保存"按钮即可。

（2）对于已经保存过的演示文稿，可选择"文件"→"保存"命令或者单击快速访问工具栏上"保存"按钮，将当前正在编辑的演示文稿以原文件名原位置保存。

（3）对于已经保存过的演示文稿，在编辑之后打算换名或换位置存放，可选择"文件"→"另存为"命令，在打开的右侧窗口中单击"浏览"按钮或双击"这台电脑"按钮，在弹出"另存为"对话框中对演示文稿进行保存操作。

（4）PowerPoint 2016还提供了一种自动保存的方法，让软件定时对演示文稿进行自动保存，以避免数据信息的丢失。单击"文件"按钮，在打开的菜单中选择"选项"命令，打开"PowerPoint"对话框，单击左侧的"保存"按钮，在"保存演示文稿"栏中选中"保存自动恢复信息时间间隔"复选框，然后在后面的文本框中输入保存时间，单击"确定"按钮即可。

项目一　讲演型演示文稿制作

一、内容描述和分析

1. 内容描述

讲演型演示文稿主要适用于公共演讲或者战略演讲的场合中，是日常学习和工作中经常使用的一种演示文稿方式。

从整体结构上来说，一份完整的演示文稿分为 5 个部分，分别是封面页、目录页、过渡页、内容页和封底页。

封面页是演示文稿的"脸面"，是观众第一眼看到的页面，一般由片头动画、Logo、标题、日期和作者等信息组成。

目录页用于让观众了解演示文稿的内容框架，也是不可缺少的。

过渡页一般用于突出目录中某一点以提示接下来的内容，或者用于特别强调、突出视觉效果。

内容页是演示文稿的核心部分，用于阐述演示文稿的主题内容。

封底页是演示文稿的最后一页，起到收尾的作用，一般由片尾动画、感谢语、Logo 和启发问题等信息组成。

本项目应用 PowerPoint 2016 的基本操作方法制作一篇讲演稿，展示讲演稿的基本格式。

2. 涉及知识点

本项目涉及幻灯片的页面设置，幻灯片上文字的编辑和图片的插入，幻灯片模板和母版的创建和使用，动画设置等相关操作。

3. 注意点

一篇合格的讲演稿要做到内容有序，演讲时，因为时间限制，需要在短时间内向观众传递大量信息，为了不让观众感觉到混乱，演讲和呈现时，需要让信息有序地进行传递。同时为了让观众记住演讲者所要传递的核心信息，对于演示文稿内容要做到强化突出关键信息。

二、相关知识和技能

1. 演示文稿版式选择

普通视图是编辑演示文稿最直观的视图模式。在普通视图中，任一演示文稿中的文字和图片等信息都和最终演示文稿放映时的效果类似。

演示文稿有各种版式，其中与文本有关的主要有以下 3 种格式占位符：

● 标题框：在每张演示文稿的顶部有一个矩形框，用于输入幻灯片的标题。

● 正文项目框：该区域主要用于输入演示文稿所要表达的正文信息，在每一条文本信息前面都有一个项目符号。

● 文本框：该区域是通常在需要输入除标题和正文以外的文本信息时，由用户另外添加的文本区域。

新建一张演示文稿时，单击"开始"选项卡，在出现的"幻灯片"功能区中单击"新建幻灯片"按钮，在打开的列表中选择相应的版式，如图4-6所示。

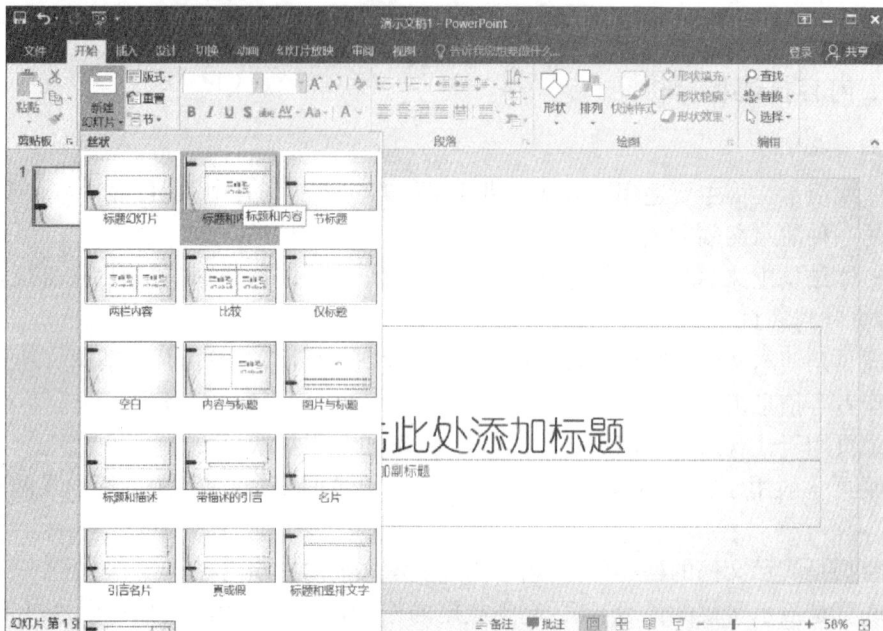

图4-6　幻灯片版式选择

单击该版式后，PowerPoint 2016将为该幻灯片中的各对象区域给出一个虚线框，提示用户在该位置输入相应内容，这些虚线框称为"文本占位符"。

对于已有的幻灯片，如果需要修改其对应的版式，可以单击"开始"选项卡下"幻灯片功能区"中的"版式"按钮，同样会弹出版式选择列表，从中选择需要的版式即可。

2. 文字的格式化

幻灯片中文字的基本格式设置主要是设置文字的属性：字体、字号和颜色等，可以通过多种方法进行设置。

● 使用"字体"功能区设置文字格式

在"开始"选项卡的"字体"功能区中包含了对文字格式的基本设置内容。

选中要设置格式的文字，单击"字体"功能区中的"字体"下拉列表框右侧的向下黑三角按钮，在展开的列表中选择相应的字体。用同样的方法还可以设置字号和颜色。

● 使用浮动工具栏设置文字格式

在幻灯片中添加文字后，当选择了文本之后，会出现一个浮动的工具栏"绘图工具|格式"，如图4-7所示。将鼠标移动到该工具栏上，单击相应的按钮也可以对文字进行格式设置。

● 通过对话框设置文字格式

在选择了幻灯片中的文字后，单击鼠标右键，在弹出的快捷菜单中选择"字体"命令，打开"字体"对话框。

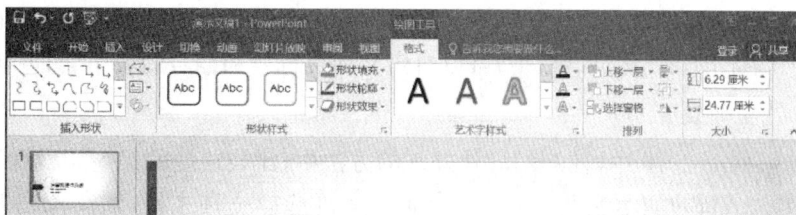

图 4-7　"绘图工具"浮动选项卡

3. 段落的格式化

通过对段落列表级别和行距等的设置可以使文本内容更加层次化、条理化。

单击"开始"选项卡的"段落"功能区右下角的"↘"按钮，弹出"段落"对话框，如图 4-8 所示，在对话框中可以设置段落对齐方式、段落缩进、行间距、段前段后间距等。

图 4-8　"段落"对话框

4. 项目符号和编号

当文本内容太多时，可以在文本的前面添加项目符号和编号，使文本具有条理性。PowerPoint 2016 中的项目符号和编号操作与 Word 中此项操作方法相同。

选定文本后，在"开始"选项卡的"段落"功能区中单击"项目符号"或者"编号"图标旁的黑三角按钮，将会弹出对应列表框，用户可选择需要的项目符号或编号，如图 4-9 左图所示。

图 4-9　项目符号列表及对话框

在"项目符号"列表中单击"项目符号和编号"命令，可以打开"项目符号和编号"对话框，如图4-9右图所示，在对话框中，可以自定义项目符号和编号的大小、颜色和样式等。

5. 幻灯片主题设置

在 PowerPoint 2016 中，控制幻灯片外观的方法中，比较快捷的是应用设计主题。一般来说，在创建一个新的演示文稿时，可以为演示文稿选择一种主题，使得幻灯片有一个完整、专业的外观。当然也可以在演示文稿建立后，为演示文稿重新更换设计主题。

单击"设计"选项卡，在"主题"功能区中可以看到主题列表选项。单击该列表右下角的"其他"按钮，展开主题列表，如图4-10所示。

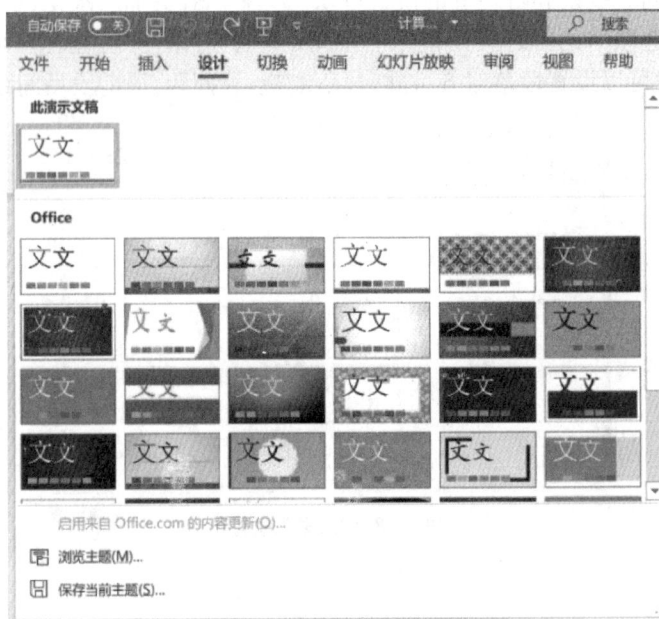

图 4-10 主题列表

在该列表中，单击其中任意一个主题选项，则将该主题应用于所有幻灯片，此时可以看到演示文稿中所有幻灯片的颜色、字体和图形效果等均发生了变化。

说明：如果只需将该主题应用于当前幻灯片，则可以用鼠标指向所需主题，单击鼠标右键，在弹出的快捷菜单中选择"应用于选定幻灯片"命令。

也可以将一个已经设置好的幻灯片文档保存为设计主题，方便以后用来创建相同风格的幻灯片。方法是在图4-10的主题列表中，单击"保存当前主题"命令，在弹出的"保存当前主题"对话框中选择保存位置、主题的名称，单击"保存"按钮即可。若要使用保存的主题，则可以在主题列表中选择"浏览主题"命令，在弹出的对话框中选择需要的主题文件。

如果对当前主题中的配色方案或者字体颜色等不满意，可以通过"设计"选项卡的"变体"功能区中的"颜色""字体""效果""背景样式"等命令来修改和调整主题。

6. 插入图片和艺术字

（1）插入图片

为了使制作出的幻灯片生动形象，通常都需要使用图片，让幻灯片图文并茂，更具有说服力和观赏性。

在 PowerPoint 2016 中,图片插入的方法主要有两种:

① 在"普通"视图中选中需要插入图片的幻灯片,在"插入"选项卡的"图像"功能区中单击"图片"按钮。

② 如果需要插入图片的幻灯片中包含有插入对象占位符,在占位符中单击"图片"按钮。

执行上述任意一种操作后,都将打开"插入图片"对话框,通过对话框去选择要插入的图片文件,然后单击"插入"按钮即可。

图片被插入到幻灯片后,将自动启动"图片工具|格式"选项卡,如图 4 - 11 所示。

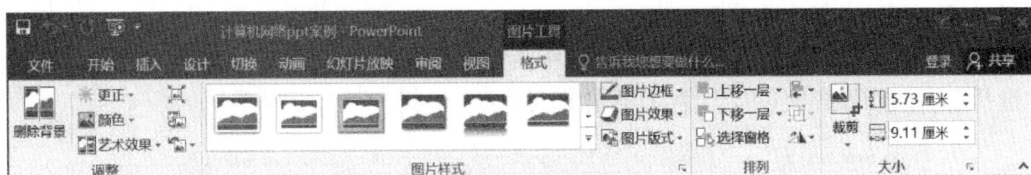

图 4 - 11　"图片工具|格式"选项卡

该选项卡的"调整"功能区中可设置图片的背景、亮度、对比度及压缩图片等;在"图片样式"功能区中可设置图片的形状、边框、效果和版式等;在"排列"功能区中可设置图片的叠放次序、对齐方式等;在"大小"功能区中可以裁剪图片、设置图片大小和位置等。

(2) 插入艺术字

艺术字同样可以丰富幻灯片的页面布局,增强幻灯片的可观赏性。在 PowerPoint 2016 中艺术字的制作有两种方式。

① 选中需要插入艺术字的幻灯片后,切换到"插入"选项卡,在"文本"功能区中单击"艺术字"按钮,在弹出的艺术字样式列表中选择一种艺术字样式,在幻灯片中出现的文本框中输入文字即可,如图 4 - 12 所示。

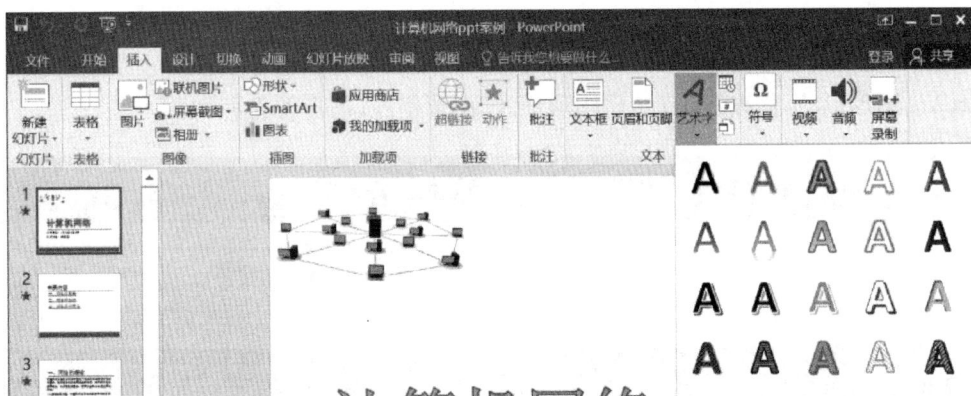

图 4 - 12　插入艺术字

② 选中要修改为艺术字的文字,切换到"绘图工具|格式"选项卡,在"艺术字样式"功能区中选择想要的效果,此时被选中的文字就变成了艺术字。

插入艺术字后,如果要改变它的形状、格式和位置等,可以在"绘图工具|格式"选项卡

（如图4-7所示）的"艺术字样式"功能区中选择"文本填充""文本效果"和"文本轮廓"等按钮来进行设置。

7. 插入 SmartArt 图形

SmartArt 图形提供了多种不同效果和结构的组织布局，供用户选择使用，能够有效、准确地表达讲演者所要表达的意思。

添加 SmartArt 图形有两种方法：

（1）在需要添加 SmartArt 图形的幻灯片中，单击"插入"选项卡中"插图"功能区里的 SmartArt 按钮。

（2）在幻灯片中选择需要修改为 SmartArt 图形的文本，单击鼠标右键，在快捷菜单中选择"转换为 SmartArt 图形"命令。

以上两种操作都可以打开如图4-13所示"选择 SmartArt 图形"对话框。在该对话框中选择需要的图形样式，单击"确定"按钮即可。

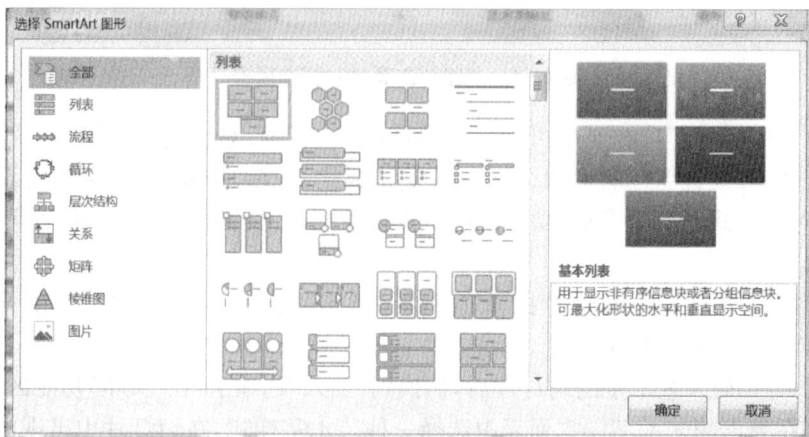

图4-13　"选择 SmartArt 图形"对话框

选中 SmartArt 图形，窗口选项卡中自动出现"SmartArt 工具|设计"和"SmartArt 工具|格式"选项卡，如图4-14所示。在这两个选项卡的相关功能区中，用户可以添加或删除 SmartArt 图形形状，修改 SmartArt 图形样式、图形格式、图形颜色等。

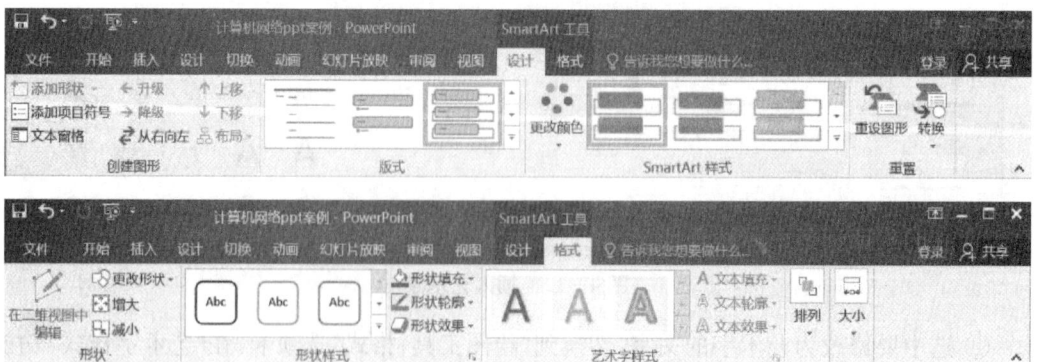

图4-14　"SmartArt 工具"选项卡

8.幻灯片页眉页脚

在 PowerPoint 2016 中,页眉和页脚及其内容的设置可以在"页眉和页脚"对话框中完成。

在"插入"选项卡的"文本"功能区中,单击"页眉和页脚"按钮,可以打开"页眉和页脚"对话框,如图 4-15 所示。在该对话框中可设置页眉和页脚的日期、时间、编号和页码等内容。

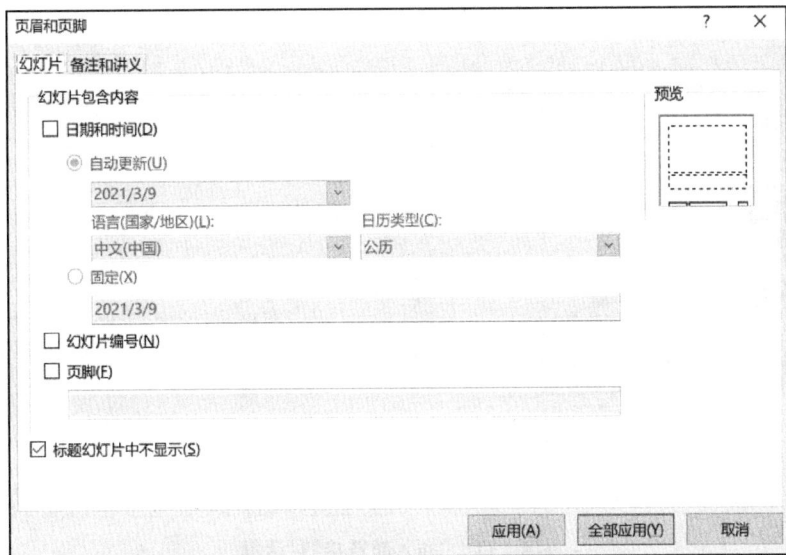

图 4-15 "页眉和页脚"对话框

(1)选中"日期和时间"复选框,表示在幻灯片的"日期区"显示生效,同时"自动更新"和"固定"单选按钮变为可选项,用户可根据需要选择日期时间的设置方式为根据系统日期自动变化或者固定日期。

(2)选中"幻灯片编号"复选框,则在幻灯片的"数字区"中自动添加一个数字编码,相当于页码。

(3)选中"页脚"复选框,可在幻灯片"页脚区"输入内容,作为每页的注释。

(4)如果不想在标题幻灯片上见到页脚内容,可以勾选"标题幻灯片中不显示"复选框。

在"页眉和页脚"对话框中设置的页眉和页脚不能对它们的字体、大小、位置等格式进行修改,如果要调整文本格式,需要在幻灯片母版中进行,如图 4-16 所示。

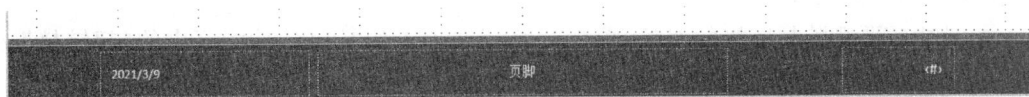

图 4-16 幻灯片母版中的页眉和页脚

9.幻灯片超链接设置

幻灯片的超链接是为了让用户在不破坏原有幻灯片顺序的情况下,按照自己的需求设置幻灯片播放顺序的一种动作方式。在 PowerPoint 2016 中，除了可以将对象的超链接从一张幻灯片链接到同一演示文稿的另一张幻灯片外，还可以链接到不同的演示文稿、电子邮件或网页对象中。创建超链接的对象可以是文本、图片、动作按钮等各种元素。

（1）创建超链接

选中需要创建超链接的对象，单击"插入"选项卡的"链接"功能区的"超链接"按钮，或者单击鼠标右键，在弹出的快捷菜单中选择"超链接"命令。两种方式都将打开"插入超链接"对话框，如图 4-17 所示。

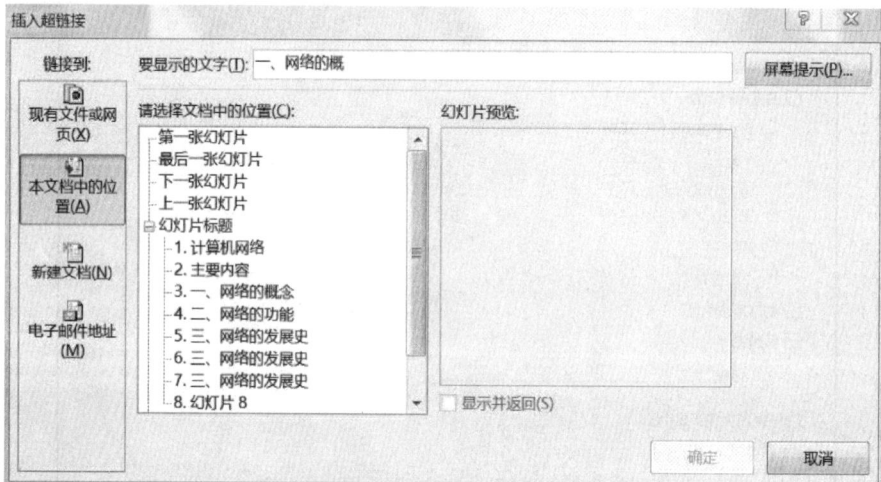

图 4-17 "插入超链接"对话框

在该对话框中，可以创建 4 种不同的超链接对象：现有文件或网页、本文档中的位置、新建文档和电子邮件地址。用户选择一种超链接对象之后，右侧的窗口界面也会随之变化，按照提示选择需要的链接文件或对象即可。比如，如果用户想在当前演示文稿中进行超链接操作，应当首先单击"本文档中的位置"，此时右侧区域显示"请选择文档中的位置"列表框，从列表中选择对应的幻灯片即可。

（2）删除超链接

删除超链接的方法有如下几种：

● 选中需要删除超链接的对象，单击鼠标右键，在弹出的快捷菜单中选择"取消超链接"。

● 选中需要删除超链接的对象，单击鼠标右键，在弹出的快捷菜单中选择"编辑超链接"，打开"编辑超链接"对话框，类似于"插入超链接"对话框，此时右侧窗格出现"删除链接"按钮，单击该按钮即可。

● 选中需要删除超链接的对象，单击"插入"选项卡的"链接"功能区中的"超链接"按钮，同样可以打开"编辑超链接"对话框，删除超链接。

10. 幻灯片动画设置

幻灯片的动画效果是指在播放一张幻灯片时，幻灯片中的不同对象的动态显示效果、显示顺序等。PowerPoint 2016 中提供了制作"进入""强调"和"退出"这几类动画效果的功能，还提供了通过制作动作路径来制作动画效果的功能，用户只需要选择设置动画的对象，然后选择一种动画方案即可，如图 4-18 所示。

选择了一种动画方案后，在"动画"选项卡的"效果选项"下拉列表中可以设置该动画方案的动画效果，如果想要进一步对该动画的进入方式、播放速度和声音等进行设置，使其能够更完美展示主题与内容，可以在"高级动画"功能区中单击"动画窗格"命令，打开"动画窗格"窗口，如图 4-18 所示。在该窗格中可以调整幻灯片中动画对象的顺序、播放声音、计时等设置。

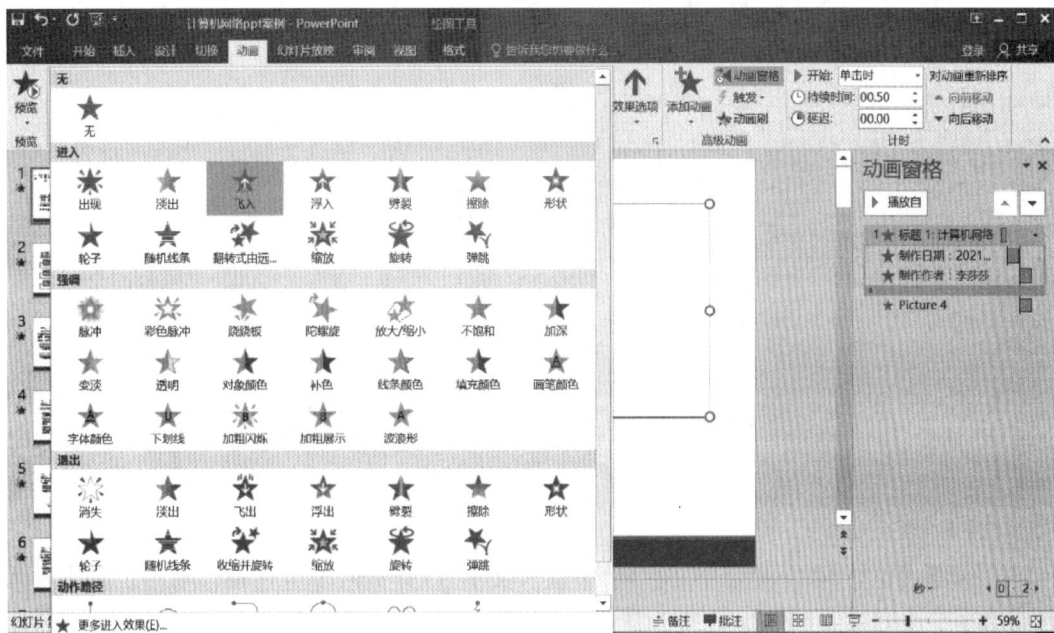

图 4-18 动画方案

11. 幻灯片切换设置

幻灯片的切换效果是指在播放演示文稿时，前一张幻灯片的消失方式和下一张幻灯片出现的方式。给幻灯片添加切换效果，可以增强播放时的趣味感。

要设置幻灯片的切换效果只需单击"切换"选项卡，在"切换到此幻灯片"功能区中单击"其他"按钮，在弹出的下拉列表中选择需要的选项即可。此时，"效果选项"按钮成为可操作状态，单击该按钮，在弹出的下拉列表中选择效果选项，可设置切换动画产生的不同效果。

在"切换"选项卡中，还可以根据用户的播放需求，设置幻灯片的切换速度、音效、换片方式和自动换片时间等信息。

三、操作指导

随着计算机网络技术的不断演变，请制作一篇关于"计算机网络"的讲演稿，演示计算机网络的发展过程，要求包含封面页、目录页、内容页和封底页。

下载压缩文件"PPT 项目 1 资源"并解压缩，参照文件"计算机网络_样张.pdf"，按照如下步骤操作完成。

1. 封面幻灯片制作

启动 PowerPoint 2016，单击"空白演示文稿"，创建一个默认名为"演示文稿1"的仅包含一张幻灯片的空白演示文稿，当前幻灯片默认版式为标题幻灯片，制作如图4-19所示的标题幻灯片。

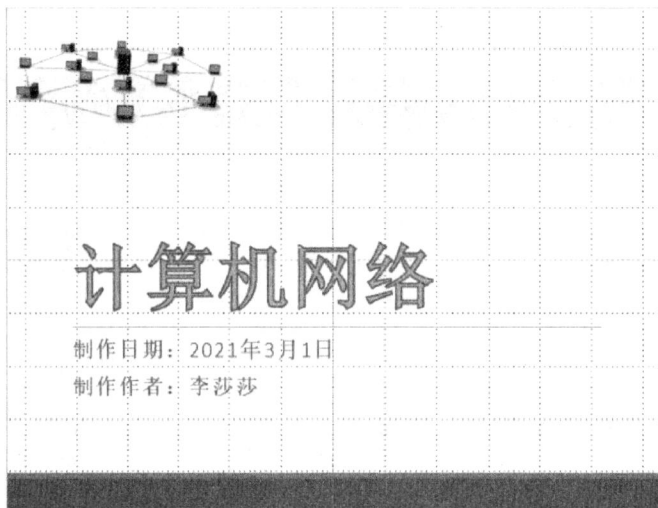

图 4-19　封面幻灯片

（1）标题文本输入

在标题占位符"单击此处添加标题"中输入文字"计算机网络"，在副标题占位符中输入两行文字——"制作日期：2021年3月1日"和"制作作者：李莎莎"。

（2）主标题艺术字样式选择

选中主标题文字"计算机网络"，主菜单栏切换到"绘图工具|格式"选项卡，单击"艺术字样式"功能区中的"其他"按钮，在展开的列表中选择"填充-橙色，着色2，轮廓-着色2"艺术字样式，如图4-20所示。

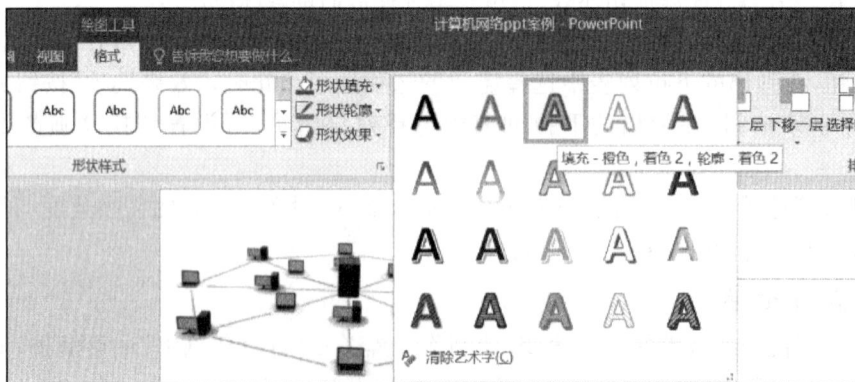

图 4-20　设置艺术字样式

（3）设置副标题文本格式

选中副标题中所有文字，切换到"开始"选项卡，单击"字体"功能区中的"字体"下拉按钮,在展开的字体列表中选择字体为"幼圆",单击"字体颜色"下拉按钮,设置副标题文字颜色为"黑色,文字 1"。

（4）为幻灯片选择主题

单击"设计"选项卡下"主题"分组中右下角的"其他"按钮,在展开的主题列表中单击"回顾"主题,将该主题应用至幻灯片中。

（5）幻灯片中插入图片

单击"插入"选项卡下"图像"分组中的"图片"按钮,在弹出的"插入图片"对话框中选择素材文件夹中的"计算机网络.jpg"文件。

（6）设置插入图片格式

选中图片,单击"图片工具|格式"选项卡,在"大小"功能区中单击右下角按钮,打开"设置图片格式"窗格,如图4-21所示。

单击"大小和属性"选项卡按钮（第 3 个）,在"大小"列表中设置图片高度和宽度,将图片调整至合适大小。

在"大小和属性"功能区里展开"位置"列表,设置"水平位置"和"垂直位置"均为"0 厘米",使得图片位于幻灯片的左上角。

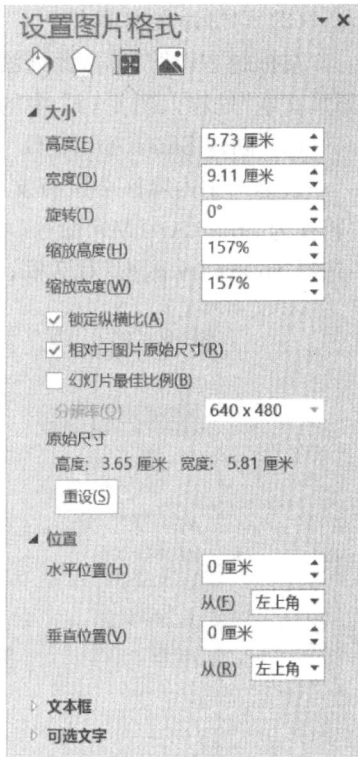

图 4-21 "设置图片格式"窗格

2.目录幻灯片制作

制作如图 4-22 所示的目录幻灯片。

（1）在当前演示文稿末尾插入一张新幻灯片

主菜单栏切换到"开始"选项卡,在"幻灯片"功能区中单击"新建幻灯片"按钮,弹出对应的下拉列表,在展开的下拉列表中选择"标题和内容"版式,生成一个空白的幻灯片。

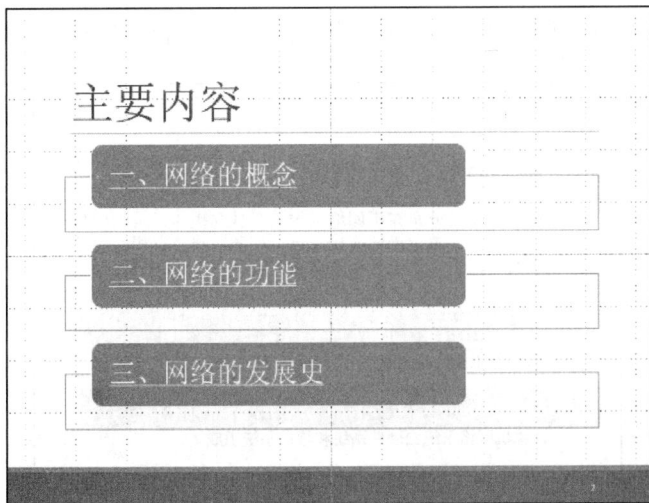

图 4-22 目录幻灯片

（2）幻灯片文本输入

在标题占位符"单击此处添加标题"处输入文字"主要内容"，在内容占位符"单击此处添加文本"处输入图4-12中的三行文字，设置内容区文字大小为36。

（3）创建SmartArt图形

鼠标选中内容区中所有文字，单击鼠标右键，弹出右键快捷菜单。在右键菜单中选择"转换为SmartArt(M)"命令，再在弹出的下级菜单中单击"其他SmartArt图形(M)"，打开"选择SmartArt图形"对话框，如图4-23所示。

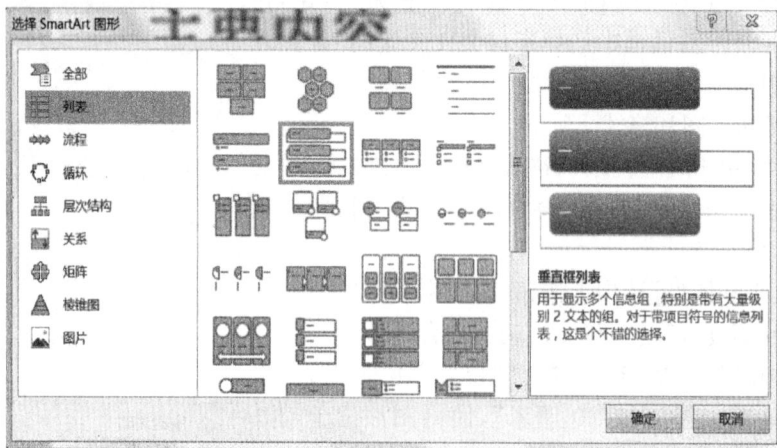

图4-23 选择SmartArt图形

（4）选择SmartArt图形样式

在"选择SmartArt图形"对话框中左侧列表中选择"列表"命令，对话框中间窗口将显示所有列表样式，找到"垂直框列表"单击选中，单击"确定"按钮，将样式应用到幻灯片中，同时关闭对话框。

3. 第一张内容幻灯片制作

在目录幻灯片后插入版式为"标题和内容"的第一张内容幻灯片，如图4-24所示。

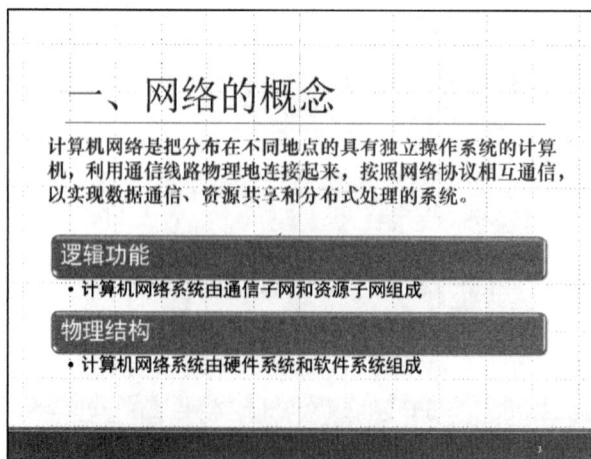

图4-24 第一张内容幻灯片

（1）新建内容页幻灯片

在"开始"选项卡中单击"幻灯片"功能区的"新建幻灯片"按钮,在展开的版式列表中选择"标题和内容"版式,插入第 3 张空白的幻灯片。

（2）幻灯片文本输入

在标题占位符中输入标题文字"一、网络的概念",在内容占位符中输入文本"计算机网络是把分布在不同地点的具有独立操作系统的计算机,利用通信线路物理地连接起来,按照网络协议相互通信,以实现数据通信、资源共享和分布式处理的系统。"

（3）设置内容区文本格式

在"开始"选项卡的"字体"功能区中设置内容文本字体为"华文中宋"、字号 24。

（4）插入 SmartArt 图形

切换到"插入"选项卡,在"插图"功能区中单击"SmartArt"按钮,弹出"选择 SmartArt 图形"对话框,在对话框中选择"列表-垂直项目符号列表",插入 SmartArt 图形。

参考图 4 - 24 所示,在第一级文本中分别输入"逻辑功能"和"物理结构",选中文本,在"开始"选项卡的"字体"功能区中设置文本字体为"黑体"、字号 28。

参考图 4 - 24 所示,在第二级文本中分别输入"计算机网络系统由通信子网和资源子网组成"和"计算机网络系统由硬件系统和软件系统组成",选中文本,在"开始"选项卡的"字体"功能区中设置文本字体为"黑体"、字号 22。

（5）设置 SmartArt 图形三维样式

选中 SmartArt 图形,在"SmartArt 工具|设计"选项卡的"SmartArt 样式"功能区中,单击右下角的"其他"按钮,在展开的列表中选择"三维-优雅",如图 4 - 25 所示。

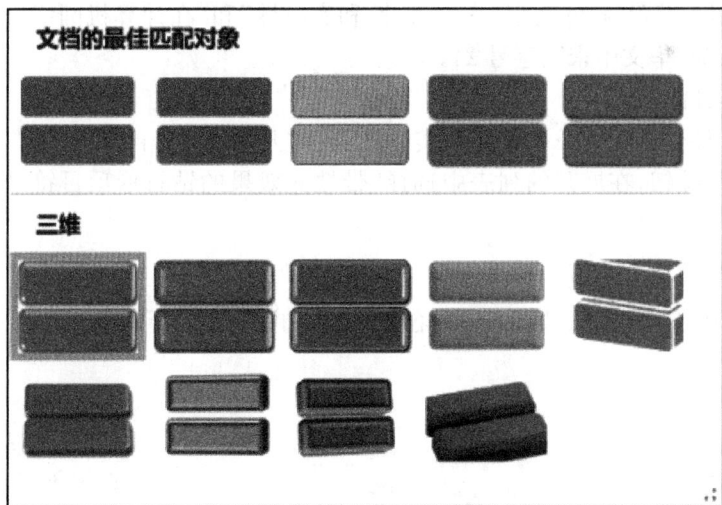

图 4 - 25　SmartArt 样式列表

选中 SmartArt 图形,在"SmartArt 工具|格式"选项卡的"大小"功能区中,设置 SmartArt 图形的高度和宽度,使得 SmartArt 图形与页面相适应。

4. 第二张内容幻灯片制作

如图 4 - 26 所示,在演示文稿最后面插入第二张内容幻灯片。

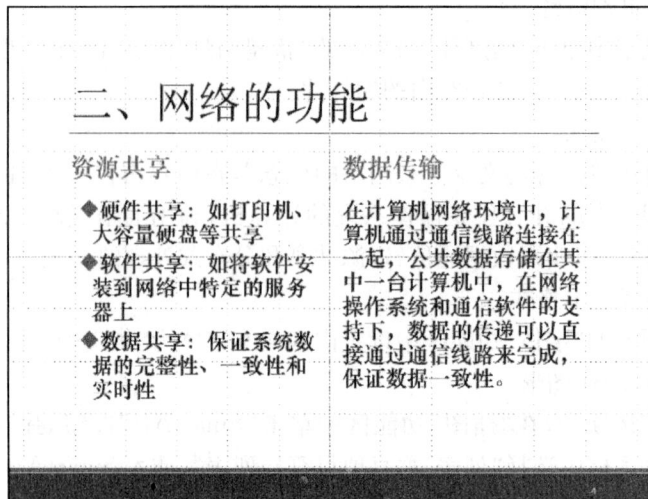

图 4 - 26   第二张内容幻灯片

（1）创建第 2 张内容幻灯片

在"开始"选项卡中单击"幻灯片"功能区的"新建幻灯片"按钮，在版式列表中选择"比较"，插入第 4 张幻灯片。

参考图 4 - 26 所示，在幻灯片的各个占位符中输入对应内容。

（2）设置文本格式

在"开始"选项卡的"字体"功能区中，分别设置"资源共享"和"数据传输"的文本格式为华文中宋、28 磅。设置"硬件共享……一致性和实时性"和"在计算机网络……保证数据一致性"文本格式为"华文中宋"、字号 24。

（3）插入项目符号

选中文本"硬件共享……一致性和实时性"，在"开始"选项卡的"段落"功能区中，单击"项目符号"下拉按钮，在展开的列表中选择"带填充效果的钻石形项目符号"，形状样式参考图 4 - 26 所示。

5. 第三张～第五张内容幻灯片制作

在演示文稿中创建第三、四、五张内容幻灯片，如图 4 - 27 所示。

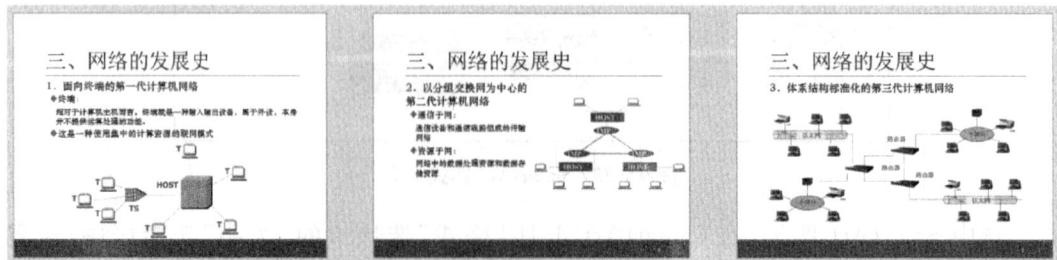

图 4 - 27   第三～五张内容幻灯片

（1）创建第三张内容幻灯片

在"开始"选项卡中单击"幻灯片"功能区的"新建幻灯片"按钮，在版式列表中选择"标题和内容"版式,插入第五张幻灯片。

在该幻灯片标题占位符中输入文本"三、网络的发展史",打开素材文件夹下的"网络的发展史.docx"文档,将文档中"1.面向终端的第一代……联网模式"文本复制到内容占位符中。

（2）设置第三张内容幻灯片中文本格式

在"开始"选项卡的"字体"功能区中,设置文本"1.面向终端的第一代计算机网络"文本格式为"华文中宋"、字号 24;

在"终端:"和"这是一种使用"前添加项目符号"带填充效果的钻石形项目符号",文本字体为"华文中宋"、字号 20;

设置"相对于……功能"文本格式为:华文中宋、18 磅。

（3）第三张内容幻灯片插入图片

主菜单切换到"插入"选项卡,在"图像"功能区中单击"图片"按钮,打开"插入图片"对话框,从素材文件夹中选择"第一代计算机网络.jpg"图片,单击"确定"按钮,将图片插入到幻灯片中。

选中插入的图片,切换到"图片工具|格式"选项卡,在"调整"功能区中单击"颜色"按钮,在展开的列表中选择"设置透明色"命令,鼠标移动到图片的任意空白区域单击,完成图片透明设置。

（4）创建第四张内容幻灯片

在"开始"选项卡中单击"幻灯片"功能区的"新建幻灯片"按钮,在版式列表中选择"两栏内容",插入第六张幻灯片。

打开素材文件夹下的"网络的发展史.docx"文档,将其中的"2.以分组交换……存储资源"文本复制到左侧的内容占位符中,各级文本格式设置参考第三张内容幻灯片。

（5）第四张内容幻灯片插入图片

在右侧的内容占位符中单击"图片"按钮,打开"插入图片"对话框,从素材文件夹中选择"第二代计算机网络.jpg"图片。

选中插入的图片,切换到"图片工具|格式"选项卡,在"图片样式"功能区中单击"其他"按钮,在展开的列表中选择"映像圆角矩形"样式。

（6）利用复制方法创建第五张内容幻灯片

在 PowerPoint 2016 左侧的"大纲/幻灯片窗格"中选中第五张幻灯片,单击鼠标右键,在快捷菜单中选择"复制幻灯片"命令,此时在当前幻灯片下方出现一张相同的幻灯片。

选中复制出的幻灯片,按住鼠标左键将其拖动到窗格最后面。

在最后一张幻灯片中,将内容占位符中的文本修改为"3.体系结构标准化的第三代计算机网络",选中图片,单击鼠标右键,在右键菜单中选择命令"更改图片",打开"插入图片"对话框,从素材文件夹中选择"第三代计算机网络.jpg"图片,适当拖动图片调整大小。

采用这种方式创建的幻灯片,其中的文本格式、图片格式、动画等将直接沿用被复制幻灯片中的设置,而不需用户重新再设置一次。

6.封底幻灯片制作

（1）在"开始"选项卡中单击"幻灯片"功能区的"新建幻灯片"按钮,在版式列表中选择

"空白"，插入第八张幻灯片。

（2）切换到"插入"选项卡，在"文本"功能区中单击"艺术字"按钮，在展开的艺术字列表中选择艺术字样式为"图案填充-橙色，个性色1,50％，清晰阴影-个性色1"，输入内容"敬请批评指正！"。

（3）适当调整艺术字在幻灯片的位置和大小。

7. 设置幻灯片页眉页脚

为演示文稿中除第一张标题幻灯片外的其他幻灯片加上页码，页码位于幻灯片底端中央。

（1）主菜单切换到"视图"选项卡，在"母版视图"功能区中单击"幻灯片母版"，进入幻灯片母版视图模式。

（2）在左侧的幻灯片母版列表中选择第一张母版，如图4-28所示。在右侧的幻灯片母版上选中右下角的"＜♯＞"文本框，切换到"绘图工具|格式"选项卡，单击"排列"功能区中的"对齐"按钮，在展开的列表中选择"水平居中"命令。

> **说明：** 在母版列表中，选中某一张母版，鼠标悬停，将会显示该母版由演示文稿中哪些幻灯片使用。修改母版中排版后，只会影响使用该母版的幻灯片中对应排版。

（3）切换到"插入"选项卡，单击"文本"功能区中的"页眉和页脚"按钮，弹出"页眉和页脚"对话框，勾选"幻灯片编号"和"标题幻灯片中不显示"两个复选框，单击"全部应用"按钮，关闭对话框。

（4）切换到"幻灯片母版"选项卡，单击最右侧的"关闭母版视图"按钮，演示文稿返回普通视图模式。

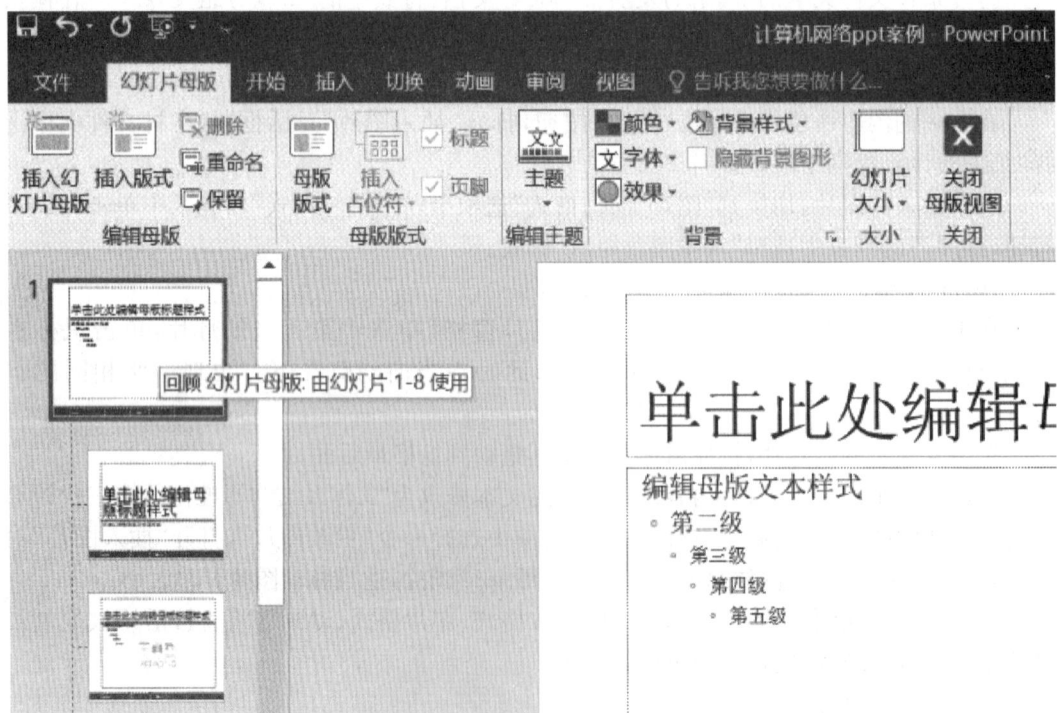

图4-28 幻灯片母版选择

8. 为目录页插入超链接

选中目录页幻灯片，为 SmartArt 图形中的文本设置超链接，使得播放演示文稿时单击对应条目能切换到相应幻灯片。

（1）选中 SmartArt 图形中的文本"一、网络的概念"，单击"插入"选项卡的"链接"功能区中的"超链接"按钮，打开"插入超链接"对话框。

（2）在"链接到"列表中单击"本文档中的位置"，然后在"请选择文档中的位置"列表中选序号为 3 的幻灯片，如图 4-29 所示。

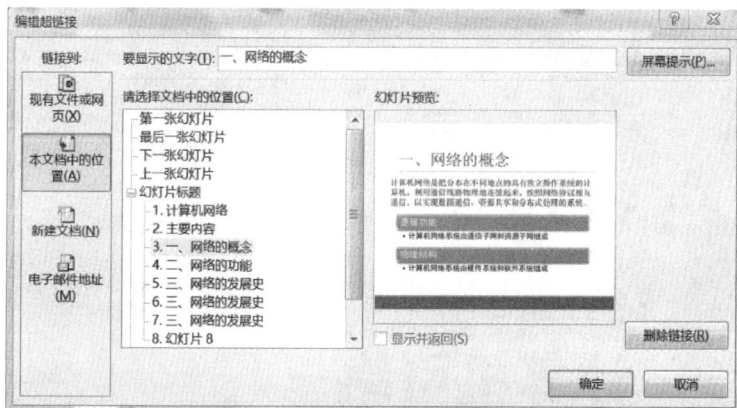

图 4-29　超链接

（3）按照上述方法，分别将文本二链接到第四张幻灯片，文本二链接到第五张幻灯片。

（4）切换到"插入"选项卡，单击"设计"功能区的"其他"按钮，在下拉列表中选择"颜色"—"自定义颜色"命令，如图 4-30 所示，弹出"新建主题颜色"对话框，在该对话框中设置"超链接"颜色为"白色，文字 1"。

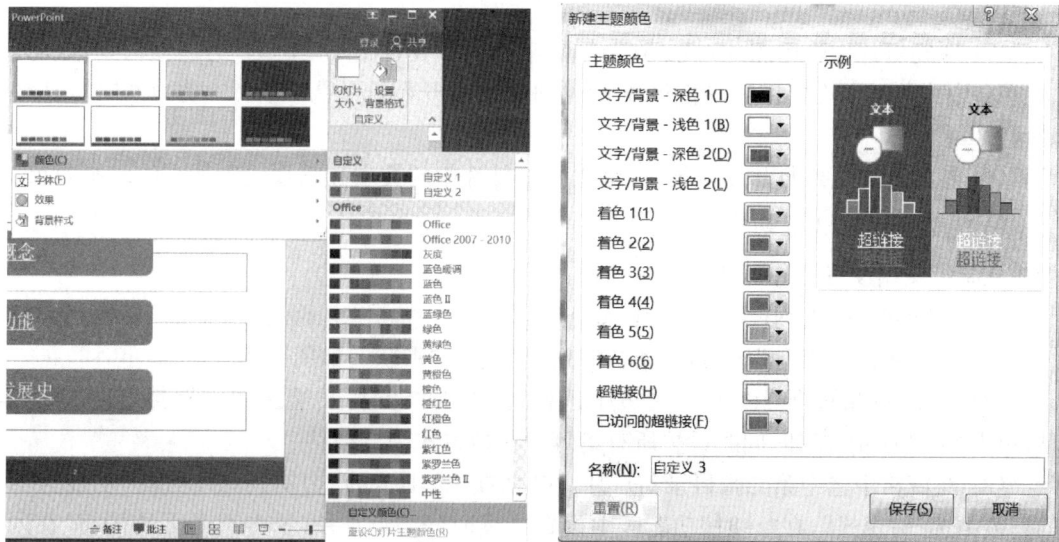

图 4-30　幻灯片配色方案

9. 为封面页设置动画

为演示文稿封面页幻灯片设置动画效果。

（1）选中主标题"计算机网络"，切换到"动画"选项卡，在"动画"功能区里单击"飞入"动画效果，单击"效果选项"按钮，在列表中选择动画方向为"自底部"。

（2）选中副标题部分文本，设置动画效果为"飞入"，在"效果选项"列表中设置动画方向为"自底部"、动画序列为"按段落"。在"计时"功能区中设置动画开始为"上一动画之后"，动画持续时间为1秒，如图4-31所示。

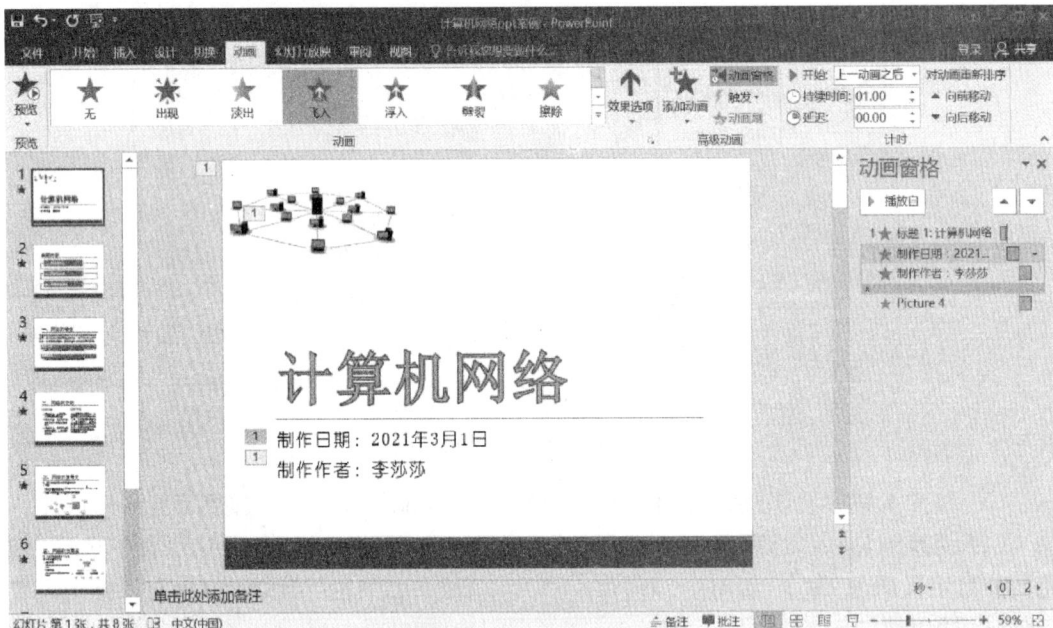

图 4-31　封面页动画设置

（3）在幻灯片中选中图片对象，在"动画"功能区中设置图片动画为"劈裂"，效果选项为"左右向中央收缩"，在"计时"功能区中设置图片动画开始选项为"与上一动画同时"，持续时间为1秒。

（4）参考封面页幻灯片动画设置，为内容幻灯片中的文本和图片设置适当的动画效果。

10. 为演示文稿设置切换效果

为演示文稿设置三种不同的切换方式。

（1）在"幻灯片/大纲视图"窗格中选中第一张幻灯片，在"切换"选项卡的"切换到此幻灯片"功能区中单击"其他"按钮，在展开的列表中选择"形状"，如图4-32所示。

（2）单击"效果选项"按钮，在列表中选择"圆"，在"计时"功能区中设置持续时间为1秒，单击"全部应用"按钮，同时设置所有幻灯片切换方式为"形状"。

（3）在窗格中选中第二张目录幻灯片，在"切换"选项卡的"切换到此幻灯片"功能区中的列表中选择"帘式"，在"计时"功能区中设置持续时间为0.6秒，单击声音下拉按钮，在列表中选择切换声音为"风铃"，单独修改目录幻灯片的切换方式。

（4）参照上述步骤，为演示文稿的封底幻灯片选择一种合适的切换方式。

图 4-32　幻灯片切换方案

11. 保存演示文稿

单击 PowerPoint 2016 应用程序窗口中"文件"选项卡，在列表中选择"保存"命令，在"保存文件"对话框中设置文件保存路径，文件保存名称为"计算机网络.pptx"，单击"保存"按钮。

四、实战练习和提高

写一篇讲演稿，演示文稿文件名称自拟，至少包括五张幻灯片，按下列要求完成演示文稿的建立。

（1）主题自拟。

（2）第一张是标题幻灯片，主标题内容为主题，设计体现个人理解主题的标题版面，落款是：

学院：所在学院所在班级

主讲人：自己姓名

（3）第二张是目录幻灯片，叙述主题大纲要点，并为目录创建超链接，使得目录条目能够链接到对应幻灯片。

（4）第三张到倒数第二张是内容幻灯片，阐述主题内容。利用幻灯片母版，设置内容幻灯片标题文字格式为 36、幼圆、居中、红色；设置一级正文字体为 28 磅、宋体、左对齐、深蓝色；设置二级及以下正文格式为24、宋体、左对齐、深蓝色。适当插入图片。

（5）最后一张幻灯片是封底幻灯片，结束语采用艺术字。

（6）为演示文稿中至少三页的文本和图片对象设置不同的动画效果。

（7）所有幻灯片切换方式设置为"百叶窗"，持续时间为2秒，声音为"风铃"，换片方式为"每隔3秒自动换片"。

（8）设置演示文稿的页眉页脚，标题幻灯片不显示，页脚内容为"主讲人：自己姓名"。

项目二　电子相册制作

一、内容描述和分析

1. 内容描述

在现代社会中,使用计算机制作电子相册的用户越来越多,当没有制作电子相册的专用软件时,使用 PowerPoint 2016 也能轻松制作出漂亮的电子相册。在工作学习中,电子相册同样适用于介绍公司产品、分享图像数据和分享研究成果。

2. 涉及知识点

本项目涉及电子相册的插入和编辑、幻灯片背景格式设置以及相关操作。

二、相关知识和技能

1. 电子相册的插入和编辑

打开 PowerPoint 2016 应用程序界面后,在"插入"选项卡的"图像"功能区中,单击"相册"按钮,可以选择为当前演示文稿新建或者插入一个电子相册。在弹出的"相册"或者"编辑相册"对话框中,可以对电子相册按用户需求进行编辑,如图 4-33 所示。

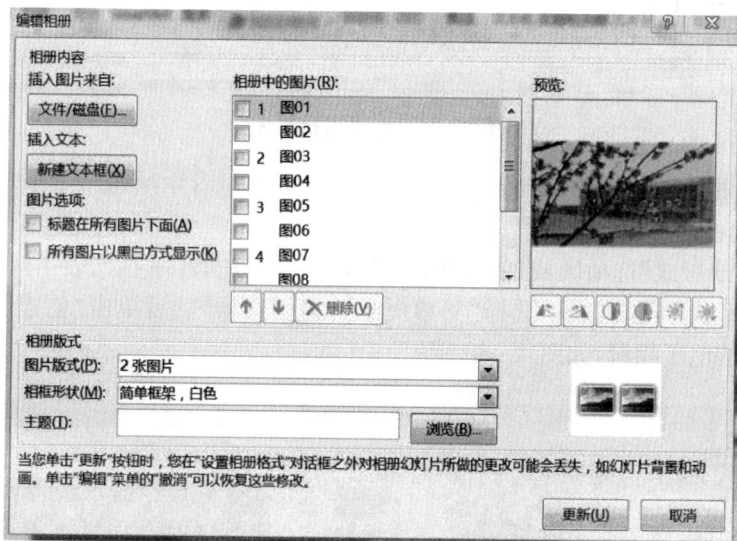

图 4-33　"编辑相册"对话框

(1) 利用"文件/磁盘"按钮,可以从计算机中选择外部图片文件插入到相册中。

(2) 利用"相册中的图片"列表框的上、下箭头按钮,可以调整图片在相册中的显示顺序。

(3) 利用"预览"区域下的六个按钮,可以设置图片的旋转角度,调整图片的色彩明暗对比。

(4) 利用"相册版式"区域的列表项选择,可以对每张幻灯片中的图片数量、相框形状等属性进行设置。

三、操作指导

下载压缩文件"PPT项目2资源"并解压缩,使用其中的图片素材,参照文件"校园风光展示相册_样张.pdf",按照如下步骤操作制作一份展现校园风光的电子相册。

1. 新建电子相册

(1) 启动 PowerPoint 2016 应用程序,新建一个空白演示文稿。在空白演示文稿中,打开"插入"选项卡,在"图像"功能区中单击"相册"按钮,选择"新建相册"命令,打开"相册"对话框。

(2) 在"相册"对话框中,单击"文件/磁盘"按钮,打开"插入新图片"对话框,按住 Ctrl键,在素材文件夹中同时选中图 01~12 共 12 张图片,单击"插入"按钮,如图 4-34 所示。

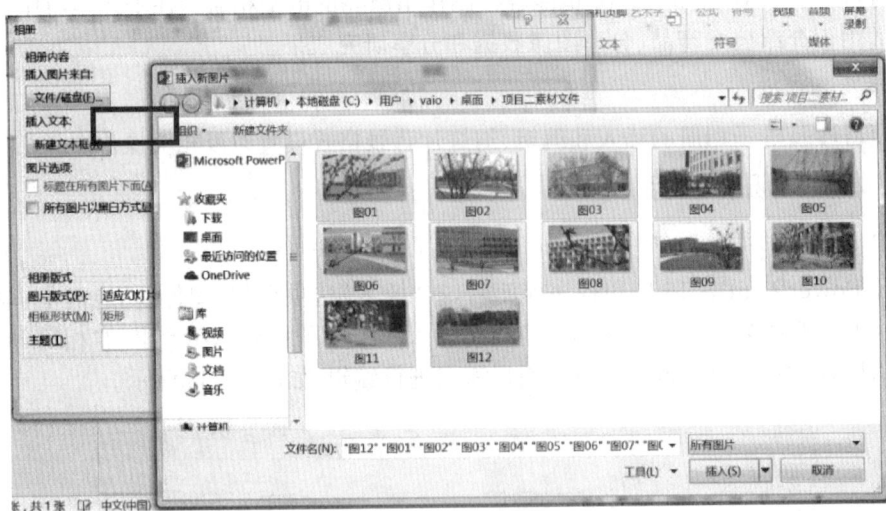

图 4-34 选择相册图片

(3) 返回"相册"对话框,在"相册中的图片"列表中选中图片,单击上、下按钮,按照个人喜好,将该图片移动到合适的位置。

(4) 在"相册版式"选项区域,单击"图片版式"下拉按钮,在下拉列表中选择"2 张图片"选项,在"相框形状"下拉列表中选择"简单框架,白色"选项,然后单击"创建"按钮,创建包含 7 张幻灯片的电子相册,如图 4-35 所示。

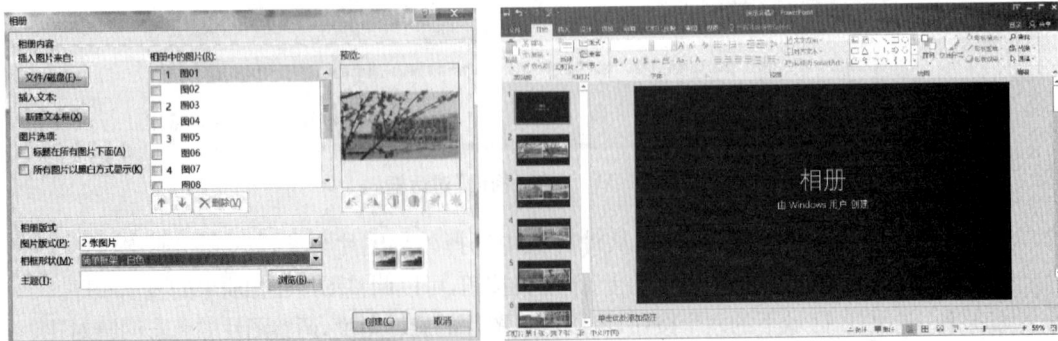

图 4-35 创建电子相册

2. 设置相册标题页背景格式

（1）切换到"设计"选项卡，在"自定义"功能区中单击"设计背景格式"按钮，打开"设置背景格式"窗格。

（2）在窗格中，选中"图片或纹理填充"单项按钮，再单击"插入图片来自"选项组中的"文件"按钮，打开"插入图片"对话框。在对话框中选择素材文件夹中的"落叶.jpg"图片，单击"插入"按钮，插入图片，如图 4-36 所示。

图 4-36　设置背景格式

（3）在"设置背景格式"窗格中，单击"效果"图标，然后单击"艺术效果"下拉按钮，从弹出的列表中选择"十字图案蚀刻"，如图 4-37 所示。

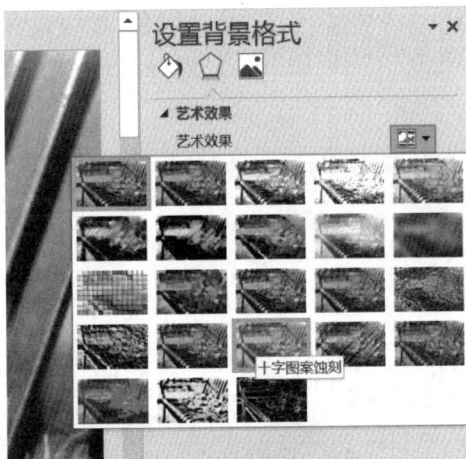

图 4-37　设置图片艺术效果

3. 相册标题设置

（1）在标题幻灯片中选中文本标题占位符，切换到"绘图工具|格式"选项卡，在"形状样

式"功能区中单击"形状样式"列表框的"其他"按钮，从弹出的列表中选择"细微效果-橙色，强调颜色2"选项，如图4-38所示。

图4-38   设置形状样式

（2）在"插入形状"功能区中单击"编辑形状"按钮，选择"更改形状"命令，从弹出的列表中在"星与旗帜"选项组中选择"前凸带形"。拖动占位符形状上的控制点，调整标题占位符外观。

（3）选中标题文字"相册"，修改为"校园风光"。在"开始"选项卡的"字体"功能区中设置文字字体为华文行楷、字号大小60。单击"字体颜色"按钮，从弹出的下拉列表中选择字体颜色为"白色，文字1"。单击"字符间距"按钮，从列表中选择"稀疏"选项。最终效果如图4-39所示。

图4-39   相册标题页

4. 设置图片页背景

(1) 在"大纲/幻灯片"窗格中,同时选中第 2 张至第 7 张幻灯片。在"设计"选项卡中,单击"自定义"功能区中的"设置背景格式"命令。在"设置背景格式"窗格中,选中"图片或纹理填充"单选按钮,单击"文件"按钮,在弹出的"插入图片"对话框中选择素材文件夹下"配色板.jpg"图片,单击"插入"按钮,修改第 2~7 张幻灯片背景。

(2) 在"设置背景格式"窗格中,设置第 2~7 张幻灯片背景图片"透明度"数值为 50%。结果如图 4-40 所示。

图 4-40 图片页背景

5. 电子相册的保存

在快速访问工具栏中单击"保存"按钮,在显示的"另存为"对话框中,将演示文稿保存为"校园风光展示相册.pptx"文件。

四、实战练习和提高

从网络中搜索同一主题的图片(如景点风景、节气节日、工业产品等)保存至计算机中,利用 PowerPoint 2016 新建一个电子相册,用于展示你收集的图片。要求:

(1) 幻灯片页数至少 5 张。

(2) 相册标题页中适当添加艺术字、形状等元素。

(3) 演示文稿中至少有 2 种以上不同背景。

(4) 为相册设置 3 种以上不同的切换方式。

附 录

附录一　Mac OS 系统使用简介

Mac OS 是美国苹果公司为 Mac 计算机开发的专属操作系统，也是全世界第一个基于 FreeBSD 的面向对象操作系统。Mac 计算机是苹果公司自 1984 年起以"Macintosh"开始开发的个人消费型计算机，如 iMac、Mac mini、Macbook Air、Macbook Pro、Macbook、Mac Pro 等。FreeBSD 是一种类 UNIX 操作系统，由于 FreeBSD 宽松的法律条款，其代码被很多系统借鉴，其中就包括苹果公司的 Mac OS，因此 Mac OS 具备了对 UNIX 的兼容性，这使得 Mac OS 获得了 UNIX 商标认证。

Mac OS 系统界面简洁独特，采用拟物化的图标和形象的人机对话界面。这种图形用户界面最初来自施乐公司的 Palo Alto 研究中心，苹果借鉴了其成果开发了自己的图形化界面，后来又被微软的 Windows 所借鉴并在 Windows 中广泛应用。

一、MAC OS 桌面

进入系统后，显示屏上所显示的内容称为桌面，如图附 1－1 所示。用户大部分的工作都在桌面上进行，应用程序、文件、文件夹都在桌面上启动。例如，用户在 Mac 的光驱里放入 CD 或 DVD，对应的光盘图标就会出现在桌面上；当外接移动硬盘或将 iPhone 等设备连接在主机的 USB 接口，卷宗的图标也会显示在桌面上。用户也可以将文件、文件夹存放在桌面上，只需单击桌面，即可启动 Finder 应用程序。同样，选择桌面上的任何项目，都会启动其对应的应用程序。例如，用户正在阅读 Mail 中的电子邮件（Mail 是 Mac OS 附带的应用程序），则将启动 Mail 应用程序，此时单击桌面则立即启动 Finder 应用程序，但 Mail 应用程序仍在后台运行中。

用户可以将应用程序、档案夹、档案等移到桌面上，但前提是该动作不会影响到计算机运作，例如用户不能任意移动"音乐"档案夹里的 iTunes 档案夹的位置，否则 iTunes 将无法正常运作。

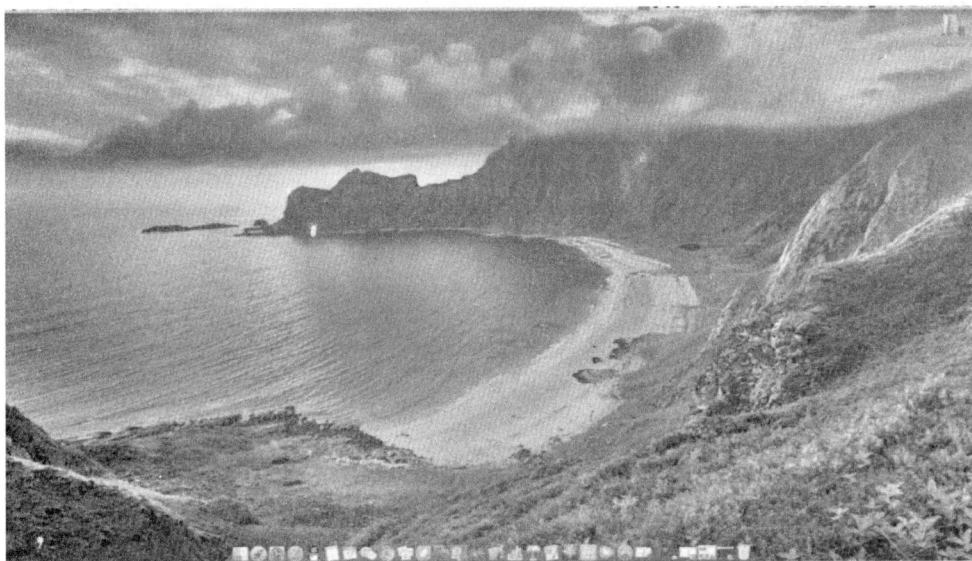

图附 1-1　Mac OS 桌面

二、Dock

Mac 桌面底端部分称为 Dock，如图附 1-2 所示。Dock（即 Dockbar"停靠栏"的缩写）是图形用户界面中用于启动、切换运行中的应用程序的一种功能界面。Dock 是苹果公司 Mac OS 操作系统中重要组成部分之一，主要功能是应用程序的启动器，用户可以在 Dock 上放置常用程序（如 Mail、Safari、iTunes、Pages 和备忘录等）的图标，系统的 Workspace Manager（工作区管理器）和 Recycler（回收站）则在 Dock 顶端一直显示。

图附 1-2　MAC OS 的 Dock 栏

打开应用程序时，相应的图标就会出现在 Dock 中，随着用户打开的应用程序增多，Dock 中的图标也会随之增加。如果最小化应用程序时（单击窗口左上角的黄色圆形按钮），该应用程序窗口就会隐藏在 Dock 中，一直处于小图标状态，直到再次单击此图标打开窗口。

Dock 将应用程序放在左侧，文件夹和窗口放在右侧，左右两侧由一条"斑马线"隔开。如果想在分隔线的范围内重新排列图标的位置，只需将 Dock 中的图标拖至另一位置放开即可。

Dock 通过图标下部的白色圆点来显示当前程序是否正在运行，通常状态下图标是不带有白色圆点的，如果程序正在运行则图标下方会显示白色圆点。

当鼠标点击 Dock 上的系统偏好设置程序时，如图附 1-3 所示，会打开设置概览界面，如图附 1-4 所示。

图附 1-3　Dock 上的系统偏好设置

图附 1-4　系统偏好设置概览

单击偏好设置第一行的 Dock 程序，打开如图附 1-5 所示设置界面。用户可以自行定制 Dock 栏上图标的大小、Dock 位于桌面的位置（可设为居左、底部和居右三种）、最小化当前应用程序时的显示效果以及其他各种动态选项。

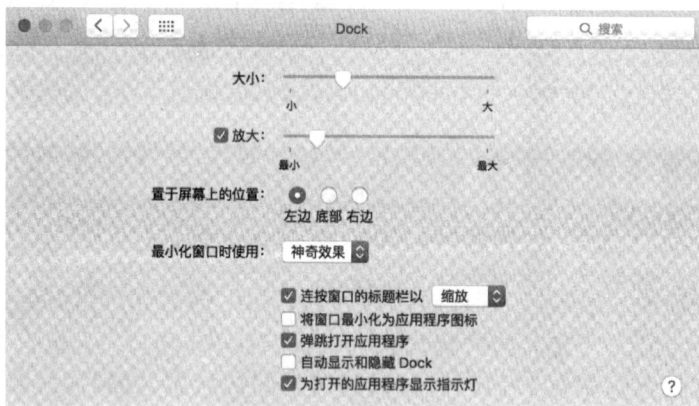

图附 1-5　Dock 设置选项

如果要将应用程序、文件或文件夹添加到 Dock 中，只需将其图标从任一 Finder 窗口（或桌面）拖放到 Dock 中，Dock 中的图标将移到一侧为新图标腾出空间，在 Dock 中出现的图标实际上是原始项的快捷方式。将应用程序或文件拖到 Dock 上后，只需单击 Dock 中的图标即可随时将其打开。

三、Finder

开机进入 Mac OS 系统后，首先映入眼帘的就是 Finder，即带笑脸的蓝色图标，如图附 1-6 所示。

图附 1-6　Finder 图标

Finder 是 Mac OS 系统的程序,功能类似于 Windows 系统的资源管理器,其功能是允许用户组织和使用 Mac 里的程序、文件、文件夹、磁盘以及网络上的共享磁盘,通过 Finder 可以直接预览丰富的高质量文件。

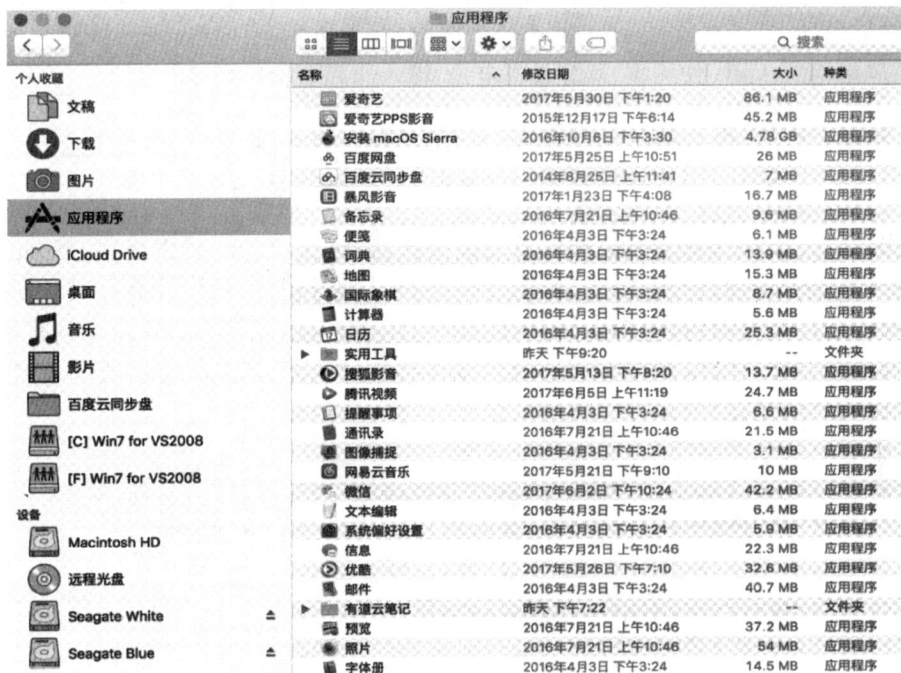

图附 1-7 Finder 中应用程序界面

打开 Finder 窗口,如图附 1-7 所示。Finder 窗口的左侧的侧边栏中显示着计算机所装载或连接的卷宗(例如硬盘、网络、CD、DVD、iOS 设备)。侧边栏上方有一组圆形按钮,位于左上角的红色圆形按钮是"关闭"按钮,用于关闭 Finder 窗口;中间的黄色圆形按钮是"最小化"按钮,用于将窗口缩到最小并收入 Dock 里;右上角的绿色圆形按钮是"最大化"按钮,单击它可将窗口放到最大。和 Windows 7 的资源管理器窗口一样,该窗口用鼠标拖放可以改变大小。

"个人收藏"档案夹里存放着 Mac 的所有对象和数据。当用户将音乐输入到 iTunes 时,那些音乐档案都会被存在 iTunes 档案夹里,这个档案夹位于用户档案夹中的"音乐"档案夹内。同样的,iPhoto 会将图片存放在"图片"档案夹里,而 iMovie 会将影片存放在"影片"档案夹,而"应用程序"档案夹里包含 Mac 上安装的所有应用程序。

用户可以在档案夹里制作子档案夹,依照主题来分类文件。为了方便整理,尽量不要将所有新增、储存、下载或搬移的项目都堆到桌面上。

四、菜单栏

菜单栏位于桌面屏幕顶端,是一条占据整个桌面宽度的半透明栏,菜单承载了很多用于完成用户手头任务的功能和命令。

当系统同时运行多个应用程序时,桌面顶端始终显示当前处于活动状态的那个应用程序的菜单,例如运行浏览器 Safari 时,任务栏显示如图附 1-8 所示。

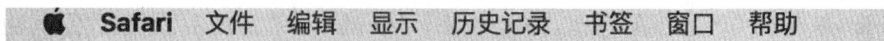

图附 1 - 8　当前处于活动状态的程序

在桌面顶端任务栏右侧显示的是类似于 Windows 系统右下角的系统托架，该区域显示系统启动后自动运行的应用程序的状态。如图附 1 - 9 所示，当前系统中运行着 QQ、微信客户端、风扇检测、CPU 使用率、蓝牙设备电量、输入法和系统日期等信息。

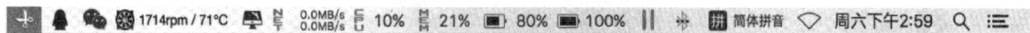

图附 1 - 9　常驻内存的应用程序显示

单击图附 1 - 9 的系统日期右侧的放大镜按钮，启动 Spotlight 搜索程序。Spotlight 是 Mac OS 系统的快速项目搜索程序，其使用 Metadata 搜寻引擎，被设计为可以找到任何位于计算机中的广泛的项目，包含文件、图片、音乐、应用程式、系统喜好设定控制台等，也可以是文件或是 PDF 中指定的字符。在系统偏好设置中可以对 Spotlight 搜索范围进行设置，如图附 1 - 10 所示。

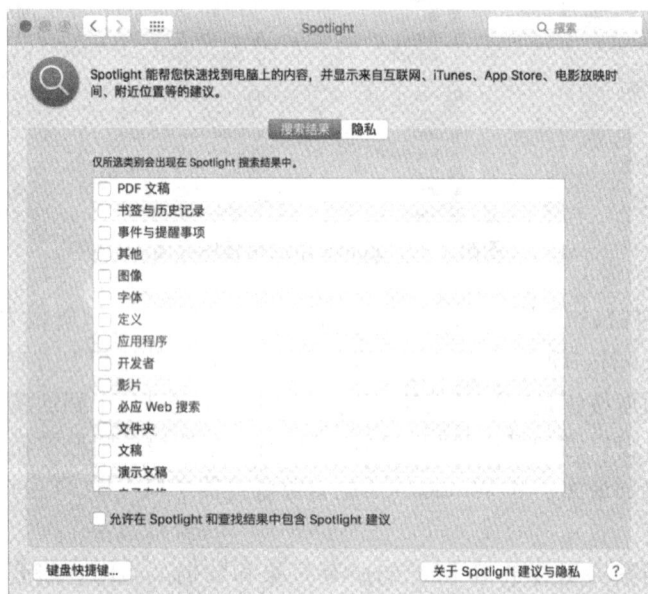

图附 1 - 10　Spotlight 搜索设置

Finder 窗口的搜寻字段也使用 Spotlight 搜寻技术，在用户输入的同时，Spotlight 会在 Finder 窗口里显示符合搜寻规则的结果。在 Finder 窗口的搜寻字段下方的横栏中，用户可以根据其中提供的项目（这台 Mac、我的所有文件、共享文件），选择 Spotlight 要搜寻的位置，Spotlight 将依照种类列出搜寻结果。

例如，用户要寻找 Mac 上所有的 PNG 影像文件，在搜寻字段里输入 PNG，窗口里列出所有搜寻结果，单击上方横栏里的"这台 Mac"按钮，可以找到整个硬盘上的所有 PNG 文件，如图附 1 - 11 所示。Spotlight 会显示 PNG 影像文件的缩览图，还会列出其他符合搜寻规则的对象，例如包含".PNG"字符串的文件，可以通过在 Finder 窗口点击对应的文件图标打开这份档案。

图附 1 - 11　　Finder 窗口的 Spolight 搜索

点击桌面顶端任务栏最左侧苹果图标,弹出如图附 1 - 12 菜单,点击第一项"关于本机"命令,显示如图附 1 - 13 所示关于本机的概览界面,显示当前操作系统版本、硬件系统配置等信息。

图附 1 - 12　　系统菜单

图附 1 - 13　　关于本机概览页面

在"本机概览页面"中,切换顶端标签卡会依次显示器、储存设备和内存等信息。

五、应用程序

应用程序是为用户完成特定任务提供所需工具的计算机程序(即软件)。例如,用户可以使用 Safari 阅读网页(Safari 是一种 Web 浏览应用程序);如果要收发电子邮件,需要 Mail 电子邮件应用程序;如果要编辑文档、电子表格或演示文稿,可以使用 Pages、Numbers、Keynote(属于 Apple iWork 套件)。

用户要打开应用程序,可在 Finder 窗口中双击其图标(应用程序通常都安装在"应用程序"文件夹中)。如果 Dock 中存在应用程序,在 Dock 中单击该应用程序图标,有的应用程序可能会显示界面窗口、调板、工具栏或其他界面组件,有的只有在打开或创建新文件后才显示上述组件,具体情况视应用程序而定。

若要退出应用程序,可在其应用程序菜单中选择退出。

需要注意的是,Mac OS 系统中应用程序的安装文件通常后缀名为 DMG 格式,类似于 Windows 系统下的 ISO 镜像,双击可以运行并安装,默认会安装在应用程序文件夹中, 如图附 1-14 所示。

图附 1-14   Mac 应用程序安装文件

例如,用户要使用腾讯视频,需运行 TencentVideo.dmg 文件,在弹出窗口(如图附 1-15所示)中,用鼠标将左侧腾讯视频的应用程序图标拖到右侧 Applications 图标代表的文件夹中才可使用该程序。

图附 1-15   安装 Mac 应用程序的方法

六、Launchpad

Launchpad 是 Mac OS 系统中提供的一个全新的应用软件管理接口,界面类似于基于苹果 IOS 系统的移动设备(iPhone、iPad、iPod Touch 等)启动后默认加载的界面。

当点击 Dock 栏上如图附 1 – 16 所示的 Launchpad 图标后,打开的当前窗口就会立刻淡出,Mac 上的所有应用软件将呈现在屏幕上,如图附 1 – 17 所示。Launchpad 界面中一个图标即代表一款应用软件,Launchpad 可以根据用户需要不限数量地创建显示程序图标的页面,横向轻扫触控板或者用鼠标向左右拖动,即可以在页面之间自如切换,通过单击图标打开对应的应用软件。

图附 1 – 16　启动 Launchpad

图附 1 – 17　Launchpad 界面

通过拖动图标到不同的位置,或将应用软件归整到文件夹中,就能自定义整理 Launchpad 中的应用软件。只要将两个应用软件图标相互叠加,便可创建一个文件夹,Launchpad 还能根据文件夹中的应用软件类别提供命名建议,用户也可以根据自己的喜好为文件夹命名。

用户从苹果应用商店下载应用软件或者自行运行.dmg 文件并安装后,该程序将自动出现在 Launchpad 上,随时待用。如果想更快地访问应用程序,可以把图标从 Launchpad 拖拽到 Dock 上;如果想要删除从苹果应用商店获得的应用软件,只要按住图标,直到它开始晃动,然后点击左上角的 X 即可。在 Launchpad 中删除 Mac App Store 应用软件,即可将其从系统中移除。如果误删了某个应用软件,还可以从苹果应用商店再次免费下载。

附录二　Mac OS 系统中虚拟机的安装和使用

虽然苹果 Mac 系列产品拥有出色的设计和做工，Mac OS 本身也是一个非常先进、快速的操作系统，但是不可否认的是，在国内市场 Windows 操作系统仍是主流，尤其是在办公、商务领域，很多软件、后台都无法支持 Mac，为用户带来了困扰。解决方案之一是安装双系统，但很容易出现问题，所以最佳方案是在 Mac OS 系统中使用虚拟机软件，模拟 Windows 操作系统环境。虚拟机是指通过软件模拟的、具有完整硬件系统功能的、运行在一个完全隔离环境中的完整计算机系统。

通过虚拟机软件，用户可以在一台物理计算机上模拟出一台或多台虚拟的计算机，这些虚拟机完全就像真正的计算机那样进行工作：可以安装操作系统、安装应用程序、访问网络资源等等。对用户而言，它只是运行在物理计算机上的一个应用程序，但是对于在虚拟机中运行的应用程序而言，它就是一台真正的计算机。

目前，Mac OS 系统中最著名的两款虚拟机软件是 VMware Fusion 和 Parallels Desktop。这两款虚拟机软件都可以在其官方网站下载试用。

下面以 VMware Fusion 8 专业版为例介绍虚拟机的安装和使用以及在虚拟机中安装和使用 Windows 10 系统。

一、准备工作

1. 在微软官方网站下载 Windows 10 的安装镜像文件，建议下载 64 位 Win10 镜像文件，如图附 2-1 所示。

图附 2-1　Windows 10 镜像文件

2. 在 VMware 官方网站（https://www.vmware.com/cn.html）下载 VMware Fusion 8 Mac 版。

二、安装步骤

1. 运行 VMware Fusion 8 Mac 版安装文件，按照向导指示完成安装任务。

2. 运行 VMware Fusion 8，添加虚拟机。步骤如下：

（1）如图附 2-2 所示，单击"虚拟机资源库"窗口左上角的"添加"按钮，在打开的窗口中，单击左侧大图标"从光盘或映像安装"，如图附 2-3 所示。

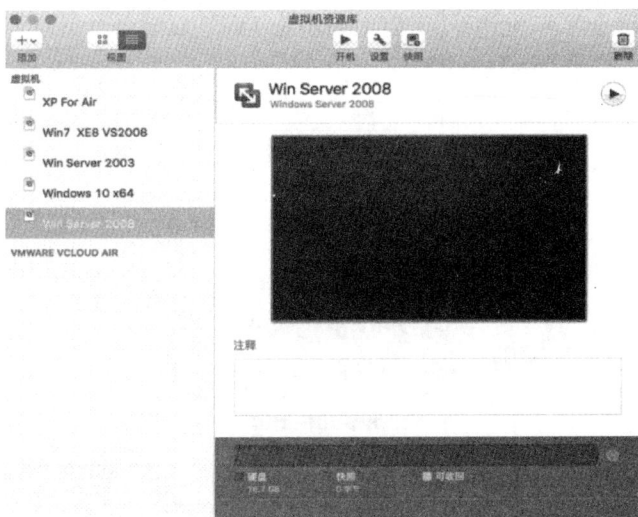

图附 2-2　虚拟机资源库

图附 2-3　选择安装方法

（2）单击"继续"按钮，打开如图附 2-4 所示窗口，按照提示将下载好的 Win 10 安装映像文件拖移至此窗口中，结果如图附 2-5 所示。

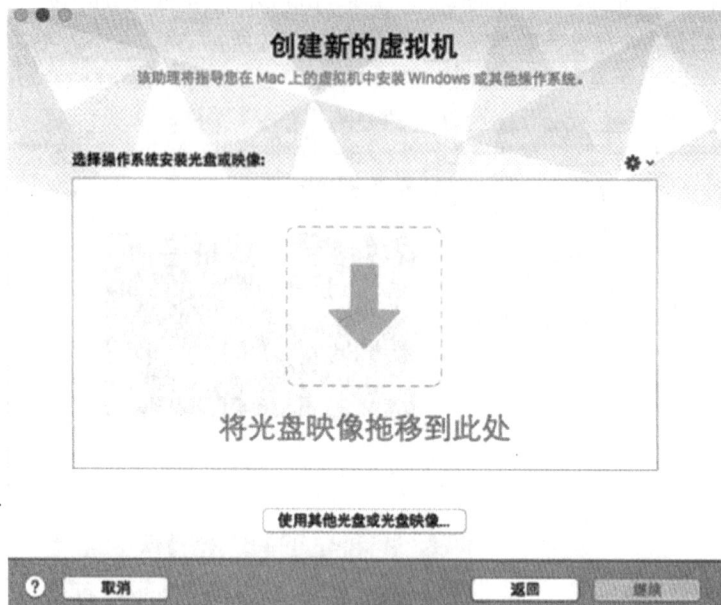

图附 2-4　创建新虚拟机 1

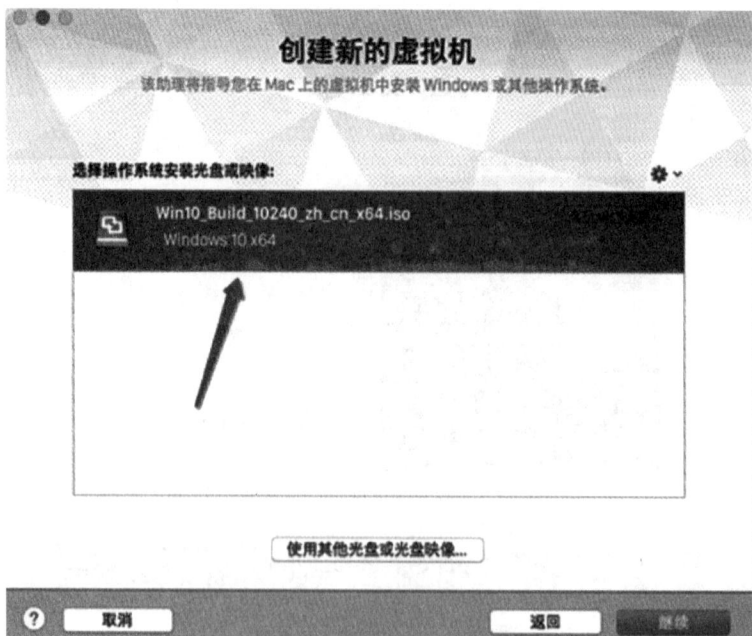

图附 2-5　创建新虚拟机 2

（3）单击"继续"按钮，如图附 2-6 所示，在打开的"快捷安装"窗口中，选定"使用快捷安装"，并选择所安装的 Windows 版本。本例中使用的是 Windows 10 专业版，所以选择的是 Windows 10 Pro。

（4）单击"继续"按钮，在"集成"窗口中选择集成级别，以确定是否与虚拟机系统共享 Mac 下的文件与应用程序，推荐选择"更加独立"，如图附 2-7 所示。

（5）单击"继续"按钮，开始安装系统。

（6）在完成系统的安装后，单击"确定"按钮，结束虚拟机的添加。

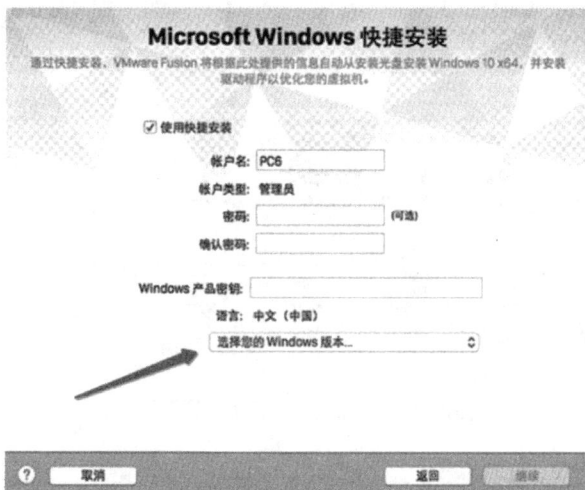

图附 2-6 Microsoft Windows 快捷安装

图附 2-7 选择集成级别

三、配置

（1）单击"虚拟机资源库"窗口顶端中部的启动按钮，启动该虚拟机。

（2）如图附 2-8 所示，单击"系统设置"界面中的"处理器和内存"图标，打开设置窗口，如图附 2-9 所示，分别对其进行设置。

（3）单击"系统设置"界面的网络适配器图标，进入网络设置，可选择与外部 Mac 主机共享网络，如图附 2-10 所示。

至此，VMware 虚拟机软件和内部虚拟的 Windows 10 系统已经全部安装和配置完毕。在虚拟机资源库左侧列表中双击该虚拟机，即可运行并使用，运行界面如图附 2-11 所示。

图附 2-8　虚拟机"系统设置"界面

图附 2-9　配置处理机和内存

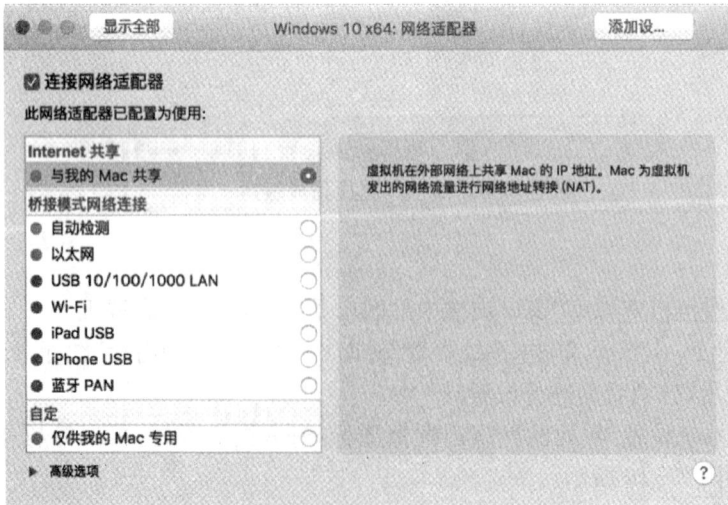

图附 2-10　配置网络

图附 2 – 11　虚拟机中 Windows 10 运行界面

参考文献

[1] 龙马高新教育.新编 Office 2016 从入门到精通[M].北京：人民邮电出版社,2016.

[2] John Walkenbach 著,赵利通,卫琳译.中文版 Excel 2016 宝典(第 9 版)[M].北京：清华大学出版社,2016.

[3] 刘强.办公自动化高级应用案例教程(Office 2016)[M].北京：电子工业出版社,2018.

[4] 王应军.PowerPoint 2016 演示文稿实例教程微课版[M].北京：希望电子出版社,2019.

[5] 王素丽.计算机应用基础项目驱动式教程[M].成都：四川大学出版社,2020.

[6] 李永胜,卢凤兰.大学计算机(Windows 10＋Office 2016)[M].北京：中国工信出版集团,2020.

[7] 新起点电脑教程.Office 2016 电脑办公基础教程(微课版)[M].北京：清华大学出版社,2020.